단기합격의 완성,
시험에 나오는 빈출 이론 및 문제 만을 엄선!

한국전기 설비규정 (KEC) 제정 반영

배울학

3 전기기기
전기(산업)기사·전기공사(산업)기사

-건축전기설비기술사 **황민욱** 저-

중요한 핵심 **이론**

시험에 나올 **적중실전문제** ← 이론을 바로 적용한 **예제**

초보자부터 전공자까지 다양한 수험생에게 합격의 방향을 제시해 줄 최적의 수험서
정확한 이론 정립과 이해를 돕는 예제, 출제 가능성이 높은 적중실전문제까지 한 권에 담았습니다

저자 직강
동영상 강의 | 무료강의
학습자료 | 교수님과의
1:1 상담

www.baeulhak.com

머리말

　자격증 선호도 및 큐넷 자격증 접수인원 상위권에 항상 랭크되는 전기(산업)기사와 전기공사(산업)기사는 현재까지 약 30만 명의 기술 인력이 배출되었고 여전히 선호되는 자격증입니다. 자격을 취득할 시 공무원, 대기업, 공기업 및 전기 관련 업체 등 직업의 선택과 폭을 무한히 넓힐 수 있습니다. 더욱이 전기기술은 앞으로 대두되는 4차 산업에서 한 축을 담당해야 하기에 전기기술인의 국가자격증 취득은 전기직무 수행에 있어 첫 시작이자 필수 조건입니다.

　점점 발전해나가는 전기기술과 이론에 발맞추어 최근 7년(2013년 이후) 출제된 문제를 분석해보면 예전보다는 조금 더 어려워진 것이 사실입니다. 중요한 자격을 주는 시험이기에 당연히 시간과 노력이 필요합니다.

　본 수험서는 충분한 해설과 사진 및 그림 자료를 바탕으로 수험자가 효율적으로 암기할 수 있는 학습과정을 구성하였습니다. 특히 전기기기 과목을 어려워하거나 과락을 면하고 싶은 수험생이 다양한 유형의 문제를 쉽게 해결할 수 있도록, 반드시 학습해야 하는 이론을 선별하여 '콕콕 Item'을 완성했습니다.

　'콕콕 Item'은 최근 출제경향, 출제빈도, 난이도 등을 면밀히 분석하여 전략적인 수험준비가 가능합니다. 중요이론과 핵심공식 활용법을 통해 기본점수에 $+\alpha$ 점수를 얻음으로써 시간과 노력은 줄이고 빠른 합격을 목표로 하는 학습 전략입니다. 그러나, '콕콕 Item'을 득템하기 위해서는 충분한 전기기기 이론의 이해도가 필요합니다. 따라서 아래 활용방법을 참고하여 학습하시기 바랍니다.

'콕콕 Item' 활용방법
- 첫 번째 스텝 – 이론 학습 후 '콕콕 Item' 및 전체 내용 정리
- 두 번째 스텝 – '콕콕 Item' 반복 암기
- 세 번째 스텝 – 획득한 '콕콕 Item'을 활용하여 예상문제 & 기출문제 마무리

본 수험서가 합격을 위한 길잡이가 되길 바라며
자격증 취득과 함께 끝없는 발전이 여러분과 함께 하기를 기원하겠습니다.

편저자 황민욱

배울학 전기(산업)기사·전기공사(산업)기사

책의 특징

01 전기(산업)기사·전기공사(산업)기사 최단기간 합격을 위한 필기 필수 기본서

- 전기(산업)기사·전기공사(산업)기사 필기 시험을 대비하기 위한 필수 기본서로 출제기준에 꼭 필요한 핵심이론을 수록하였다.
- 이론을 적용시킬 수 있는 예제와 적중실전문제를 수록하여 기본부터 실전까지 한 번에 완성할 수 있다.

02 최신 경향을 완벽 반영한 학습구성

최신 경향을 반영하여 단기적으로 학습할 수 있도록 체계적으로 구성하였다.

① 핵심이론 학습 후 바로 예제문제를 통하여 이론을 파악할 수 있다.
② 소단원별로 수록된 체크포인트와 Keyword로 정리된 핵심노트를 통해 학습내용을 미리 파악할 수 있으며, 이론 학습 후 콕콕 Item으로 다시 정리할 수 있도록 구성하였다.
③ 각 Chapter별 적중실전문제를 통해 빈출문제부터 최근 출제경향문제까지 다양한 유형의 문제를 파악할 수 있다.
④ 과목별로 필요한 핵심이론 및 문제를 한 권으로 집필하여 실전을 완벽하게 대비할 수 있다.

03 엄선된 문제 & 상세한 해설 수록

- 각 문제의 출제 빈도수에 따라 별 개수를 다르게 표시하여 그 문제의 중요도를 파악하고 효율적인 학습이 가능하도록 하였다.
- 모든 문제에 대한 상세한 해설을 수록하여 이해를 높일 수 있도록 하였다.

책의 구성

배울학 전기(산업)기사·전기공사(산업)기사

www.baeulhak.com

01 핵심이론

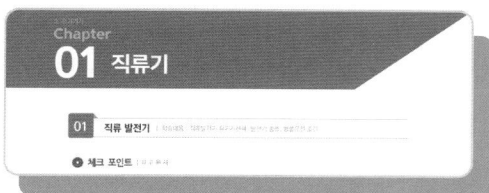

- 시험에 반드시 나오는 기본이론을 정리하여 체계적으로 학습한다.
- 기본핵심원리와 필수공식으로 이론을 확실하게 정립한다.

02 예제

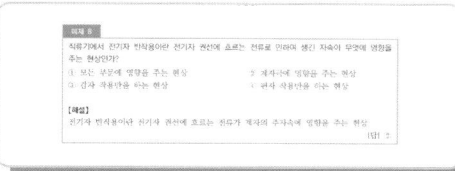

- 예제문제 풀이를 통해 취약점을 보완할 수 있다.
- 기본이론과 필수공식을 문제에 바로 적용하여 이론에 대한 이해와 암기 지속시간을 높이고 실전능력을 기른다.

03 콕콕 Item

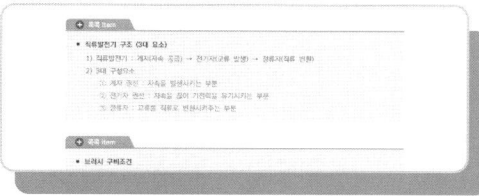

- 합격을 위해 꼭 알아야 할 중요한 이론과 공식을 정리하였다.
- 이론 및 예제 학습 후 콕콕 Item을 통해 관련 내용을 다시 한번 정리함으로써 반복학습할 수 있다.

04 적중실전문제

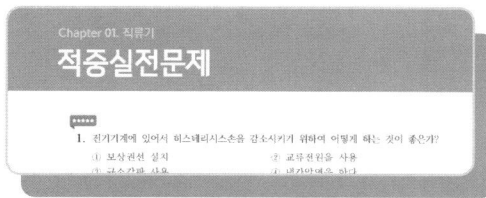

- 30여년 간의 과년도 기출문제를 완벽하게 분석하여 정리한 빈출문제 및 최근출제경향문제를 각 Chapter별로 수록하여 실전 적응력을 높일 수 있도록 한다.
- 문제의 중요도를 파악할 수 있도록 출제 빈도수를 표시하여 학습 효율성이 증대되도록 한다.

전기기사 · 산업기사 안내

배울학 전기(산업)기사·전기공사(산업)기사

| 개요

전기를 합리적으로 사용하는 것은 전력부문의 투자효율성을 높이는 것뿐만 아니라 국가 경제의 효율성 측면에도 중요하다. 하지만 자칫 전기를 소홀하게 다룰 경우 큰 사고로 이어질 수 있기 때문에 안전에 주의해야 한다.
그러므로 전기 설비의 운전 및 조작, 유지·보수에 관한 전문 자격제도를 실시해 전기로 인한 재해를 방지하여 안전성을 높이고자 자격제도를 제정한다.

| 전기기사 · 산업기사의 역할

- 전기기계기구의 설계, 제작, 관리 등과 전기설비를 구성하는 모든 기자재의 규격, 크기, 용량 등을 산정하기 위한 계산 및 자료의 활용과 전기설비의 설계, 도면 및 시방서 작성, 점검 및 유지, 시험작동, 운용관리 등에 전문적인 역할과 전기안전 관리를 담당한다.
- 한 공사현장에서 공사를 시공, 감독하거나 제조공정의 관리, 발전, 소전 및 변전시설의 유지관리, 기타 전기시설에 관한 보안관리업무를 수행한다.

| 전기기사 · 산업기사의 전망

- 발전, 변전설비가 대형화되고 초고속·초저속 전기기기의 개발과 에너지 절약형, 저 손실 변압기, 전동력 속도제어기, 프로그래머블콘트럴러 등 신소재 발달로 인해 에너지 절약형 자동화기기의 개발, 또 내선설비의 고급화, 초고속 송전, 자연에너지 이용확대 등 신기술이 급격히 개발되고 있다. 이에 따라 안전하게 전기를 관리할 수 있는 전문인의 수요는 꾸준할 것으로 예상된다.
- 「전기사업법」 등 여러 법에서 전기의 이용과 설비 시공 등에서 안전관리를 위해 자격증 소지자를 고용하도록 하고 있어 자격증 취득시 취업이 유리한 편이다.

전기기사 · 산업기사 자격증의 다양한 활용

취업

- 한국전력공사를 비롯한 전기기기제조업체, 전기공사업체, 전기설계전문업체, 전기기기설비업체, 전기안전관리 대행업체, 환경시설업체 등에 취업
- 전기부품·장비·장치의 디자인 및 제조, 실험과 관련된 연구를 담당하기 위해 생산업체의 연구실 및 개발실에 종사하기도 함

가산점 제도

- 6급 이하 및 기술공무원 채용 시험 시 가산
- 공업직렬의 항공우주, 전기 직류와 해양교통시설 직류에서 8·9급 기능직, 기능 8급 이하일 경우 5%(6·7급 기능직, 기능 7급 이상일 경우 3 ~ 5%의 가산점 부여)
- 시설직렬의 도시계획, 일반토목, 농업토목, 교통시설, 도시교통설계직류에서 8·9급, 기능직 기능 8급 이하(6·7급, 기능직, 기능 7급 이상일 경우 5% 가산점 부여) ⇒ 기사만 해당
- 한국산업인력공단 일반직 5급 채용 시 필기시험 만점의 6% 가산
- 경찰공무원 채용 시험 시 가산점 부여

우대

- 국가기술자격법에 의해 공공기관 및 일반기업 채용 시 그리고 보수, 승진, 전보, 신분보장 등에 있어서 우대

전기공사기사 · 공사산업기사 안내

배울학 전기(산업)기사·전기공사(산업)기사

개요

전기는 우리의 일상생활에서뿐만 아니라 전 산업분야에서 필수불가결한 기본 에너지이지만 전력시설물의 시공을 포함한 전기공사에는 각별한 주의와 함께 전문성이 요구된다.
이에 따라 전기공사시 그리고 시공된 시설물의 유지 및 보수에 안전성을 확보하고 전문인력을 확보하고자 자격제도를 제정한다.

전기공사기사 · 공사산업기사의 역할

- 전기공사비의 적산, 공사공정계획의 수립, 시공과정에서 전기의 적정여부 관리 등 주로 기술적인 직무를 수행한다.
- 공사현장 대리인으로서 시공자를 대리하여 전기공사를 현장관리를 하는 동시에 발주자에 대해서는 시공자를 대신하여 업무를 수행한다.

전기공사기사 · 공사산업기사의 전망

- 전기가 전 산업에서의 기본 에너지임을 감안할 때 전기시설물의 시공과 점검 및 유지·보수에 대한 관심이 지속되어 관련 전문가의 수요는 계속될 것이다.
- 전기는 현대사회와 산업발전에 필수적인 에너지로써 전력수요량과 전기공사량은 경제 성장과 함께 한다고 할 수 있는데, 현재는 통신설비와 기기의 기술이 크게 발전하여 이와 관련된 전문가라고 하더라도 지속적인 첨단장비의 설치 기술능력이 요구된다.
- 「전기공사업법」에서도 전기공사의 규모별 전기기술자의 시공관리 구분을 규정함으로써 전기기술자 이외에는 자가로 전기공사업무를 수행할 수 없도록 규정하고 있기 때문에 자격증 취득 시 진출범위가 넓고 취업이 유리하여 매년 많은 인원이 응시하고 있다.

전기공사기사 · 공사산업기사 자격증의 다양한 활용

취업

- 한국전력공사를 비롯한 여러 공기업체, 전기공사업체, 발전소, 변전소, 설계회사, 감리회사, 조명공사업체, 변압기, 발전기, 전동기 수리업체 등 전기가 쓰이는 모든 전기공사시공업체에 취업가능
- 일부는 전기공사업체를 자영하거나 전기직 공무원으로 진출하기도 함

가산점 제도

- 6급 이하 및 기술공무원 채용 시험 시 가산
- 공업직렬의 항공우주, 전기 직류와 해양교통시설 직류에서 8·9급 기능직, 기능 8급 이하일 경우 5%(6·7급 기능직, 기능 7급 이상일 경우 3 ~ 5%의 가산점 부여)
- 시설직렬의 도시계획, 일반토목, 농업토목, 교통시설, 도시교통설계직류에서 8·9급, 기능직 기능 8급 이하(6·7급, 기능직, 기능 7급 이상일 경우 5% 가산점 부여) ⇒ 기사만 해당
- 한국산업인력공단 일반직 5급 채용 시 필기시험 만점의 6% 가산
- 경찰공무원 채용 시험 시 가산점 부여

우대

- 국가기술자격법에 의해 공공기관 및 일반기업 채용 시 그리고 보수, 승진, 전보, 신분보장 등에 있어서 우대

시험 안내

배울학 전기(산업)기사·전기공사(산업)기사

원서접수 안내

- 접수기간 내 큐넷(http://www.q-net.or.kr) 사이트를 통해 원서접수
  (원서접수 시작일 10:00 ~ 마감일 18:00)

- 시험수수료
  필기 : 19,400원
  실기 : 22,600원(기사) / 20,800원(산업기사)

응시자격

기사	· 동일(유사)분야 기사 · 산업기사 + 1년 · 기능사 + 3년 · 동일종목외 외국자격취득자	· 대졸(졸업예정자) · 3년제 전문대졸 + 1년 · 2년제 전문대졸 + 2년 · 기사수준의 훈련과정 이수자 · 산업기사수준 훈련과정 이수 + 2년
산업기사	· 동일(유사)분야 산업 기사 · 기능사 + 1년 · 동일종목외 외국자격취득자 · 기능경기대회 입상	· 전문대졸(졸업예정자) · 산업기사수준의 훈련과정 이수자

시험과목

구분	전기기사	전기공사기사
기사	① 전기자기학 ② 전력공학 ③ **전기기기** ④ 회로이론 및 제어공학 ⑤ 전기설비기술기준	① 전기응용 및 공사재료 ② 전력공학 ③ **전기기기** ④ 회로이론 및 제어공학 ⑤ 전기설비기술기준

구분	전기산업기사	전기공사산업기사
산업기사	① 전기자기학 ② 전력공학 ③ **전기기기** ④ 회로이론 ⑤ 전기설비기술기준	① 전기응용 ② 전력공학 ③ **전기기기** ④ 회로이론 ⑤ 전기설비기술기준

검정방법 및 시험기간

구분	필기		실기	
	검정방법	시험시간	검정방법	시험시간
전기(공사)기사	객관식 4지 택일	과목당 20문항 (과목당 30분)	필답형	필답형 (2시간 30분)
전기(공사) 산업기사	객관식 4지 택일	과목당 20문항 (과목당 30분)	필답형	필답형 (2시간)

시험방법

- 1년에 3회 시험을 치르며, 필기와 실기는 다른 날에 구분하여 시행

합격자 기준

- 필기 : 100점을 만점으로 하여 과목당 40점 이상, 전과목 평균 60점 이상
- 실기 : 100점을 만점으로 하여 60점 이상
- 필기시험에 합격한 자에 대하여는 필기시험 합격자 발표일로부터 2년간 필기시험을 면제

합격자 발표

- 최종 정답 발표는 인터넷(http://www.q-net.or.kr)을 통해 확인 가능
- 최종 합격자 발표는 발표일에 인터넷(http://www.q-net.or.kr) 또는 ARS(1666-0100)로 확인 가능

필기 출제 경향 분석

전기(공사)기사

분류		출제빈도(%)
직류기	1. 직류발전기	12.4%
	2. 직류전동기	6.3%
총계		18.7%
동기기	1. 동기발전기	14.6%
	2. 동기전동기	4.4%
총계		19.1%
변압기	1. 변압기 이론	8.3%
	2. 변압기 운전	15.6%
총계		23.9%
유도전동기	1. 유도전동기	9.3%
	2. 유도전동기 특성	15.7%
총계		25.0%
정류기 및 특수 회전기	1. 정류기	9.6%
	2. 특수 회전기	3.7%
총계		13.3%
합계		100%

전기(공사)산업기사

분류		출제빈도(%)
직류기	1. 직류발전기	12.8%
	2. 직류전동기	8.1%
총계		20.9%
동기기	1. 동기발전기	13.7%
	2. 동기전동기	5.9%
총계		19.6%
변압기	1. 변압기 이론	7.8%
	2. 변압기 운전	12.0%
총계		19.8%
유도전동기	1. 유도전동기	12.8%
	2. 유도전동기 특성	12.8%
총계		25.6%
정류기 및 특수 회전기	1. 정류기	8.5%
	2. 특수 회전기	1.9%
총계		10.4%
합계		100%

목차

| 전기기기

Chapter 01. 직류기 · 1
- 01. 직류발전기 · 2
- 02. 직류전동기 · 43
- ● 적중실전문제 · 61

Chapter 02. 동기기 · 85
- 01. 동기발전기 · 86
- 02. 동기전동기 · 119
- ● 적중실전문제 · 125

Chapter 03. 변압기 · 153
- 01. 변압기 이론 · 154
- 02. 변압기 운전 · 173
- ● 적중실전문제 · 189

Chapter 04. 유도전동기 · · · · · · · · · · · · · · · · · 219
- 01. 유도전동기 · 220
- 02. 유도전동기 특성 · 228
- ● 적중실전문제 · 253

Chapter 05. 정류기 및 특수 회전기 · · · · · 291
- 01. 정류기 · 292
- 02. 특수 회전기 · 303
- ● 적중실전문제 · 306

Chapter 01

직류기

01. 직류발전기
02. 직류전동기
- 적중실전문제

Chapter 01 직류기

3. 전기기기

01 직류발전기
학습내용 : 직류발전기 유기기전력, 발전기 종류, 병렬운전 조건

● 체크 포인트 | 대표문제

자극 수 p, 파권, 전기자 도체 수가 z인 직류발전기를 N[rpm]의 회전속도로 무부하 운전할 때 기전력이 E[V]이다. 1극당 주자속[wb]은?

① $\dfrac{120E}{pzN}$ ② $\dfrac{120z}{pEN}$ ③ $\dfrac{120zN}{pE}$ ④ $\dfrac{120pz}{EN}$

[답] ①

| 핵심노트 |

- KeyWord
  1. 직류발전기 유기기전력
  2. 직류발전기 종류
  3. 직류발전기 병렬운전 조건

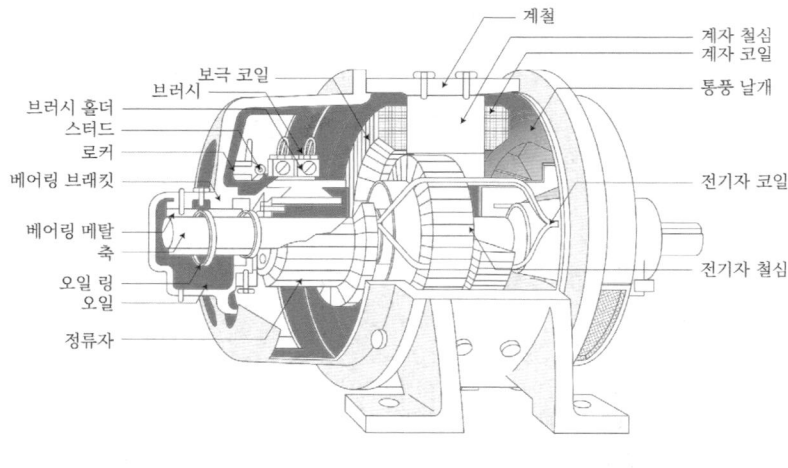

〈 직류발전기 구조 〉

1) 직류발전기 원리 및 구조

(1) 유도 기전력(Induced electromotive force)
① **전자유도 작용**에 의해서 발생하는 기전력을 **유도 기전력**이라 한다.
② 발전기나 변압기에 발생하는 기전력 등이 있으며, 그 크기는 단위 시간에 쇄교하는 자속에 비례한다.
③ **페러데이 법칙**(Faraday's Law)

$$e = -N\frac{d\phi}{dt}[V]$$

여기서, e[V] : 유도 기전력
$d\phi$[wb] : 쇄교 자속의 변화
N : 코일의 감은 수

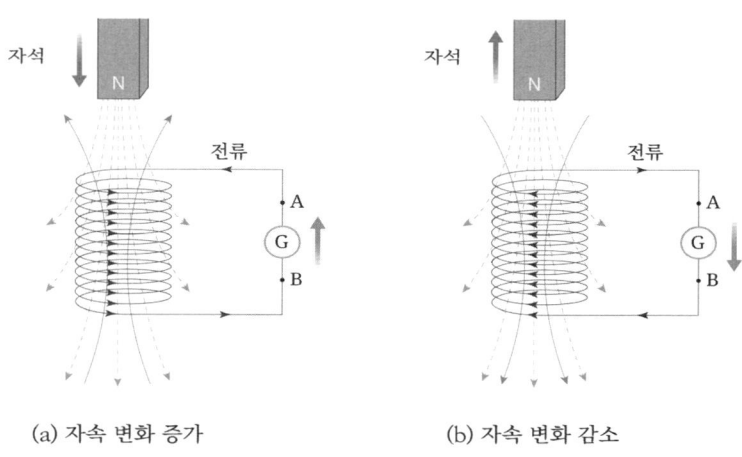

(a) 자속 변화 증가   (b) 자속 변화 감소

〈 페러데이 전자유도법칙 〉

(2) 계자(Field magnet, 자속 밀도 $B\,[\text{wb/m}^2]$ 발생)
   ① 정의 : 코일에 전류를 흘려서 자속을 만드는 부분
      ⓐ 여자 : 계자코일에 전류를 흘려주는 것
      ⓑ 여자방식 : 자여자, 타여자
   ② 구성 : 직류기에서 계자는 고정자로 철심과 코일로 구성
      ⓐ 계자철심은 0.8 ~ 1.6[mm]의 연강판으로 **성층**
      ⓑ 계자권선은 연동선을 사용

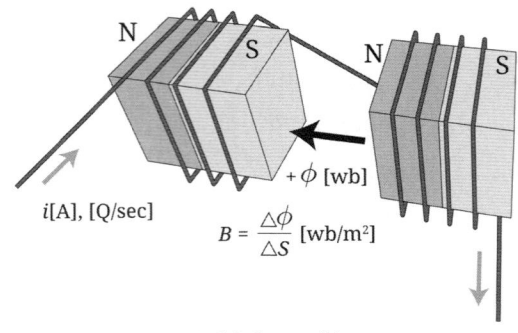

〈 계자회로 모델 〉

(3) 발전기의 역학적 에너지

① **기전력의 순시치** e [V] (플레밍의 오른손 법칙)

$e = Blv\sin\theta$ [V]

여기서, B[wb/m²] : 도체가 놓인 장소의 자속 밀도
  l[m] : 도체 유효 길이
  v[m/s] : 도체 이동 속도
  θ : 자속과 도체가 이루는 각

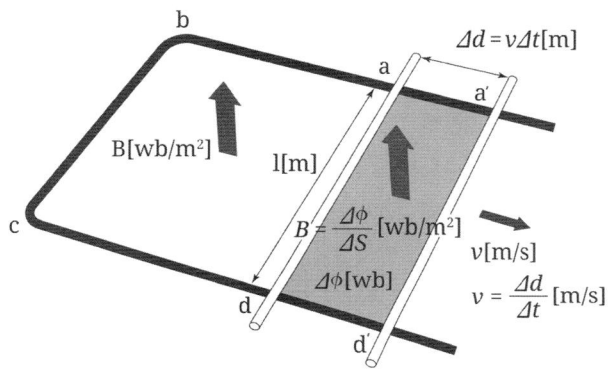

〈자계 내 도체의 역학적 운동〉

② 자속밀도 $(B\,[\text{wb/m}^2]) = \dfrac{d\phi}{dS}$ [wb/m²]

$d\phi = B \times dS = B \times lv\,dt$ [wb]

③ 도체 한 개의 기전력 크기

$|e| = \dfrac{d\phi}{dt}$ [V] $= \dfrac{Blv\,dt}{dt} = Blv$ [V]

④ 쇄교 자속과 위치(각도)를 고려한 기전력 크기

$e = Blv\sin\theta$ [V]

(4) 회전도체의 기전력의 합성
① 회전전기자형 & 슬립링 (교류발전기 원리)
→ 슬립링을 사용하는 경우 : 교류 파형 발생 (인출)

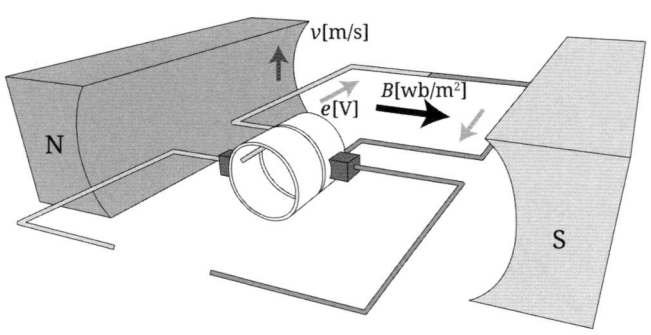

ⓐ 회전전기자형 & 슬립링

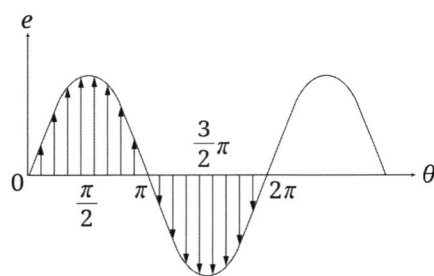

ⓑ 브러시 사이에 나타나는 기전력파형

② 회전전기자형 & 정류자 (직류발전기 원리)
→ 정류자를 사용하는 경우 : 직류(정류) 파형 발생 (인출)

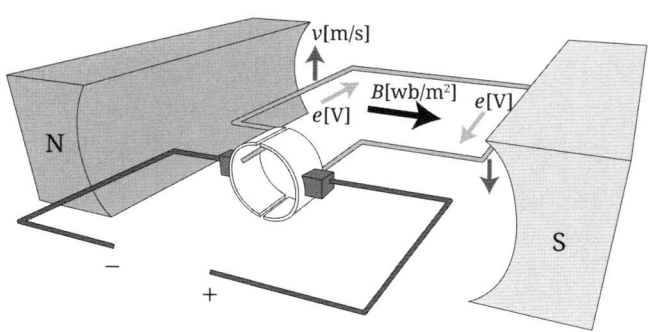

ⓐ 회전전기자형 & 정류자

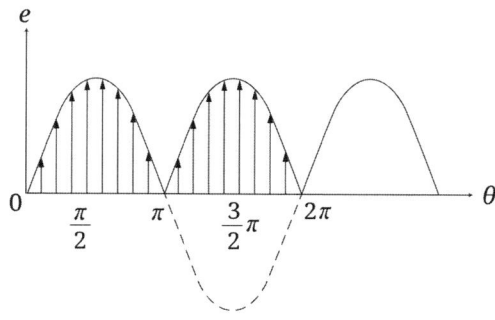

ⓑ 브러시 사이에 나타나는 기전력파형

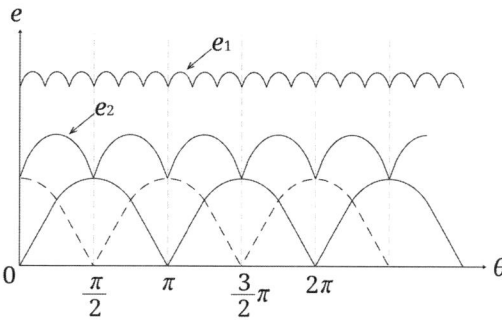

ⓒ 환상전기자 & 맥동기전력

(5) 전기자(Armature, 도체 기전력 e[V] 유도)
① 정의 : 계자에서 발생된 주자속을 끊어서 기전력을 유도하는 부분
② 구성 : 직류기에서 전기자는 전기자 권선과 철심으로 구성
  ⓐ 전기자철심 : 규소강판(히스테리시스손 감소) 0.35~0.5[mm] 두께로
      여러 장 겹쳐서 성층(와류손 감소)
  ⓑ 전기자권선 : 코일단과 코일변(기전력 유도)으로 구성
  ⓒ 한 개의 코일에는 두 개의 코일변으로 구성
      (한 개의 코일변 → 한 개의 도체)

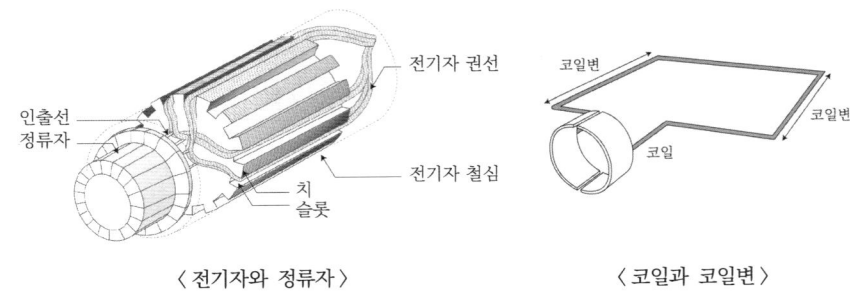

〈 전기자와 정류자 〉　　　　〈 코일과 코일변 〉

(6) 정류자(Commutator, 교류 → 직류)
① 정의 : 전기자에 유도된 기전력 교류를 직류로 변화시켜 주는 부분
② 구성 : 편과 편은 운모로 절연(정류자편수는 코일수와 같음)

(7) 브러시(Brush)
① 정의 : 정류자에 접촉, 변환된 직류를 외부로 인출하는 부분
② 구성 : 탄소질, 흑연질, 금속 흑연질
  ⓐ **탄소질 브러시**(Carbon brush) : **전류용량이 적은 소형, 저속기에 적용**
  ⓑ **전기 흑연질 브러시**(Electro graphite brush)
      : 접촉 저항 및 마찰계수가 크므로 **각종 기계에 광범위하게 적용**
  ⓒ **금속 흑연질 브러시**(Metallic graphite brush) : **저전압, 대전류에 적합**
③ 브러시 구비조건
  ⓐ 고유저항이 작을 것
  ⓑ 내열성이 클 것
  ⓒ 기계적인 강도가 클 것
  ⓓ 적당한 접촉저항을 가질 것

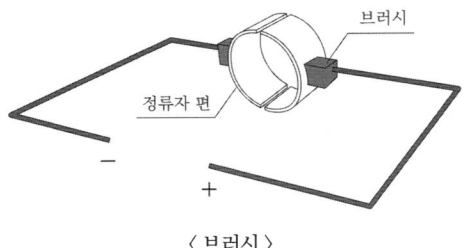

〈 브러시 〉

(8) 직류발전기 구조
① 계자(Field magnet)
② 전기자(Armature)
③ 정류자(Commutator)
④ 브러시(Brush)

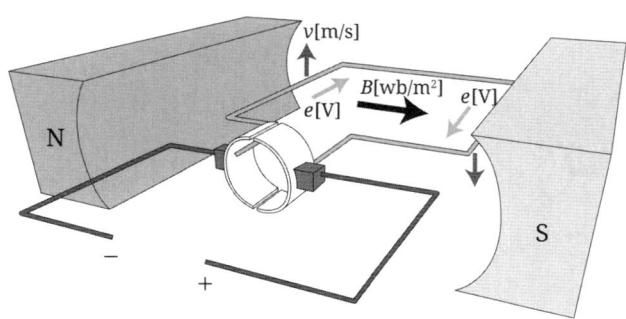

➕ 콕콕 Item

- **직류발전기 구조 (3대 요소)**
    1) 직류발전기 : 계자(자속 공급) → 전기자(교류 발생) → 정류자(직류 변환)
    2) 3대 구성요소
        ① 계자 권선 : 자속을 발생시키는 부분
        ② 전기자 권선 : 자속을 끊어 기전력을 유기시키는 부분
        ③ 정류자 : 교류를 직류로 변환시켜주는 부분

➕ 콕콕 Item

- **브러시 구비조건**
    1) 고유저항이 작을 것
    2) 내열성이 클 것
    3) 기계적인 강도가 클 것
    4) 적당한 접촉저항을 가질 것

➕ 콕콕 Item

■ **전기각 & 기계각**

1) 전기각 : 하나의 교류파형의 각도 (회전기의 극수 $2p$ 내 도선이 일회전한 경우)
2) 기하각 : 회전기 내에서 도선이 실제로 회전한 각 (공간각)
3) 전기적인 각 $=$ 기하학적인 각 $\times \dfrac{p}{2}$, (p : 극수)

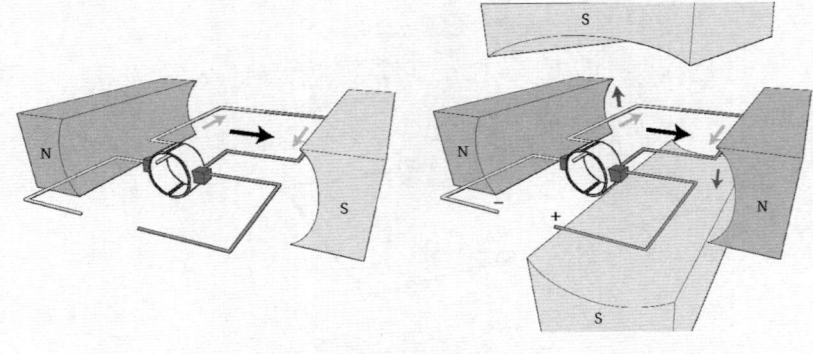

〈 전기각 & 기계각 〉

2) 직류발전기 전기자 권선법

(1) 권선법 종류

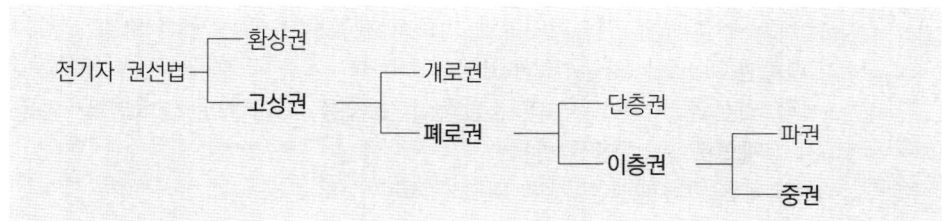

(2) 환상권과 고상권

① **환상권**(Ring armature winding)
  ⓐ 환상철심에 권선을 안팎으로 감은 것
  ⓑ 고상권에 비해 기전력의 크기가 작음
    (철심 내부에 배치된 부분은 자속을 끊지 못하기 때문)
② **고상권**(Drum armature winding)
  ⓐ 원통형 철심의 **표면에서만 권선을 감은 것**
  ⓑ 환상권에 비해 기전력의 크기가 큼 (전 도체가 전부 자속을 끊기 때문)

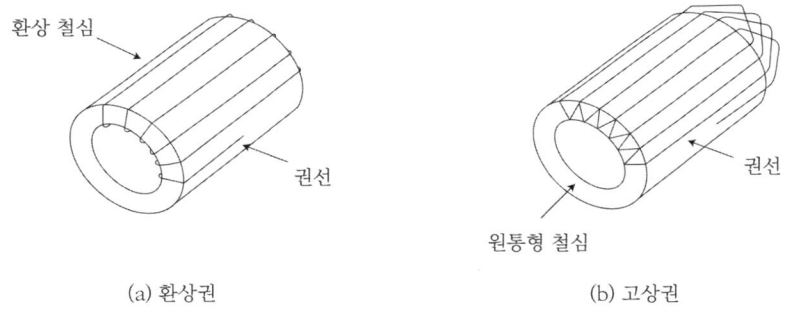

(a) 환상권   (b) 고상권

(3) 개로권과 폐로권
 ① 개로권(Open circuit winding)
  ⓐ 몇 개의 개로된 독립권선을 철심에 감은 방법
  ⓑ 외부 회로에 접속되어야만 비로소 폐회로가 되는 권선 방법
 ② 폐로권(Closed circuit winding)
  ⓐ 권선의 어떤 점에서 출발하여 도체를 따라가면 출발점에 되돌아와서 **폐회로 되는 권선 방법**
  ⓑ 직류기의 권선은 전부 폐로권 적용

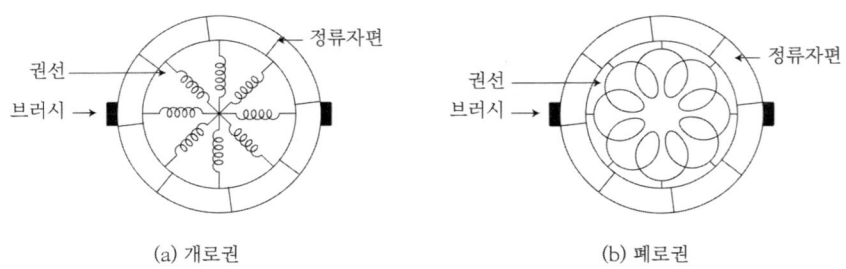

(a) 개로권   (b) 폐로권

(4) 단층권과 2층권
 ① 코일과 코일변
  ⓐ **코일** : 고상권의 경우 한 도체와 이것에 접속된 다음 도체와는 대략 1자극 간격만큼 떨어진 위치에 있는데 이러한 한 쌍의 도체를 코일이라 함
  ⓑ **코일변** : 각 도체를 각각 코일변(coil side)이라 함
 ② 단층권(Single layer winding)
  : 슬롯 한 개에 코일변 한 개만을 넣는 방법
 ③ 2층권(Double layer winding)
  : 슬롯 한 개에 상·하 2층으로 코일변을 넣는 방법

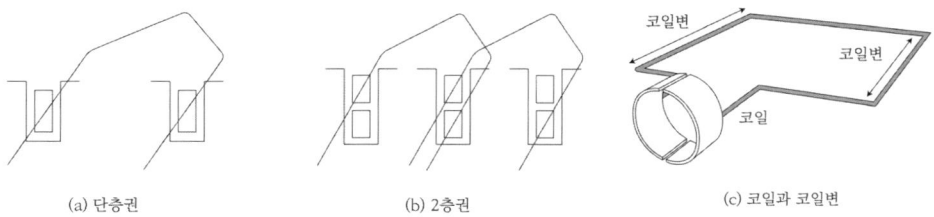

(a) 단층권   (b) 2층권   (c) 코일과 코일변

(5) 중권과 파권
  ① 합성피치 (Resultant pitch, $y = y_1 \pm y_2$)
    ⓐ y_1 **뒤피치**(Back pitch) : 코일의 앞 코일변과 뒤 코일변 간의 거리
    ⓑ y_2 **앞피치**(Front pitch) : 코일의 뒤 코일변과 다음 코일의 앞 코일변 간의 거리

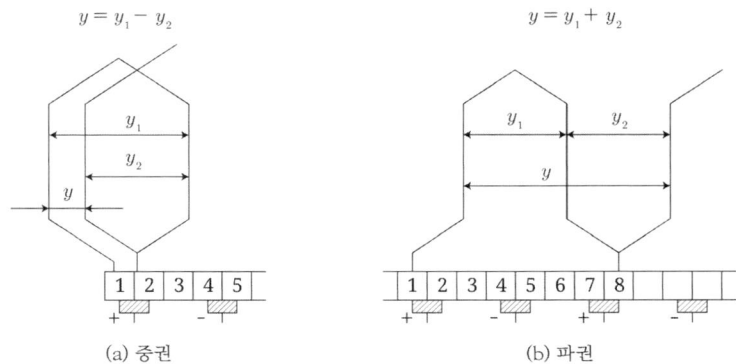

(a) 중권   (b) 파권

  ② 파권(Wave winding)
    ⓐ **합성피치** : $y = y_1 + y_2$
    ⓑ 코일 피치가 크기 때문에 전기자 면적만 넓게 차지하고, 많은 권선을 할 수가 없음
    ⓒ (+)단자에서 시작된 권선이 (+)단자에서 권선이 끝나며, (-)단자에서 시작된 권선은 (-)회로에서 끝나므로 언제나 **병렬회로수**는 극수에 관계없이 **2개** 뿐임
    ⓓ **소전류, 고전압 계통에 적합**

③ 중권(Lap winding)
  ⓐ **합성피치** : $y = y_1 - y_2$
  ⓑ 계속 겹쳐서 권선의 코일 피치가 작기 때문에 많이 권선할 수 있음
  ⓒ (+)단자에 묶은 회로와 (-)단자에 묶은 회로가 독립적으로 존재하므로 **병렬회로수는 극수와 같음**
  ⓓ **대전류, 저전압 계통에 적합**
  ⓔ 전기자 면적의 효율 이용을 위해 많은 권선을 할 수 있는 중권으로 권선함

> 참고 □ 중권과 파권
>
>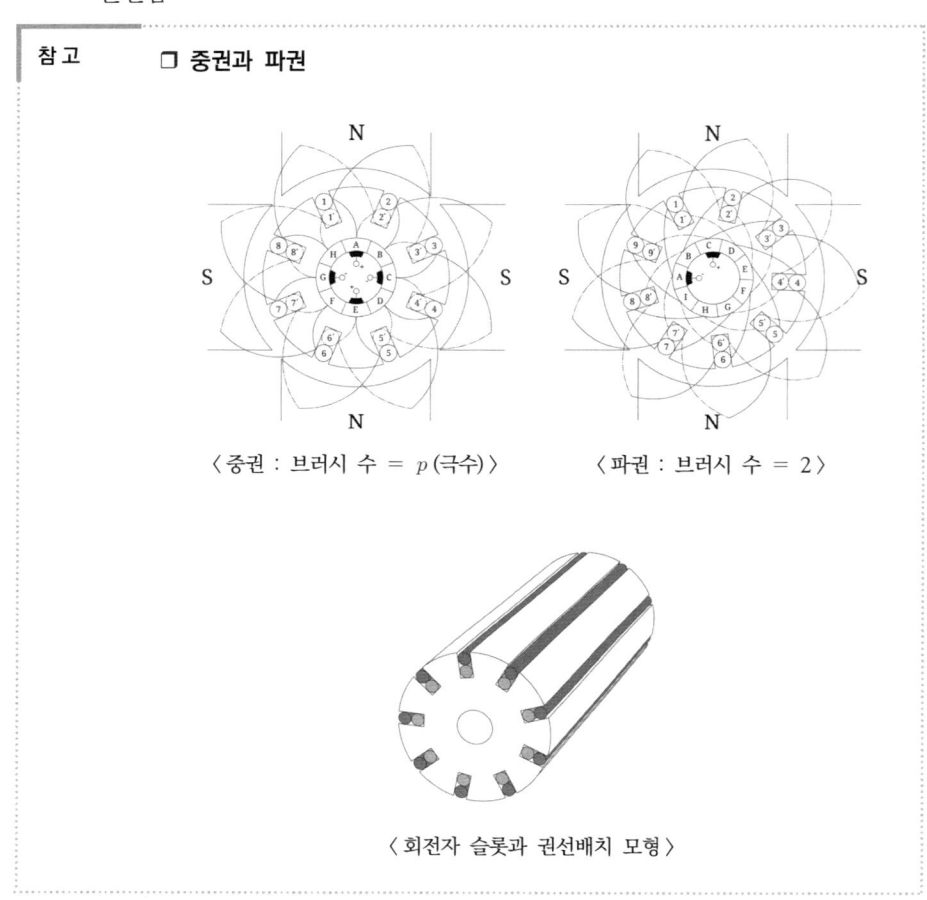
>
> 〈중권 : 브러시 수 = p(극수)〉   〈파권 : 브러시 수 = 2〉
>
> 〈회전자 슬롯과 권선배치 모형〉

> 참고   □ 중권 권선의 직병렬 접속

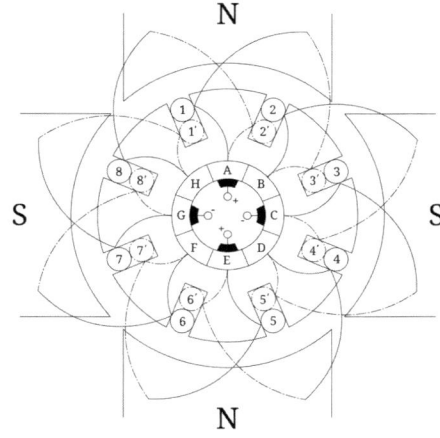

〈 중권(Lap winding) 〉

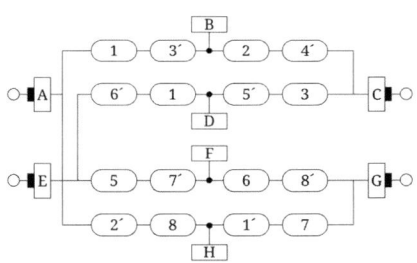

병렬회로수 = p (극수)

〈 중권 권선의 직병렬 접속 〉

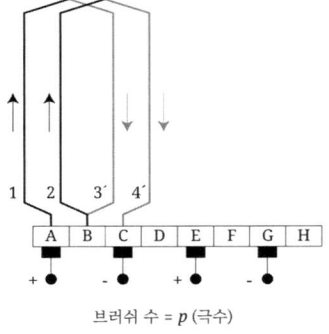

브러쉬 수 = p (극수)

〈 중권 권선의 전개도 〉

참고 □ 파권 권선의 직병렬 접속

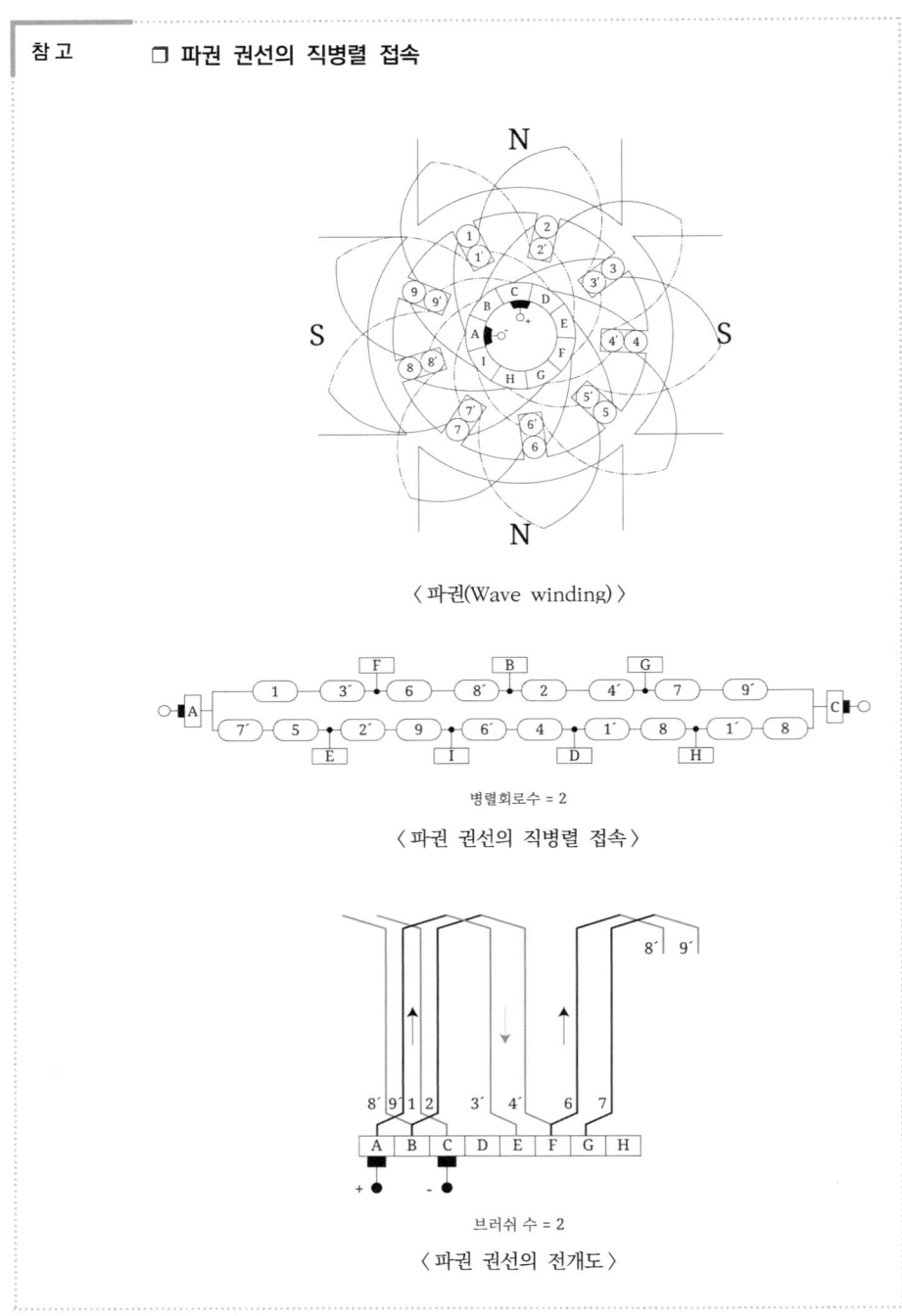

〈파권(Wave winding)〉

병렬회로수 = 2
〈파권 권선의 직병렬 접속〉

브러쉬 수 = 2
〈파권 권선의 전개도〉

(6) 균압환(Equalizing ring, 균압선, 균압고리)
① 공극이 균일하지 않거나 계자의 자속분포가 일정하지 않을 때는 각 병렬회로의 유기전력에 불평형 발생 **(공극 및 자속 분포가 불균일한 경우)**
② 순환전류가 브러시를 통해서 흐르고 정류가 잘 되지 않으므로 저항이 매우 적은 도선으로 연결 불평형 개선됨 **(브러시 정류 불량)**

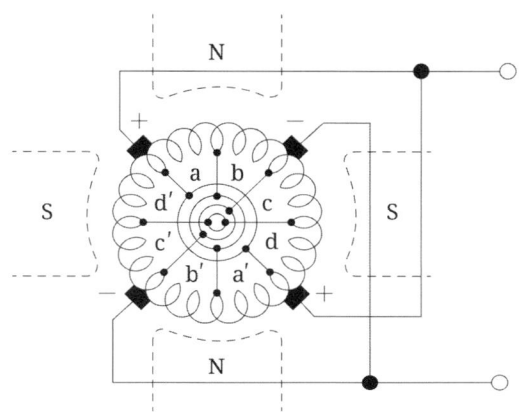

〈 등전위점을 4개의 균압환으로 연결한 예 〉

(7) 중권과 파권의 차이점

항목	중권	파권
a (병렬회로 수)	p (극수)	2
b (브러시 수)	p (극수)	2
균압환	필요	불필요
용도	대전류, 저전압	소전류, 고전압

예제 1

직류 분권 발전기의 전기자 권선을 단중 중권으로 감으면?
① 병렬회로수는 항상 2이다.
② 높은 전압, 작은 전류에 적당하다.
③ 균압환이 필요 없다.
④ 브러시의 수는 극수와 같아야 한다.

【해설】
직류 분권 발전기의 전기자 권선을 단중 중권인 경우의 극수가 p 인 경우
병렬회로수 $a=p$, 브러시수 $b=p$ 이며 균압환이 필요

[답] ④

예제 2

직류기의 다중 중권 권선법에서 전기자 병렬회로수 a와 극수 p 사이에는 어떤 관계가 있는가? (단, 다중도는 m 이다.)
① $a=2$
② $a=2m$
③ $a=p$
④ $a=mp$

【해설】
직류기의 다중 중권인 경우의 극수 p, 병렬회로수 a인 경우
m중 중권이면 병렬회로수 $a=mp$, m중 파권이면 $a=2m$

[답] ④

예제 3

직류기의 권선을 단중 파권으로 감으면?
① 내부 병렬회로수가 극수만큼 생긴다.
② 내부 병렬회로수는 극수에 관계없이 언제나 2이다.
③ 저압 대전류용 권선이다.
④ 균압환을 연결해야 한다.

【해설】
직류 분권 발전기의 전기자 권선을 단중 파권인 경우의 극수가 p 인 경우
병렬회로수 $a=2$, 브러시수 $b=2$이며 균압환이 불필요

[답] ②

➕ 콕콕 Item

- **전기자 권선법 (고폐이중)**

  환상권 vs **고상권** → 개로권 vs **폐로권** → 단층권 vs **이층권** → 파권 vs **중권**

➕ 콕콕 Item

- **중권 vs 파권**

항목	중권	파권
a (병렬회로 수)	p (극수)	2
b (브러시 수)	p (극수)	2
균압환	필요	불필요
용도	대전류, 저전압	소전류, 고전압

3) 직류발전기 유기기전력

(1) 도체 한 개의 유기기전력

① 전기자 도체 한 개에 유기되는 기전력

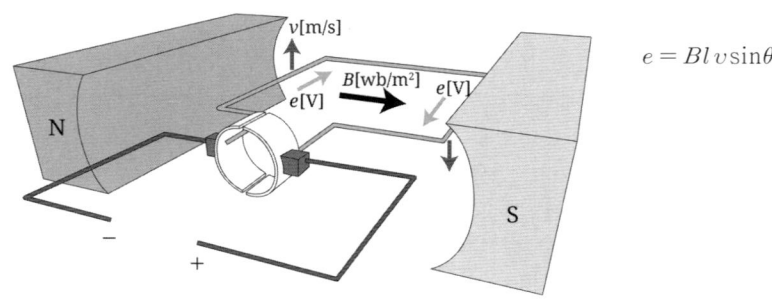

$$e = Blv\sin\theta [V]$$

〈2극 직류발전기〉

② 최대 유기기전력 : 전기자도체가 자속과 90°의 위치($\sin 90° = 1$)
 $e = Blv[V]$
 또한, $D[m]$: 전기자 직경
  $n[rps]$: 전기자 회전수
  $v = \pi Dn[m/s]$: 회전자주변속도 (πD는 전기자 원주)

③ 전기자 도체 한 개의 유기기전력
 $e = Bl\pi Dn[V] = BAn[V]$
 여기서, $A = \pi Dl[m^2]$: 전기자 면적
  $\phi = BA[wb]$: 매극당 자속

④ 1극에 대한 도체 한 개의 유기기전력
 $e = \phi n[V]$

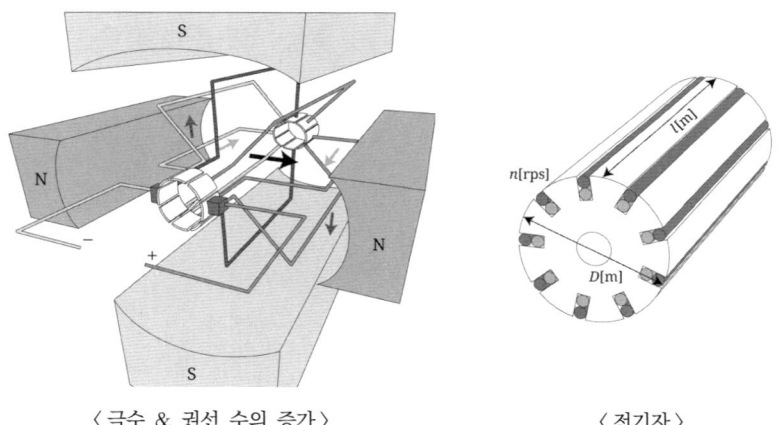

〈극수 & 권선 수의 증가〉 〈전기자〉

(2) 전기자 전체의 유기기전력

① 전체 극수에 대한 도체 한 개의 유기기전력
  ⓐ p극일 때 총 자속은 $p\phi = BA[\text{wb}]$에서 B는 평균자속 밀도이다.
  ⓑ 그러므로 전체 극수에 대한 도체 한 개의 유기기전력
  $e = p\phi n[\text{V}]$

② 총 도체수를 z, 병렬회로수를 a라 하면 전체 전기자의 유기기전력

$$E = \frac{z}{a} p\phi n[\text{V}]$$

  ⓐ $K = \frac{pz}{a}$를 기계상수라 놓으면, $E = K\phi n[\text{V}]$
  ⓑ 직류발전기의 유기기전력은 자속과 회전수에 비례

$$E \propto \phi n \propto I_f n[\text{V}]$$

예제 4

직류 분권 발전기에서 극수 6, 전기자 총도체수가 400, 매극당 자속이 0.01[wb]이고 회전수가 600[rpm]일 때 전기자에 유기되는 기전력은 얼마인가? (단, 전기자 권선은 파권이다.)

【해설】

유기 기전력 $E = \frac{z}{a}p\phi\frac{N}{60}[\text{V}]$

문제에서 $p = 6$, $a = 2$, $z = 400$, $\phi = 0.01[\text{wb}]$, $N = 600$ 이므로

$E = \frac{z}{a}p\phi\frac{N}{60}[\text{V}] = \frac{400}{2} \times 6 \times 0.01 \times \frac{600}{60} = 120[\text{V}]$

예제 5

포화하고 있지 않은 직류발전기의 회전수가 $\frac{1}{2}$로 감소되었을 때 기전력을 전과 같은 값으로 하려면 여자를 속도 변환 전에 비해 얼마로 해야 하는가?

① $\frac{1}{2}$배   ② 1배   ③ 2배   ④ 3배

【해설】
직류발전기의 유기기전력은 $E \propto \phi n \propto I_f n[\text{V}]$이므로
여자전류를 전에 비하여 2배로 증가

[답] ③

콕콕 Item

■ **직류발전기 유기기전력**

1) 전체 전기자의 유기기전력 : $E = \dfrac{z}{a} p\phi n [V]$

2) 유기기전력은 자속과 회전수에 비례 : $E \propto \phi n \propto I_f n [V]$

(3) 정류자 편수와 정류자 편간 유기되는 전압

① 정류자 편수 : 정류자는 수 개의 정류자 편으로 구성

$$K = \dfrac{총\ 전기자\ 도체수}{2}$$

$$= \dfrac{슬롯\ 한\ 개에\ 들어가는\ 코일\ 변수 \times 전체\ 슬롯수}{2}$$

② 정류자 편 1개당 전기자 도체는 항상 2개씩 소요되므로 전기자 총 도체수를 구한 후 이를 2로 나누어 주면 그것이 정류자 편수가 된다.

(4) 정류자 편간 평균 전압

① 어느 정류자 편과 이와 이웃하는 정류자 편 사이의 전압은 그 사이에 접속된 코일만큼 전압이 유기한다.

② 정류자 편간 전압

$$e = \dfrac{총\ 전기자\ 유기\ 기전력}{정류자\ 편수} = \dfrac{E \times p}{K} [V]$$

여기서, $E[V]$: 전기자 권선에 유기되는 유기 기전력

p : 극수, K : 정류자 편수

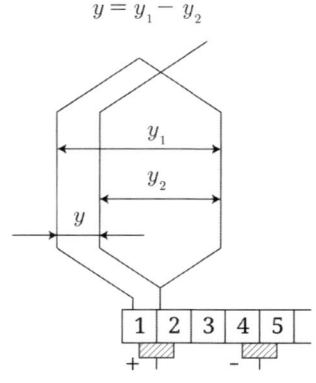

〈중권의 정류자 편수〉

(5) 정류

① 전기자코일의 전류방향을 바꾸어 교류를 직류로 변환시키는 것

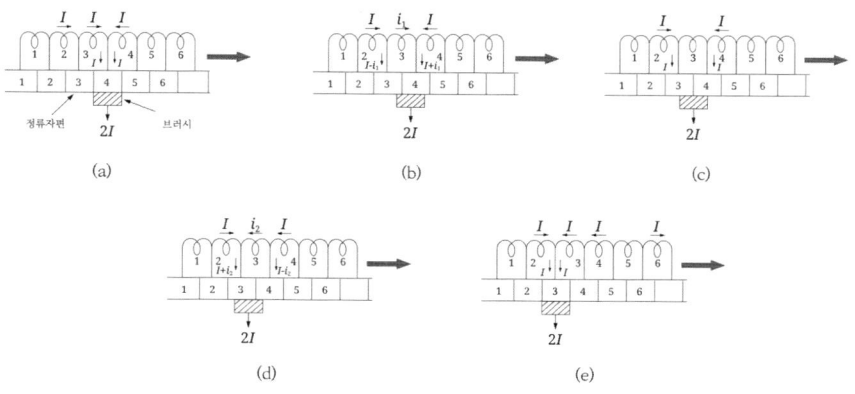

〈 정류과정 중 전류 변화 〉

② 정류곡선

ⓐ 정류시간에 전류의 변화가 $+I_c$에서 $-I_c$로 변환하며, 이 정류 변화를 나타내는 곡선을 정류곡선이라 함, 이때 시간을 정류주기라고 함

ⓑ 정류주기

$$T_c = \frac{b-\delta}{v_c} [\sec]$$

여기서, $b[m]$: 브러시 두께
$\delta[m]$: 절연물 두께, ($b-\delta$: 정류구간)
$D[m]$: 정류자 지름, $n[rps]$: 회전수
$v_c = \pi Dn [m/s]$: 정류자 주변 속도

ⓒ 정류곡선

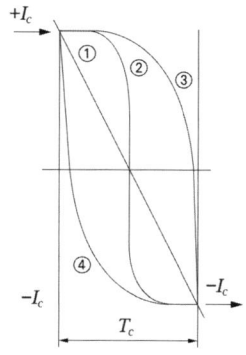

〈 직선과 정현파 모양의 정류곡선 〉

- **직선정류**(곡선 ①)
  : 가장 **이상적인** 정류 작용
- **정현정류**(곡선 ②)
  : **양호한** 정류 작용
- **부족정류**(곡선 ③)
  : 브러시 **뒤쪽에서 불꽃이** 발생
- **과정류**(곡선 ④)
  : 브러시 **앞부분에 불꽃이** 발생

(6) 리액턴스 전압

① 전기자 코일에는 자기 인덕턴스 때문에 전류의 값이 변화하면 렌쯔의 법칙에 의하여 전류의 변화를 방해하는 자기유도기전력이 유기

② **정류되고 있는 시간 동안 변화하는 전류 때문에 발생되는 전압**을 **리액턴스 전압**이라 하며 그 평균값을 평균 리액턴스 전압이라고 한다.

③ 단락 코일의 **평균 리액턴스 전압**

$$(e_r)_{mean} = \left(-L\frac{di}{dt}\right)_{mean} = L\frac{I_c - (-I_c)}{T_c} = L\frac{2I_c}{T_c}[\text{V}]$$

(7) 양호한 정류의 대책

① 평균 리액턴스 전압이 작을 것
- 인덕턴스가 작을 것
- 정류주기가 길 것
- 브러시는 접촉저항이 클 것 → 저항정류 역할 (탄소브러시 사용)

② 보극 설치 → 전압정류 역할

③ 보상권선 설치

④ 전기자 권선을 단절권으로 할 것

(8) 보극 설치 (전압정류)

① 브러시를 기하학적 중성점에 고정시키고, 이 장소에 **보극**을 두어 전압정류를 유기시키는 방법

② 인덕턴스 때문에 전류의 방향 변화가 방해당하는 것을 막고 불꽃이 나지 않는 정류를 시키자면, **리액턴스 전압을 상쇄**해 줄 만한 반대 방향의 기전력을 단락코일에 유기시켜야 한다. 이러한 기전력을 정류를 잘 되게 하기 위한 전압이라는 의미에서 **전압정류**라고 한다.

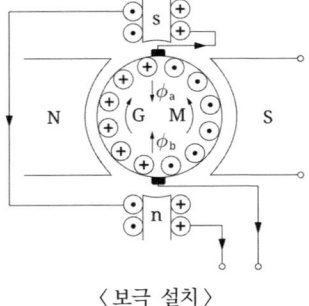

〈 보극 설치 〉

예제 6

직류기에서 양호한 정류를 얻는 조건이 아닌 것은?
① 정류 주기를 크게 한다.
② 전기자 코일의 인덕턴스를 작게 한다.
③ 평균 리액턴스 전압을 브러시 접촉면 전압 강하보다 크게 한다.
④ 브러시의 접촉 저항을 크게 한다.

【해설】
양호한 정류 방법
1) 평균 리액턴스 전압을 작게 설치
2) 보극 설치(전압 정류 역할)
3) 보상권선 설치

[답] ③

예제 7

직류기에서 전압정류 역할을 하는 것은?
① 보극   ② 보상권선   ③ 탄소브러시   ④ 균압환

【해설】
직류기에 보극 설치 시 리액턴스 전압을 상쇄, 양호한 정류를 얻게 하므로 이것을 전압 정류 역할이라고 함

[답] ①

➕ 콕콕 Item

■ **양호한 정류 대책**
1) 평균 리액턴스 전압이 작을 것
   ① 인덕턴스가 작을 것
   ② 정류주기가 길 것
   ③ 브러시는 접촉저항이 클 것 → 저항정류 역할(탄소브러시 사용)
2) 보극 설치 → 전압정류 역할
3) 보상권선 설치
4) 전기자 권선을 단절권으로 할 것

4) 직류발전기 전기자 반작용

(1) 전기자 반작용 원인

① 전기자에 흐르는 전류에 의해서 발생된 전기자 자속이 계자의 주자속에 영향을 주는 현상

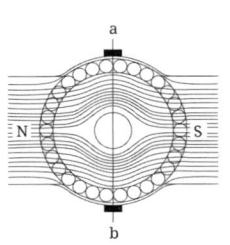
(a) 계자 기자력만에 의해 생기는 자속의 분포도

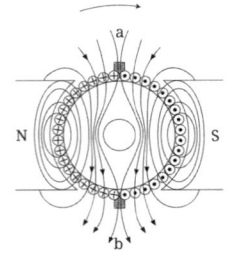
(b) 전기자 기자력만에 의해 생기는 전기자 자속의 분포도

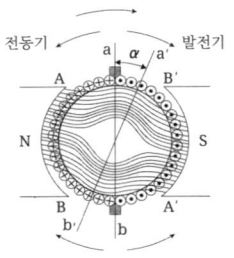
(c) 전기자 기자력에 의해 형성된 계자의 자속분포도

〈 전기자 반작용 현상 〉

② 그림 (a) : 전기자를 고정시키고 계자에만 전류를 흘려주었을 때 계자의 자속이 일정하게 분포
③ 그림 (b) : 계자의 코일에는 전류를 흘리지 않고 전기자 코일에만 전류를 흘려주었을 때 전기자 자속의 분포
④ 그림 (c) : 계자의 자속이 분포된 상태에서 전기자 코일이 계자의 자속을 끊었을 때 전기자 코일에 기전력이 유기되면 전류가 흐르게 되어 전기자 자속이 계자의 자속을 찌그러트리는 현상

(2) 전기자 반작용 영향 (편자작용)

① **전기자 중성축 이동** : 그림 (a) 전기자 중성축 ab → 그림 (c) $a'b'$
② **중성축 이동 방향** : 발전기 → 회전 방향, 전동기 → 회전 반대 방향
③ **정류자편 섬락에 의한 정류 불량**
 : 편자 작용에 의해 자속이 분포가 균등하지 않으므로 정류자 편간 전압이 불균일하게 되고 이로 인해 섬락이 발생하여 정류에 악영향을 미친다.
④ **감자자속이 발생 발전기 기전력(출력) 감소**
⑤ **직류전동기 경우 속도 증가, 토크는 감소**

(3) 전기자 반작용 대책
① 중성축이 이동하는 방향으로 브러시 이동 (보극이 없는 경우)
ⓐ 발전기 : 회전 방향
ⓑ 전동기 : 회전 반대 방향
② 보상권선 설치
ⓐ 주자극의 자극편에 슬롯을 만들고 그 속에 절연된 권선을 설치
ⓑ 전기자 권선과는 직렬 접속하고 전기자 도체의 전류와 반대 방향의 전류를 흘려주면 이때 발생된 자속이 전기자자속을 상쇄시키도록 한다.
③ 보극 설치
ⓐ 자기적 중성축 상에 설치하는 보조 극
ⓑ 전기자 반작용 자속을 국부적으로 없애고, 정류 중인 코일에 정류전압을 만들어 양호한 정류작용
④ 모든 직류발전기, 직류전동기에는 보극과 보상권선을 함께 설치

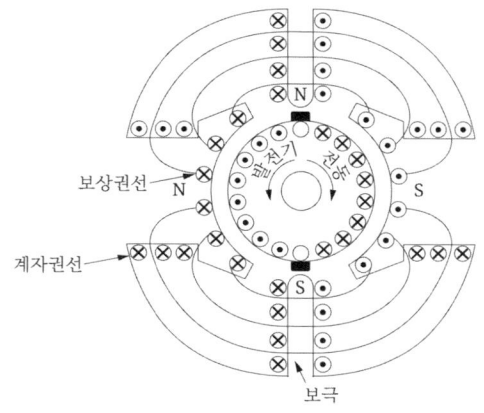

〈 보극과 보상권선 〉

예제 8

직류기에서 전기자 반작용이란 전기자 권선에 흐르는 전류로 인하여 생긴 자속이 무엇에 영향을 주는 현상인가?
① 모든 부문에 영향을 주는 현상   ② 계자극에 영향을 주는 현상
③ 감자 작용만을 하는 현상   ④ 편자 작용만을 하는 현상

【해설】
전기자 반작용이란 전기자 권선에 흐르는 전류가 계자의 주자속에 영향을 주는 현상
[답] ②

예제 9

직류기의 전기자 반작용의 영향이 아닌 것은?
① 전기적 중성축이 이동한다.
② 주자속이 증가한다.
③ 정류자편 사이의 전압이 불균일하게 된다.
④ 정류 작용에 악영향을 준다.

【해설】
전기자 반작용이란 전기자 권선에 흐르는 전류가 계자의 주자속에 영향을 주는 현상으로 주자속을 감소

[답] ②

예제 10

전기자 반작용이 직류발전기에 영향을 주는 것을 설명한 것이다. 틀린 설명은?
① 전기자 중성축을 이동시킨다.
② 자속을 감소시켜 부하 시 전압 강하의 원인이 된다.
③ 정류자 편간 전압이 불균일하게 되어 섬락의 원인이 된다.
④ 전류의 파형은 찌그러지나 출력에는 변화가 없다.

【해설】
전기자 반작용은 주자속을 감소시키는 감자 작용 때문에 유기기전력이 감소하여 발전기는 출력이 감소

[답] ④

➕ 콕콕 Item

■ **직류발전기 전기자 반작용 영향 – 감자작용**

1) 전기자 전류에 의한 자속이 계자 권선의 주자속에 영향을 주어 자속이 일그러지는 현상
2) 전기적 중성축 이동 (발전기 : 회전 방향, 전동기 : 회전 반대 방향)
3) 정류자 편간 국부적 불꽃 발생, 정류불량 및 브러시 손상
4) 발전기의 전체적인 효율 저하
5) 자속감소 → 기전력 감소 → 발전기 출력 감소

5) 직류발전기(여자방식) 종류

(1) 직류발전기의 종류
① 발전기는 계자코일에 전류를 흘려주는 **여자 방식에 따라** 타여자 발전기와 자여자 발전기로 분류
② 여자방식 : 타여자, 자여자 발전기

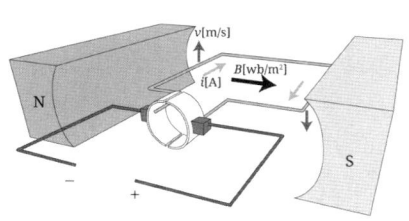 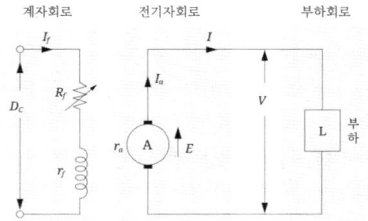

〈 등가회로 개념 〉

(2) 직류 타여자 발전기
① 구조
    ⓐ 계자와 전기자가 별개의 **독립적인 구조**
    ⓑ 외부 별도의 **여자장치가 필요**
② 등가회로

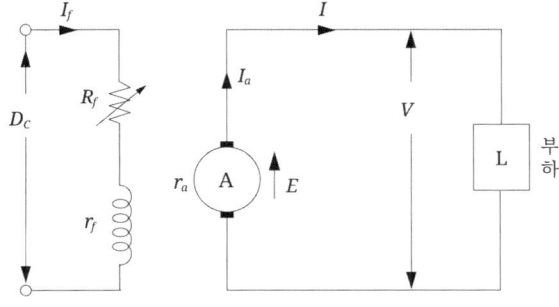

I_f : 계자전류
R_f : 계자저항기
r_f : 계자권선저항
I_a : 전기자전류
r_a : 전기자저항
E : 유기기전력
V : 단자전압(정격전압)
I : 부하전류

③ 발전기 특성
    ⓐ **부하전류** : $I_a = I \neq I_f$ (별도 회로)[A]
    ⓑ **단자전압** : $V = E - I_a r_a - v - e_a$ [V]
        여기서, v[V] : 브러시 전압강하
              e_a[V] : 반작용 전압강하
    ⓒ **정격출력** : P(출력) $= VI$[W], 부하전류 $I = \dfrac{P}{V}$[A]

ⓓ 전기자 유기기전력

$$E = V + I_a r_a [\text{V}] = \frac{z}{a} p \phi n [\text{V}]$$

ⓔ **무부하 시 단자전압** : $V_0 = E[\text{V}]$ ($I_a = I = 0[\text{A}]$)

※ 일반적으로 $v[\text{V}]$, $e_a[\text{V}]$는 무시할 수 있다.

④ 발전기 용도
  ⓐ 대형 교류 발전기의 여자 전원용
  ⓑ 직류전동기 속도 제어용 전원 등에 사용

(3) 직류 직권 발전기

① 구조
  ⓐ 계자와 전기자 그리고 부하가 **직렬로 구성**

② 등가회로

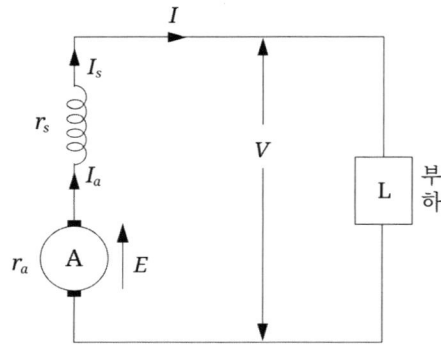

I_s : 계자전류
r_s : 계자저항기
I_a : 전기자전류
r_a : 전기자저항
E : 유기기전력
V : 단자전압(정격전압)
I : 부하전류

③ 발전기 특성
  ⓐ **부하전류** : $I = I_a = I_s [\text{A}]$
  ⓑ **단자전압** : $V = E - I_a r_a - I_s r_s = E - I_a(r_a + r_s)[\text{V}]$
  ⓒ **정격출력** : $P(출력) = VI[\text{W}]$, 부하전류 $I = \frac{P}{V}[\text{A}]$
  ⓓ 전기자 유기기전력

$$E = V + I_a(r_a + r_s)[\text{V}] = \frac{z}{a} p \phi n [\text{V}]$$

ⓔ **무부하 시 단자전압** : $V_0 = 0[\text{V}]$ ($I = I_a = I_s[\text{A}]$)

④ 발전기 용도
   ⓐ 선로의 전압강하 보상용 승압기

(4) 직류 분권 발전기
① 구조
   ⓐ 전기자와 계자 권선이 병렬로 구성
② 등가회로

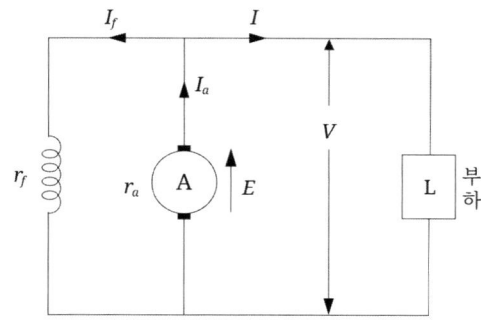

I_f : 계자전류
r_f : 계자저항기
I_a : 전기자전류
r_a : 전기자저항
E : 유기기전력
V : 단자전압(정격전압)
I : 부하전류

③ 발전기 특성
   ⓐ **부하전류** : $I_a = I_f + I\,[\mathrm{A}]$
   ⓑ **단자전압** : $V = E - I_a r_a\,[\mathrm{V}]$, $V = I_f r_f\,[\mathrm{V}]$
      여기서, $v[\mathrm{V}]$: 브러시 전압강하
         $e_a[\mathrm{V}]$: 반작용 전압강하 무시
   ⓒ **정격출력** : $P(출력) = VI\,[\mathrm{W}]$,
      부하전류 $I = \dfrac{P}{V}[\mathrm{A}] = I_a - I_f[\mathrm{A}]$, 계자전류 $I_f = \dfrac{V}{r_f}[\mathrm{A}]$
   ⓓ **전기자 유기기전력**

   $$E = V + I_a r_a\,[\mathrm{V}] = \frac{z}{a} p\phi n\,[\mathrm{V}]$$

   ⓔ **무부하 시 단자전압** : $V_0 = E - I_a r_a\,[\mathrm{V}]$이며, $V_0 \fallingdotseq E\,[\mathrm{V}]$
      (무부하 시 부하전류 $I = 0\,[\mathrm{A}]$이므로 $I_a = I_f[\mathrm{A}]$)

④ 발전기 용도
   ⓐ 전기 화학용 축전지의 충전용 전원
   ⓑ 동기기의 여자용 전원

(5) 계자권선의 접속에 따른 직류 복권 발전기
① 구조
ⓐ 외분권, 내분권으로 구성 (표준은 외분권)
② 등가회로

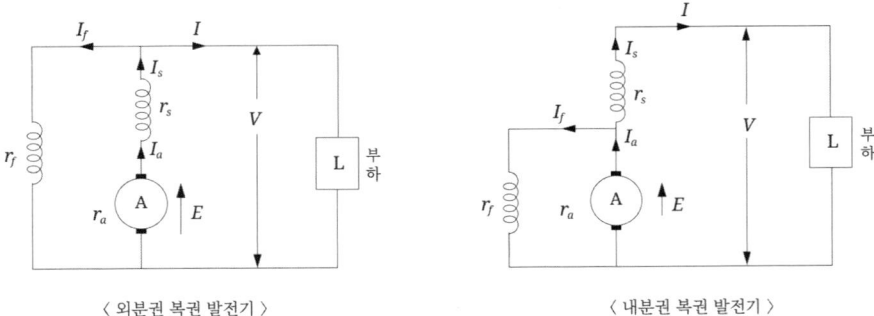

〈 외분권 복권 발전기 〉   〈 내분권 복권 발전기 〉

③ 발전기 특성
ⓐ **외분권 발전기**
- 전기자 전류 : $I_a = I_s = I_f + I$[A]
- 단자전압 : $V = E - I_a r_a - I_s r_s = E - I_a(r_a + r_s)$[V]
- 유기기전력 : $E = V + I_a(r_a + r_s)$[V]

ⓑ **내분권 발전기**
- 전기자 전류 : $I_a = I_f + I_s$[A], $I_s = I$[A]
- 단자전압 : $V = E - I_a r_a - I_s r_s$[V]
- 유기기전력 : $E = V + I_a r_a + I_s r_s$[V]

ⓒ **가동(화동)복권 발전기**
- 구조 : 직권 계자코일에 흐르는 전류와 분권계자권선의 흐르는 전류가 같은 방향(자속의 합)
- 분류 : 과복권($V_0 < V$), 평복권($V_0 = V$), 부족복권($V_0 > V$)
  여기서, V_0[V] : 무부하 단자전압, V[V] : 정격전압

ⓓ **차동복권 발전기**
- 구조 : 직권계자 코일의 전류와 분권 계자코일의 전류가 반대 방향일 때(자속이 서로 상쇄)
- 적용 : 차동복권은 수하 특성을 갖는 발전기로 직류 용접기에 이용

콕콕 Item

■ 직류 타여자 발전기 등가회로

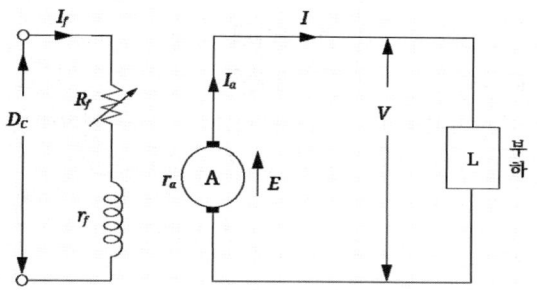

I_f : 계자전류
R_f : 계자저항기
r_f : 계자권선저항
I_a : 전기자전류
r_a : 전기자저항
E : 유기기전력
V : 단자전압(정격전압)
I : 부하전류

콕콕 Item

■ 직류 자여자 분권 발전기 등가회로

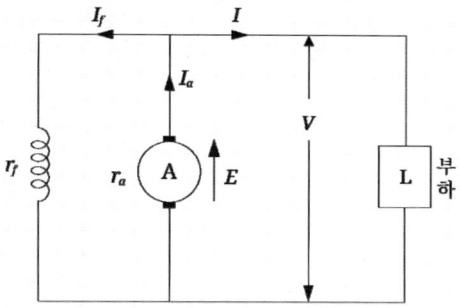

I_f : 계자전류
r_f : 계자저항기
I_a : 전기자전류
r_a : 전기자저항
E : 유기기전력
V : 단자전압(정격전압)
I : 부하전류

6) 직류발전기 특성 곡선

(1) 직류발전기 특성 요소
① 발전기 특성 기본 요소
ⓐ **특성 곡선** : 특성 요소 상호간의 관계를 나타낸 곡선
ⓑ **특성 요소** : $I_f[\text{A}]$(계자전류), $I_a[\text{A}]$(전기자전류), $I[\text{A}]$(부하전류),
     $E[\text{V}]$(유기기전력), $V[\text{V}]$(단자전압), $n[\text{rps}]$(회전속도)
ⓒ 특성 요소 상호의 관계를 나타내는 곡선을 특성 곡선이라고 함

② 특성 곡선의 종류
ⓐ **무부하 특성 곡선** : $E - I_f$ (정격속도, 무부하 상태)
ⓑ **부하 특성 곡선** : $V - I_f$ (정격속도, I를 정격값으로 유지)
ⓒ **외부 특성 곡선** : $V - I$ (정격속도, 계자전류 I_f를 일정하게 유지)
ⓓ **내부 특성 곡선** : $E - I$ (정격속도, 계자전류 I_f를 일정하게 유지)

(2) 무부하 특성 곡선 : $E - I_f$ (정격속도, 무부하 상태)

① 타여자 발전기 무부하 특성 ($E = V + I_a r_a = \dfrac{z}{a} p \phi n [\text{V}]$)

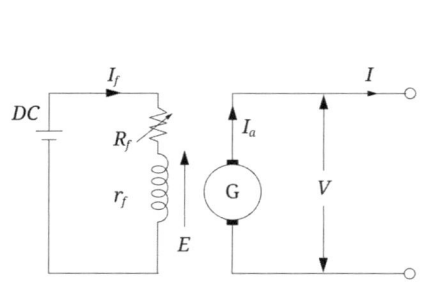
〈 타여자 발전기 모델 〉

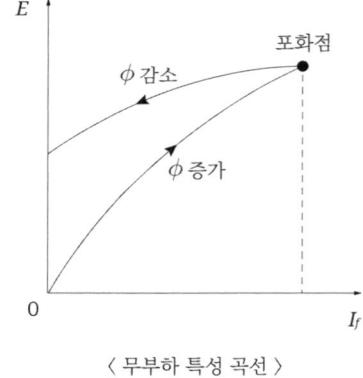
〈 무부하 특성 곡선 〉

ⓐ 무부하 시 부하전류 : $I_a = I = 0 [\text{A}]$
ⓑ 무부하 시 단자전압 : $V_0 = E [\text{V}]$
ⓒ R_f 감소 → I_f 증가 → ϕ 증가 → E 증가
ⓓ 자속의 포화를 무시 : $I_f \propto \phi \propto E$

② 자여자 발전기 무부하 특성 ($E = V + I_a r_a [\text{V}]$, $I_a = I_f + I [\text{A}]$)

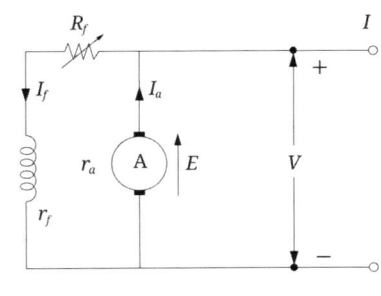

〈 자여자 발전기 모델 〉

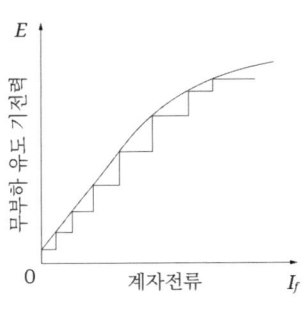

〈 무부하 특성 곡선 〉

ⓐ 무부하 시 부하전류 : $I = 0 [\text{A}]$, $I_f = I_a [\text{A}]$
ⓑ 무부하 시 단자전압 : $V_0 = E - I_a r_a [\text{V}]$
ⓒ 잔류자기 → 초기 E 유기 → E 점차 증가 → 전압 확립

(3) 부하 특성 곡선 : $V - I_f$ (정격 속도, I를 정격값으로 유지)

① 타여자 및 자여자 발전기 부하 특성은 동일 ($E = V + I_a r_a = \dfrac{z}{a} p \phi n [\text{V}]$)

② R_f 감소 → I_f 증가 → ϕ 증가 → E 증가 → V 증가

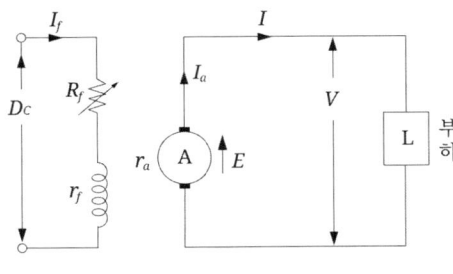

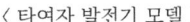

〈 타여자 발전기 모델 〉

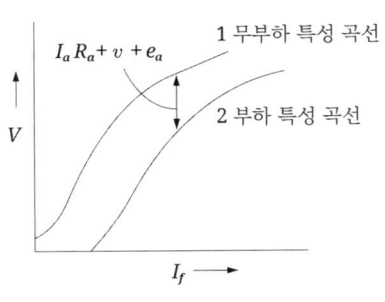

〈 부하 특성 곡선 〉

(4) 외부 특성 곡선 : $V-I$ (정격 속도, 계자전류 I_f 를 일정하게 유지)

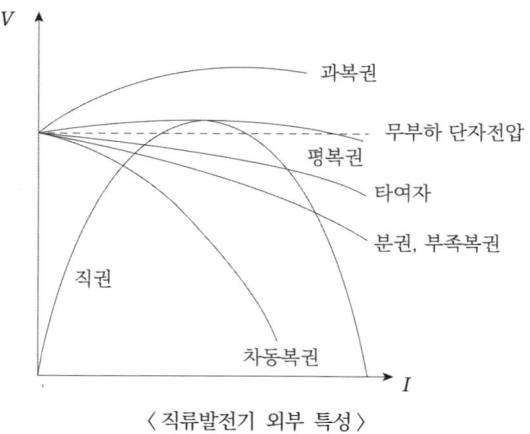

〈 직류발전기 외부 특성 〉

① 타여자, 분권, 차동 복권 발전기
  : 전부하 시 부하 전류 증가 → 전기자 전압 강하 증가 → 단자 전압이 감소
② 평복권 발전기
  : 전부하 때나 무부하 때나 단자 전압이 같게 되는 특성
③ 직권, 과복권 발전기
  : 전부하 시 부하 전류 증가 → 직권 계자 전류 증가 → 단자 전압이 상승

(5) 자여자 발전기 전압 확립

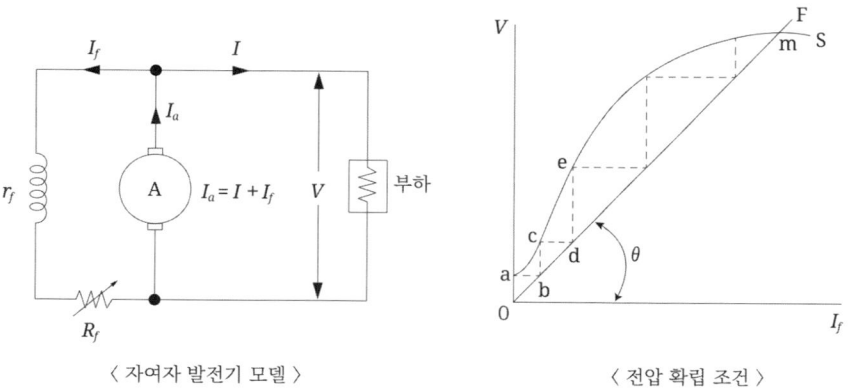

〈 자여자 발전기 모델 〉　　　　　〈 전압 확립 조건 〉

① 분권 발전기 전기자 전류 : $I_a = I_f + I\,[\mathrm{A}]$
② 무부하 시 부하 전류 : $I = 0\,[\mathrm{A}]$, $I_f = I_a = \dfrac{V}{r_f}\,[\mathrm{A}]$

③ **자여자 발전기의 전압 확립 조건**
ⓐ 계자에 잔류자기가 있을 것
ⓑ 계자의 저항은 임계저항보다 작을 것
ⓒ 회전 방향이 올바를 것 (자여자 발전기는 회전자를 역회전시키면 잔류 자기가 소멸되어 발전되지 않는다.)

(6) 직류발전기 전압 변동율
① **전압 변동율**
ⓐ 발전기를 정격속도로 운전하여 정격전압 및 정격 전류가 흐르도록 계자 저항을 조정한 후 갑자기 무부하로 하면 정격전압이 변화한다.
ⓑ **전압 변동율 (ϵ)**

$$\epsilon = \frac{V_0 - V}{V} \times 100 = \frac{E - V}{V} \times 100 \, [\%]$$

여기서, $V_0[V]$: 무부하 단자전압, $V[V]$: 정격전압

② **전압 변동율 부호**
ⓐ $V_0 > V$ 일 때는 $\epsilon \, (+)$: 타여자, 분권, 부족, 차동복권
ⓑ $V_0 ≒ V$ 일 때는 $\epsilon = 0$: 평복권
ⓒ $V_o < V$ 일 때는 $\epsilon \, (-)$: 직권, 과복권

(7) 직류발전기의 병렬 운전 조건
① **병렬운전 조건**
ⓐ 극성이 같을 것
ⓑ 정격전압(단자전압)이 같을 것
ⓒ 두 발전기의 외부 특성이 수하 특성을 가질 것
ⓓ 복권 발전기와 직권 발전기는 수하 특성을 갖지 못하므로 병렬운전 시 꼭 균압선을 설치하고 병렬운전을 하여야 한다.

② **직류발전기의 부하 분담**
ⓐ **계자 전류(I_f) 증가** : 발전기 **부하부담**이 **증가**
ⓑ 계자 전류(I_f) 감소 : 발전기 부하부담이 감소

예제 11

타여자 발전기가 있다. 여자전류 2[A]로 매분 600회전할 때 120[V]의 기전력을 유기한다. 여자전류 2[A]는 그대로 두고 매분 500회전할 때 유기기전력은 얼마인가?
① 100[V] ② 110[V] ③ 120[V] ④ 140[V]

【해설】
유기기전력 $E \propto \phi n \propto I_f n$에서 여자전류($I_f$) 일정할 경우
유기기전력 $E \propto n$ 회전수에 정비례 $N : N' = E : E'$
문제에서 $600 : 500 = 120 : E'$, $E' = \dfrac{500 \times 120}{600} = 100[V]$

[답] ①

예제 12

타여자 발전기가 있다. 부하전류 10[A]일 때 단자전압 100[V]이었다. 전기자저항 0.2[Ω], 전기자 반작용에 의한 전압 강하가 2[V], 브러시의 접촉에 의한 전압강하가 1[V]이었다고 하면, 이 발전기의 유기기전력은?
① 102 ② 103 ③ 104 ④ 105

【해설】
타여자 발전기 유기기전력은 $E = V + I_a r_a + e_a + v [V]$이며 부하전류 $I = I_a[A]$이므로
$E = V + I_a r_a + e_a + v = 100 + 10 \times 0.2 + 2 + 1 = 105[V]$

[답] ④

예제 13

정격이 5[kW], 10[V], 50[A], 1,800[rpm]인 타여자 발전기가 있다. 무부하 시의 단자전압[V]은 얼마인가? (단, 계자전압은 50[V], 계자전류 50[A], 전기자 저항은 0.2[Ω]이고, 브러시의 전압강하는 2[V]이다.)
① 100 ② 112 ③ 115 ④ 120

【해설】
타여자 발전기 유기기전력은 $E = V + I_a r_a + e_a + v [V]$이며,
무부하시 단자전압은 $V_0 = E[V]$이므로 $E = V + I_a r_a + v = 100 + 50 \times 0.2 + 2 = 112[V]$

[답] ②

예제 14

정격 속도로 회전하고 있는 분권 발전기가 있다. 단자전압 100[V], 계자권선의 저항은 50[Ω], 계자전류 2[A], 부하전류 50[A], 전기자 저항은 0.1[Ω]이다. 이때 발전기의 유기기전력은 몇 [V]인가? (단, 전기자 반작용은 무시한다.)

① 100   ② 100.2   ③ 105.0   ④ 105.2

【해설】

분권 발전기의 전기자 전류는 $I_a = I + I_f = 50 + 2 = 52[A]$

유기기전력 $E = V + I_a r_a = 100 + 52 \times 0.1 = 105.2[V]$

[답] ④

예제 15

유기기전력 210[V], 단자전압 200[V], 5[kW]인 분권 발전기의 계자저항이 500[Ω]이면 그 전기자 저항[Ω]은?

① 0.2   ② 0.4   ③ 0.6   ④ 0.8

【해설】

출력 $P = VI[VA]$에서 $I = \dfrac{P}{V} = \dfrac{5,000}{200} = 25[A]$

$V = I_f r_f [V]$에서 $I_f = \dfrac{V}{R_f} = \dfrac{200}{500} = 0.4[A]$

$I_a = I + I_f = 25.4[A]$이다.

유기기전력 $E = V + I_a r_a [V]$에서 $r_a = \dfrac{E - V}{I_a} = \dfrac{210 - 200}{25.4} = 0.4[\Omega]$

[답] ②

예제 16

단자전압 220[V], 부하전류 50[A]인 분권발전기의 유기기전력[V]은? (단, 전기자 저항은 0.2[Ω], 계자 전류 및 전기자 반작용은 무시한다.)

① 210   ② 225   ③ 230   ④ 250

【해설】

분권 발전기에서 전기자 전류는 $I_a = I + I_f [A]$, 계자전류 $I_f [A]$를 무시하면

전기자 전류는 $I_a = I = 50[A]$, 유기기전력 $E = V + I_a r_a = 220 + 50 \times 0.2 = 230[V]$

[답] ③

예제 17

정격 속도로 회전하고 있는 무부하의 분권 발전기가 있다. 계자 권선의 저항이 50[Ω] 계자전류 2[A], 전기자 저항 1.5[Ω]일 때 유기기전력[V]은?

① 97　　　② 100　　　③ 103　　　④ 106

【해설】
분권 발전기 무부하 시 부하전류는 $I=0$[A]이므로 전기자 전류와 계자전류는
$I_a = I_f$[A], $V = I_f r_f = 2 \times 50 = 100$[V], $E = V + I_f r_a = 100 + 2 \times 1.5 = 103$[V]

[답] ③

예제 18

직류 분권 발전기의 무부하 특성 시험 시, 계자 저항기의 저항을 증감하여 무부하 전압을 증감시키면 어느 값에 도달했을 때 전압을 안정하게 유지할 수 없다. 그 이유는?

① 전압계 및 전류계의 고장　　　② 잔류 자기의 부족
③ 임계 저항 값으로 되었기 때문에　　　④ 계자 저항기의 고장

【해설】
계자 저항기의 저항값을 증감하여 무부하 전압을 증감시키면 임계 저항 이상에 도달했을 때 전압이 확립되지 못함

[답] ③

예제 19

직류 분권 발전기를 병렬운전하기 위해서 발전기 용량 P[VA]와 정격전압 V[V]는?

① P는 임의 V는 같아야 한다.　　　② P와 V는 임의
③ P는 같고 V는 임의　　　④ P와 V가 모두 같아야 한다.

【해설】
직류발전기 두 대를 병렬운전 조건에서 발전기 용량은 무관

[답] ①

예제 20

직류발전기를 병렬운전할 때 균압선이 필요한 직류기는?
① 분권 발전기, 직권 발전기
② 분권 발전기, 복권 발전기
③ 직권 발전기, 복권 발전기
④ 분권 발전기, 단극 발전기

【해설】
복권 발전기와 직권 발전기는 수하 특성을 갖지 못하므로 병렬운전 시 꼭 균압선을 설치하고 병렬운전을 하여야 함

[답] ③

예제 21

직류 분권 발전기를 역회전하면?
① 발전되지 않는다.
② 정회전일 때와 마찬가지이다.
③ 과대 전압이 유기된다.
④ 섬락이 일어난다.

【해설】
계자전류가 반대가 되어 잔류자기를 상쇄시키므로 발전되지 않음

[답] ①

➕ 콕콕 Item

■ **직류발전기 특성 곡선 분류**

1) 무부하 특성 곡선 : $E-I_f$ (정격속도, 무부하 상태)
2) 부하 특성 곡선 : $V-I_f$ (정격속도, I를 정격값으로 유지)
3) 외부 특성 곡선 : $V-I$ (정격속도, 계자전류 I_f를 일정하게 유지)
4) 내부 특성 곡선 : $E-I$ (정격속도, 계자전류 I_f를 일정하게 유지)

➕ 콕콕 Item

■ **직류발전기 병렬운전 조건**

1) 극성과 단자 전압이 같고, 외부 특성이 수하특성일 것
2) 직권·복권발전기는 수하특성을 갖지 못하므로 균압선(환)을 설치

콕콕 Item

■ 직류발전기 전압 변동률

1) $\varepsilon = \dfrac{V_0 - V}{V} \times 100 = \dfrac{E - V}{V} \times 100 [\%]$

여기서, $V_0[\text{V}]$: 무부하 단자전압, $V[\text{V}]$: 정격전압

02 직류전동기 | 학습내용 : 직류전동기 속도 특성, 직류전동기 토크 및 제동법, 전동기 효율과 손실

● 체크 포인트 | 대표문제

직류전동기의 전기자전류가 10[A]일 때 5[kg·m]의 토크가 발생하였다. 이 전동기의 계자속이 80[%]로 감소되고, 전기자 전류가 12[A]로 되면 토크는 약 몇 [kg·m]인가?

① 5.2 ② 4.8 ③ 4.3 ④ 3.9

[답] ②

핵심노트

- KeyWord
    1. 직류전동기 속도 특성
    2. 직류전동기 토크
    3. 직류전동기 제동, 효율, 손실

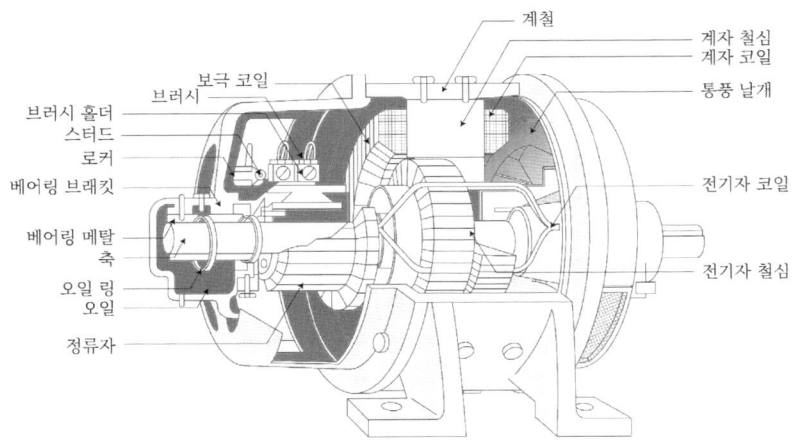

〈 직류전동기 구조 (직류발전기와 동일한 구조) 〉

1) 직류전동기 원리 및 구조

(1) 회전력(토크, Torque) : 원리

① 직류전동기는 전기 에너지를 기계적인 회전운동 에너지로 변환하는 장치로 원리와 구조가 직류발전기와 동일하다.

② 계자 권선에서 발생한 자속과 전기자 권선에 흐르는 전류의 작용력을 이용 회전력(토크)이 발생

③ 플레밍의 왼손법칙 (Fleming's left hand rule)

$$F = IBl\sin\theta [\text{N}]$$

여기서, $I[\text{A}]$: 전기자 전류

$B[\text{wb/m}^2]$: 자속밀도

$l[\text{m}]$: 도체길이

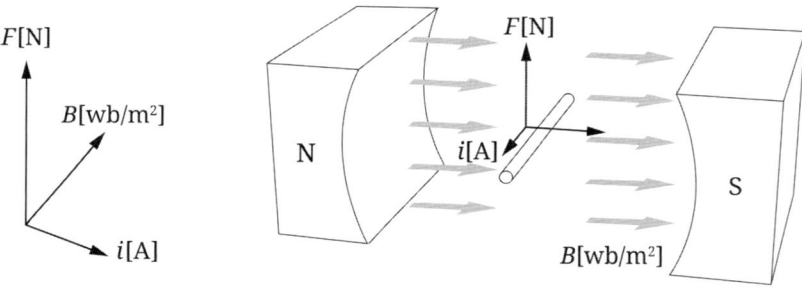

〈 플레밍의 왼손법칙과 직류전동기 〉

④ 회전력(토크, Torque)

ⓐ 토크란 회전축에서 1[m] 떨어진 곳에 1[kg]의 작용력

ⓑ $\tau = 1[\text{kg}] \times 1[\text{m}] = 1[\text{kg}\cdot\text{m}]$
   $= 1[\text{kg}\cdot\text{m}] \times 9.8[\text{N}\cdot\text{m}]$

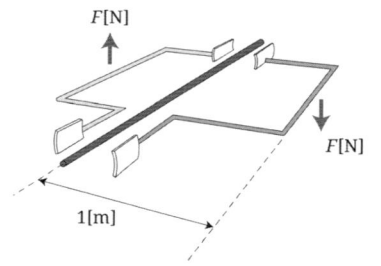

(2) 전동기의 역학적 에너지

① 직류전동기 토크

$$\tau = \frac{P_m}{\omega} = \frac{P_m}{2\pi n} [\text{N} \cdot \text{m}], \text{ 전동기 출력 } P_m [\text{W}]$$

여기서, P_m : 전동기 출력 $(= \omega\tau [\text{W}])$
w : 회전각속도 $(= 2\pi n [\text{rad/s}])$

② 직류전동기 출력과 토크

$$\tau = \frac{P_m}{2\pi n} = \frac{P_m}{2\pi \frac{N}{60}} [\text{N} \cdot \text{m}] = \frac{60 P_m}{2\pi N} \times \frac{1}{9.8} = 0.975 \frac{P_m}{N} [\text{kg} \cdot \text{m}]$$

여기서, $n [\text{rps}]$, $N [\text{rpm}]$: 회전속도

(3) 직류전동기 구조

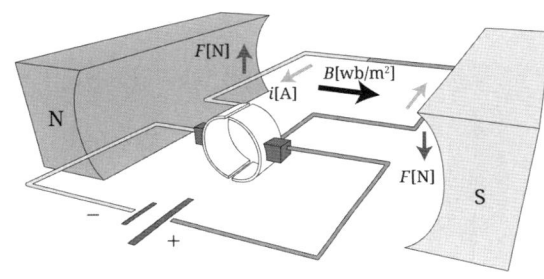

① 계자(Field magnet)
② 전기자(Armature)
③ 정류자(Commutator)
④ 브러시(Brush)

(4) 직류전동기의 종류 (여자방식에 따른 분류)

① 타여자 전동기
② 자여자 전동기(분권, 직권, 복권전동기(가동, 차동))

2) 직류전동기 역기전력

(1) 직류전동기의 역기전력

① 분권전동기

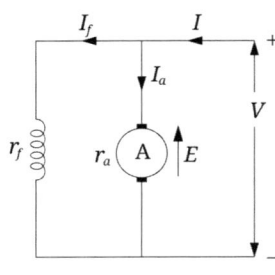

〈분권 전동기 등가회로〉

ⓐ 전기자 전류 : $I_a = I - I_f [A]$
 (계자전류 $I_f ≒ 0[A]$일 경우, $I_a = I[A]$임)
ⓑ 회전자 역기전력 : $E = V - I_a r_a [V]$
 여기서, E(역기전력) $= \dfrac{z}{a} p\phi n [V]$
ⓒ 전동기 최대 출력 : $P_m = E \cdot I_a [W]$
ⓓ 부하가 변동 시
 : V가 일정 → 계자전류 일정 → 자속 일정

② 직권전동기

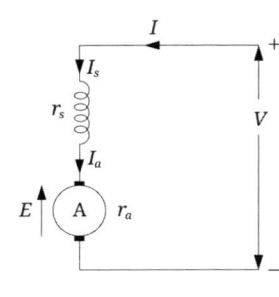

〈직권 전동기 등가회로〉

ⓐ 전기자 전류 : $I_a = I_s = I[A]$
ⓑ 회전자 역기전력 : $E = V - I(r_a + r_s)[V]$
 여기서, E(역기전력) $= \dfrac{z}{a} p\phi n [V]$
ⓒ 전동기 최대 출력 : $P_m = E \cdot I_a [W]$
ⓓ 부하가 변동 시
 : 부하 증가 → 계자전류 증가 → 자속 증가

③ 직류전동기 역기전력

$$E(역기전력) = \dfrac{z}{a} p\phi n [V] \text{ (직류발전기와 동일)}$$

④ 직류전동기 출력과 유기기전력

$$P_m = EI_a = \dfrac{pz\phi n}{a} I_a [W]$$

⑤ 직류전동기 토크

$$\tau = \frac{P_m}{2\pi n} = \frac{EI_a}{2\pi n} = \frac{\frac{pz\phi n}{a}I_a}{2\pi n} = \frac{\frac{pz\phi N}{60a}}{2\pi \frac{N}{60}} = \frac{pz\phi I_a}{2\pi a} [\text{N}\cdot\text{m}]$$

여기서, $P_m[\text{W}]$: 전동기 출력 ($= \omega\tau[\text{W}]$)

$I_a[\text{A}]$: 전기자 전류

p : 극수, a : 병렬회로 수, z : 전기자 도체 수

(2) 직류전동기의 속도 (회전 수)

① 직류전동기의 역기전력($E = \frac{z}{a}p\phi n[\text{V}]$)은 회전수($n[\text{rps}]$)에 비례 관계

$$n = \frac{a}{pz\phi}E = \frac{E}{k\phi} = K\frac{E}{\phi} = K\frac{V - I_a r_a}{\phi} [\text{rps}]$$

여기서, $K = \frac{1}{k} = \frac{a}{pz}$: 기계 정수, k : 기계 상수

+ 콕콕 Item

■ 직류전동기 토크

1) $\tau = \frac{P_m}{\omega} = \frac{P_m}{2\pi n} = \frac{P_m}{2\pi \frac{N}{60}} [\text{N}\cdot\text{m}] = \frac{60 P_m}{2\pi N} \times \frac{1}{9.8} = 0.975 \frac{P_m}{N} [\text{kg}\cdot\text{m}]$

2) $\tau = \frac{P_m}{2\pi n} = \frac{EI_a}{2\pi n} = \frac{\frac{pz\phi n}{a}I_a}{2\pi n} = \frac{\frac{pz\phi N}{60a}}{2\pi \frac{N}{60}} = \frac{pz\phi I_a}{2\pi a} [\text{N}\cdot\text{m}]$

+ 콕콕 Item

■ 직류전동기 속도

1) $n = \frac{E}{k\phi}[\text{rps}]$ (여기서, k : 기계 상수), $n \propto K\frac{E}{\phi}[\text{rps}]$ (여기서, K : 기계 정수)

3) 직류전동기 토크와 속도 특성

(1) 직류전동기 속도 기본식
① 직류전동기 역기전력

$$E = \frac{z}{a}p\phi n[\text{V}], \quad K = \frac{z}{a}p \text{ 라고 하면, } E = K\phi n[\text{V}]$$

② 직류전동기 속도

$$n = \frac{E}{k\phi}[\text{rps}], \quad n = K\frac{E}{\phi}[\text{rps}]$$

여기서, k : 기계 상수, K : 기계 정수

③ 직류전동기 속도 특성은 부하의 변화에 대한 속도 변화곡선으로 표현 ($N-I$의 관계)

(2) 직류분권전동기 속도 특성
① 속도 조건

$$n \propto K\frac{E}{\phi}[\text{rps}], \text{ 부하 변동 시 } I_f, \phi, V \text{ 일정조건}$$

② 속도 특성 (N와 I의 관계)
  ⓐ **부하 변동 시 조건** : 계자 전류(I_f), 자속(ϕ) 및 정격전압(V) 일정
  ⓑ **부하전류(I) 증가** → $I_a r_a$만큼 전압강하 → 유기기전력 감소 → 속도 감소
  ⓒ 분권전동기는 타 전동기에 비하여 $I_a r_a$가 미소, 속도 변동이 작음

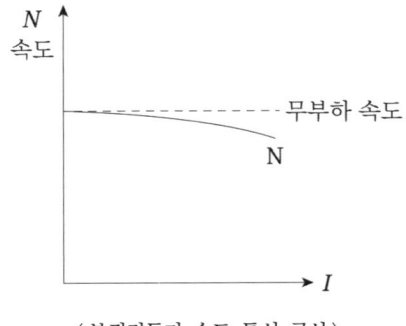

〈 분권전동기 속도 특성 곡선 〉

③ 정격전압, 무여자 운전 시 (분권전동기) 과속도 위험

$$n \propto \frac{1}{\phi}[\text{rps}]에서\ \phi = 0이면,\ n = \infty\ [\text{rps}]\ 무구속\ 과속도\ 위험$$

직류분권전동기는 정격전압이 인가된 상태에서 **계자권선이 단선되면 무여자가 되어 과속도로 위험하다.**

(3) 직류직권전동기 속도 특성

① 속도 조건

$$n = K\frac{V - I_a(r_a + r_s)}{\phi} = K\frac{V - I(r_a + r_s)}{I}[\text{rps}],\ I_a = I_s = I \propto \phi$$

② 속도 특성 (N와 I의 관계)

ⓐ 부하 변동 시 조건 : 정격전압(V) 일정

ⓑ **부하전류(I)가 증가** → $n \propto \dfrac{1}{I}$ **반비례** → **속도 반비례 감소**

ⓒ 분권전동기는 타 전동기에 비하여 속도 변동이 큼

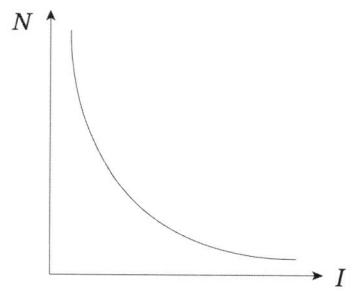

〈직권전동기 속도 특성 곡선〉

③ 정격전압, 무부하 운전 시 (직권전동기) 과속도 위험

$$n \propto \frac{1}{I}[\text{rps}]에서\ I = 0이면,\ n = \infty\ [\text{rps}]\ 무구속\ 과속도\ 위험$$

직류직권전동기는 정격전압이 인가된 상태에서 **무부하가 되면 과속도로 위험하다.**

(4) 직류전동기 속도 특성 곡선

① 부하 변화에 따라 속도 변동이 가장 큰 전동기는 직권전동기
② 부하 변화에 따라 속도 변동이 가장 작은 전동기는 차동 복권전동기

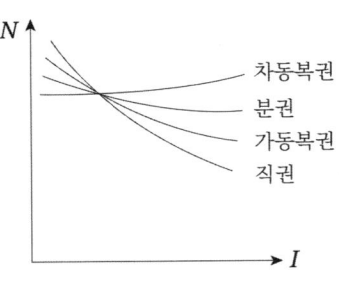

〈각종 직류전동기 속도 특성 곡선〉

(5) 직류전동기 토크 특성

① 도체 한 개의 토크(τ)

$\tau = f \times r [\text{N·m}]$

여기서, $f[\text{N}]$: 도체 한 개의 발생 힘
$r[\text{m}]$: 회전자 반지름

② $f = I_a B l [\text{N}]$이므로 토크

$\tau = I_a B l \times r [\text{N·m}]$

③ 분자 분모에 2π를 곱하면

$$\tau = \frac{I_a B l \times 2\pi r}{2\pi} = \frac{BAI_a}{2\pi} = \frac{\phi I_a}{2\pi} [\text{N·m}]$$

여기서, 전기자 면적 $A = 2\pi r l [\text{m}^2]$, $B = \dfrac{\phi}{A} [\text{wb}/\text{m}^2]$에서

ϕ (매극당 자속) $= B \cdot A [\text{wb}]$이므로 $\tau = \dfrac{BAI_a}{2\pi} = \dfrac{\phi I_a}{2\pi} [\text{N·m}]$

총 자속 $p\phi = BA[\text{wb}]$, $B[\text{wb}/\text{m}^2]$: 평균 자속 밀도

④ 도체 1개의 토크는

$\tau = \dfrac{p\phi I_a}{2\pi} [\text{N·m}]$

여기서, 전동기의 총 도체수를 z라 하고 병렬회로수를 a라 하면 직류전동기 회전자에서 발생되는 총 토크

$\tau = \dfrac{p\phi z I_a}{2\pi a} = K\phi I_a [\text{N·m}]$ 여기서, 상수 $K = \dfrac{pz}{2\pi a}$, $\tau \propto \phi I_a [\text{N·m}]$

⑤ 직류전동기 토크

$$\tau = \frac{P_m}{\omega} = \frac{P_m}{2\pi n} [\text{N·m}], \text{ 전동기 출력 } P_m[\text{W}]$$

여기서, $P_m[\text{W}]$: 전동기 출력 $(=\omega\tau[\text{W}])$
$w[\text{rad/s}]$: 회전각속도 $(=2\pi n[\text{rad/s}])$

$$\tau \propto \frac{P_m}{N} [\text{kg·m}], \text{ 토크는 출력에 비례 속도에 반비례}$$

⑥ 직류전동기 출력과 토크

$$\tau = \frac{P_m}{2\pi n} = \frac{P_m}{2\pi \frac{N}{60}} [\text{N·m}] = \frac{60 P_m}{2\pi N} \times \frac{1}{9.8} = 0.975 \frac{P_m}{N} [\text{kg·m}]$$

여기서, $n[\text{rps}]$, $N[\text{rpm}]$: 회전속도

(6) 직류분권전동기 토크 특성 (τ와 I의 관계)

① 부하의 변화에 따라 I_f, ϕ 일정
② $\tau \propto I_a \propto I$ 이며 $\tau \propto \frac{1}{N}$

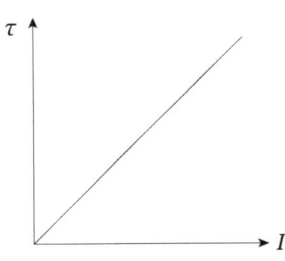

〈분권전동기 토크 특성 곡선〉

(7) 직류직권전동기 토크 특성 (τ와 I의 관계)

① $I_a = I_s = I$ 이며, $I_s \propto \phi$ 정비례,
  $\tau \propto \phi I_a$ 이며 $\tau \propto I_s I_a \propto I_a^2 \propto I^2$
② $I \propto \frac{1}{N}$ 을 $\tau \propto I^2$ 에 대입하면,
  $\tau \propto \frac{1}{N^2}$
③ 기동 시 기동토크가 가장 크게 되어, 전차용 전동기에 이용

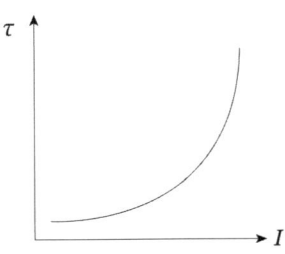

〈직권전동기 토크 특성 곡선〉

(8) 각종 직류전동기의 토크 특성 곡선

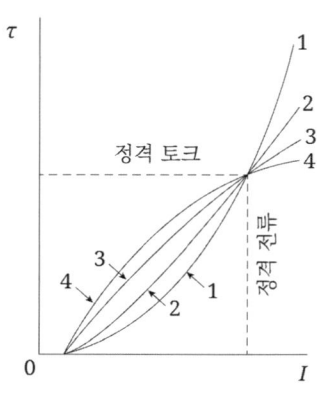

① 직권전동기
② 가동(화동)복권전동기
③ 분권전동기
④ 차동복권전동기

〈 각종 직류전동기 토크 특성 〉

예제 22

단자전압 220[V], 부하 전류 50[A]인 분권전동기의 유기기전력[V]은? (단, 여기서 전기자 저항은 0.2[Ω]이며, 계자전류 및 전기자 반작용은 무시한다.)

① 210　　　　② 215　　　　③ 225　　　　④ 230

【해설】
분권전동기 유기기전력 $E = V - I_a r_a$[V]에서 전기자 전류 $I_a = I - I_f$[A]에서
계자전류를 무시하면 $I_a = I$[A]이므로
$E = V - I_a r_a = 220 - 50 \times 0.2 = 210$[V]

[답] ①

예제 23

파권 4극 전동기의 총 도체수 250, 전기자 전류 50[A], 1극당 자속수가 0.05[wb], 회전수가 800[rpm]일 때 발생하는 기계 동력[kW]은?

① 약 15.0　　　② 약 16.7　　　③ 약 16.9　　　④ 약 20.3

【해설】
전동기 유기기전력은 $E = \dfrac{z}{a} p \phi \dfrac{N}{60} = \dfrac{250}{2} \times 4 \times 0.05 \times \dfrac{800}{60} = 333$[V]
기계 출력 $P_m = E I_a$[W] $= 333 \times 50 = 16.7$[kW]

[답] ②

예제 24

직류전동기의 회전수는 자속이 감소하면 어떻게 되는가?
① 불변이다. ② 정지한다. ③ 저하한다. ④ 상승한다.

【해설】

$n = K \dfrac{V - I_a r_a}{\phi} [\text{rps}]$ 에서 자속과 속도는 $n \propto \phi$ 반비례한다.

계자저항이 증가하면 계자 전류가 감소하고 자속 ϕ가 감소하므로 속도 증가

[답] ④

예제 25

전기자 저항 0.3[Ω], 직권 계자 권선의 저항 0.7[Ω]인 직권전동기에 110[V]를 가하였더니 부하전류가 10[A]이었다. 이때 전동기의 속도[rpm]는? (단, 기계정수는 2이다.)
① 1,200 ② 1,500 ③ 1,800 ④ 3,600

【해설】

직권전동기 속도 $n = K \dfrac{V - I_a(r_a + r_s)}{I} [\text{rps}]$

$n = 2 \times \dfrac{110 - 10(0.3 + 0.7)}{10} = 20[\text{rps}], \ N = 20 \times 60 = 1,200[\text{rpm}]$

[답] ①

예제 26

직권전동기에서 위험 속도가 되는 것은?
① 저전압, 과여자 ② 정격전압, 무부하
③ 정격전압, 과부하 ④ 전기자에 저저항 접속

【해설】

직권전동기 속도 $n = K \dfrac{V - I_a(r_a + r_s)}{I} [\text{rps}]$

부하전류시 부하전류 $I = 0[\text{A}]$이므로 속도가 무한대가 되어 위험속도가 됨

[답] ②

예제 27

부하가 변하면 심하게 속도가 변하는 직류전동기는?
① 직권전동기   ② 분권전동기
③ 차동 복권전동기   ④ 가동 복권전동기

【해설】
직권전동기 속도($n = K \dfrac{V - I_a(r_a + r_s)}{I}$[rps]) 부하전류에 따라 속도변동이 가장 큼

[답] ①

예제 28

공급전압 525[V], 전기자 전류 50[A]일 때 1,000[rpm]의 회전 속도로 운전하고 있는 직류 직권 전동기의 공급 전압을 400[V]로 낮추면 같은 부하토크에 대하여 회전속도[rpm]는 얼마인가? (단, 전기자 반작용은 무시하고 전기자 저항과 직권 계자 저항의 합은 0.5[Ω])
① 500   ② 750   ③ 1,000   ④ 1,250

【해설】
역기전력 $E \propto n$[V] 회전 속도와 정비례 관계로 1,000[rpm]일 때
역기전력 $E = V - I_a(r_a + r_s) = 525 - 50 \times 0.5 = 500$[V]이며,
공급 전압이 400[V]로 감소할 경우 역기전력 $E^{'} = 400 - 50 \times 0.5 = 375$[V]로 감소
$E : E^{'} = N : N^{'}$, $520 : 375 = 1,000 : N^{'}$에서
$N^{'} = \dfrac{375 \times 1,000}{500} = 750$[rpm]

[답] ②

예제 29

중권으로 감긴 직류전동기의 극수 2, 매극의 자속수 0.09[wb], 총도체수 80, 부하전류 12[A]일 때 발생 토크[kg·m]를 계산하면?
① 3.80   ② 2.80   ③ 1.40   ④ 0.40

【해설】
중권의 병렬회로수는 $p = 2 = a$, 직류전동기 토크 식 $\tau = \dfrac{p\phi z I_a}{2\pi a}$[N·m]
$\tau = \dfrac{p\phi z I_a}{9.8 \times 2\pi a} = \dfrac{2 \times 0.09 \times 80 \times 12}{9.8 \times 2\pi \times 2} = 1.4$[kg·m]

[답] ③

● 콕콕 Item

- **직류전동기 속도 & 토크**
  1) 속도 변화 특성이 큰 순서 : 직권 → 가동 복권 → 분권 → 차동 복권
  2) 토크 변화 특성이 큰 순서 : 직권 → 가동 복권 → 분권 → 차동 복권

● 콕콕 Item

- **직류분권전동기 토크 특성**
  1) 부하의 변화에 따라 I_f, ϕ 일정, $\tau \propto I_a \propto I$ 이며 $\tau \propto \dfrac{1}{N}$

● 콕콕 Item

- **직류직권전동기 토크 특성**
  1) $I_a = I_s = I$ 이며 $I_s \propto \phi$ 정비례, $\tau \propto \phi I_a$ 이며 $\tau \propto I_s I_a \propto I_a^2 \propto I^2$
  2) $I \propto \dfrac{1}{N}$ 을 $\tau \propto I^2$ 에 대입하면, $\tau \propto \dfrac{1}{N^2}$

4) 직류전동기 운전방식

(1) 직류전동기의 기동(Starting)
① 직류전동기 운전 중

$$I_a = \frac{V-E}{r_a}[A], \text{ 운전 중 전기자 전류 = 정격전류 유지}$$

여기서, $I_a[A]$: 전기자 전류
$r_a[\Omega]$: 전기자 권선저항은 매우 작음, 운전 중 E가 충분히 발생

② 직류전동기 기동 시

$$I_a = \frac{V}{r_a} = \frac{V}{0} = \infty[A], \text{ 기동 시 전기자 전류는 큰 기동전류 발생}$$

여기서, $I_a[A]$: 전기자 전류
$r_a[\Omega]$: 전기자 권선저항은 매우 작음, 기동 시점 $E=0[V]$

③ 기동 시 기동 토크
ⓐ 속도와 토크 특성은 반비례 관계(분권 $\tau \propto \frac{1}{N}$, 직권 $\tau \propto \frac{1}{N^2}$)
ⓑ 기동 시 $N=0[rpm]$, **기동 시 최대 토크는 기동**
ⓒ 속도 $N = K\frac{E}{\phi}[rpm]$, $I_f \propto \phi$이므로 **계자전류 최대로 기동**

④ 기동 저항기(SR, R_s)과 계자 저항기(FR, R_f)
ⓐ 기동 저항기 : 최대 위치에 두어 기동 전류 제한
ⓑ 계자 저항기(최소(0) 위치) : 계자 전류 최대 → 기동 토크 보상

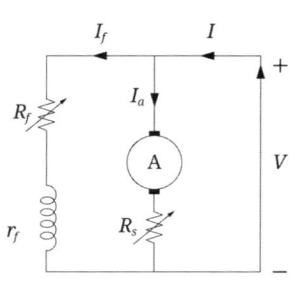 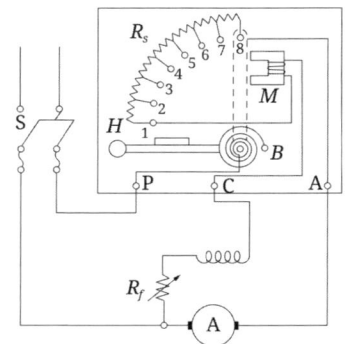

〈 직류 분권전동기 기동저항기 〉

⑤ 기동 시 기동 전류 제한
　　ⓐ 기동전류 : 정격전류의 100 ~ 150[%]로 제한
　　ⓑ 큰 기동 토크를 요구 시 : 300[%]까지 제한

(2) 직류전동기 속도제어
　① 속도제어 요소

$$n = K\frac{V - I_a r_a}{\phi}[\text{rps}]$$

　　제어 요소 : 전압 $V[V]$, 계자자속 $\phi[\text{wb}]$, 전기자저항 $r_a[\Omega]$

　② 전압제어법 (V를 제어)
　　ⓐ 공급전압 $V[V]$를 제어하는 방법 (**정토크 제어**, 가장 많이 적용)
　　ⓑ 전압제어시 자속 $\phi[\text{wb}]$는 고정(타여자 방식으로 적용)
　　ⓒ 전압제어방식 종류
　　　• 워어드 레오너드 방식 : 가장 효율이 좋음
　　　• 일그너 방식 : 플라이 휠 설치, 부하변동이 심한 설비에 좋음

　③ 계자제어법 (ϕ를 제어)
　　ⓐ 계자자속 ϕ를 변화시키는 방법 (**정출력 제어**)
　　ⓑ 분권이나 복권 전동기의 분권 권선에 직렬로 저항을 접속
　　ⓒ 계자전류를 조정하여 자속 ϕ를 변화시키는 방법

　④ 저항제어법 (r_a 제어)
　　ⓐ 기동저항기 R_s의 값을 제어, 전압강하 $R_s I_a$를 변화시키는 방법
　　ⓑ 전기자저항이 증가되면 전기자손실이 증가되어 효율이 나쁨

　⑤ 직병렬제어 (전압제어 방식의 일종)
　　ⓐ 전동기 2대 또는 4대를 직·병렬 접속해서 속도를 제어하는 방식
　　ⓑ 전차설비에 주로 이용

(3) 직류전동기의 제동
  ① 발전제동
    ⓐ 운전 중인 전동기를 **전원**으로부터 **분리**시켜 **발전기로** 작용
    ⓑ 발전 전력을 **제동용 저항기 내**에서 **열에너지**로 소비시켜서 제동
    ⓒ **회전체의 운동에너지 → 전기에너지로 변환 소비**
  ② 회생제동
    ⓐ 강하중량의 위치에너지로 전동기를 **발전기로 동작시켜 발생한 전력을 전원에 반환**하면서 속도를 감속시키는 방식
    ⓑ 권상기, 엘리베이터, 기중기 등으로 물건을 내릴 때 또는 전기기관차나 전차가 언덕을 내려가는 경우 주로 이용
    ⓒ **강하중량 위치에너지 → 전기에너지로 변환 반환**
  ③ 역상제동
    ⓐ 운전 중인 전동기의 **전기자 전류를 반대로 전환**
    ⓑ 자속은 변하지 않으나, 전기자전류만 반대로 되기 때문에 **역상 토크가 발생되어 제동**
    ⓒ 이 방식이 전동기 제동방식으로 가장 많이 이용

(4) 직류전동기 손실 (발전기 동일)
  ① **가변손 (부하손, 동손)** : 동손 ($P_c = I^2R[\text{W}]$) > 표류 부하손
  ② **고정손 (무부하손)** : 철손 > 기계손
    ⓐ 철손 : 히스테리시스손($P_h = fB^2[\text{W}]$), 와류손($P_e = f^2B^2t^2[\text{W}]$)
    ⓑ 기계손 : 마찰손, 풍손

(5) 직류전동기 효율 (발전기 동일)
① **실측효율**

$$\eta_m = \frac{출력}{입력} \times 100 [\%]$$

ⓐ 출력 및 입력을 직접 측정해서 구하는 효율
ⓑ 발전기의 입력과 전동기의 출력은 모두 기계 동력이므로 정확히 측정하는 것은 곤란

② **규약효율**

$$\eta_m = \frac{입력 - 손실}{입력} \times 100 [\%]$$

ⓐ 어떤 부하 상태에 관해서 그 상태의 손실을 측정 또는 계산
ⓑ 입력 = 출력 + 손실 또는, 출력 = 입력 - 손실
ⓒ 실제로 부하를 걸지 않아도 되므로 대용량기의 효율을 산정

예제 30

분권전동기를 기동할 경우 계자 저항기의 저항값을 어떻게 놓는가?
① 0으로 놓는다. ② 최대로 놓는다.
③ 중위로 놓는다. ④ 떼어 놓는다.

【해설】
분권 전동기 기동 시 계자자속 최대 유지
계자자속은 $\phi \propto I_f \propto \frac{1}{R_f}$ 이므로 계자 코일과 직렬로 되어 있는 계자 저항기 최소

[답] ①

예제 31

직류전동기의 속도 제어법 중에서 정출력 제어에 속하는 것은?
① 계자제어법 ② 전기자 저항 제어법
③ 워어드 레오너드 제어법 ④ 전압 제어법

【해설】
계자제어법은 계자자속 $\phi[\text{wb}]$를 변화시키는 정출력 제어방식

[답] ①

> **예제 32**
>
> 직류전동기의 속도 제어 방법 중 광범위한 속도제어가 가능하며, 운전효율이 좋은 방법은?
> ① 계자제어 ② 직렬 저항 제어
> ③ 병렬 저항 제어 ④ 전압 제어
>
> 【해설】
> 전압제어법은 가장 많이 적용하는 정토크 제어방식으로 공급전압 $V[V]$를 제어하는 방법
> [답] ④

➕ 콕콕 Item

■ **직류전동기 제동법**

1) 역전제동 : 전동기 전원을 인가한 상태에서 전기자의 접속을 바꾸어 역토크 발생 급정지
2) 발전제동 : 운전 중 전원 분리, 회전체의 운동에너지로 발전, 저항에서 열로 소비
3) 회생제동 : 발전제동 원리, 전원 전압보다 크게 하여 전력을 전원 측으로 공급

➕ 콕콕 Item

■ **직류전동기 효율**

1) 전동기 규약효율 : $\eta_m = \dfrac{출력}{입력} \times 100 = \dfrac{입력 - 손실}{입력} \times 100 [\%]$

2) 발전기 규약효율 : $\eta_g = \dfrac{출력}{출력 + 손실} \times 100 [\%]$

Chapter 01. 직류기
적중실전문제

1. 전기기계에 있어서 히스테리시스손을 감소시키기 위하여 어떻게 하는 것이 좋은가?

① 보상권선 설치 ② 교류전원을 사용
③ 규소강판 사용 ④ 냉간압연을 한다.

해설 1

무부하 손실 : 철손(히스테리시스손, 와전류손), 유전체손(절연물 손실로 무시)
1) 히스테리시스손 - 규소강판
2) 와전류손 - 성층

[답] ③

2. 전기자 지름 0.2[m]의 직류발전기가 1.5[kW]의 출력에서 1,800[rpm]으로 회전하고 있을 때 전기자 주변속도[m/s]는?

① 18.84 ② 21.96 ③ 32.74 ④ 48.85

해설 2

직류발전기 전기자 주변속도
1) 회전자 주변속도 : $v = \pi D n = \pi \times 0.2 \times \dfrac{1,800}{60} = 18.84 [\text{m/s}]$

[답] ①

3. 직류기의 3요소가 올바르게 짝지어진 것은?

① 계자, 전기자, 정류자 ② 계자, 전기자, 브러시
③ 계자, 정류자, 브러시 ④ 보극, 보상권선, 전기자

해설 3

직류 발전기 구조 (3대 요소)
1) 계자 권선 : 자속을 발생시키는 부분
2) 전기자 권선 : 자속을 끊어 기전력을 유기시키는 부분
3) 정류자 : 교류를 직류로 변환시켜주는 부분

[답] ①

4. 직류기에서 저전압 대전류에 어떤 브러시가 가장 적당한가?

① 탄소질 ② 흑연질 ③ 금속 ④ 금속 흑연

해설 4

직류기 브러시
1) 탄소 브러시(carbon brush) : 전류용량이 적은 소형기, 저속기에 사용(직류기)
2) 전기흑연 브러시(electro graphite brush) : 접촉저항 및 마찰계수가 크므로 각종 기계에 광범위하게 사용
3) 금속흑연 브러시(metallic carbon brush) : 저전압, 대전류

[답] ④

5. 전기자 도체의 굵기, 권수, 극수가 모두 같을 때 단중 파권이 단중 중권과 비교하여 다른 것은?

① 대전류, 고전압 ② 소전류, 고전압
③ 대전류, 저전압 ④ 소전류, 저전압

해설 5

직류기 전기자 권선법 (파권과 중권의 비교)

구분	파권	중권
전기자 병렬회로수 (a)	2	p (극수)
브러시수 (b)	2	p (극수)
용도	고전압, 소전류	저전압, 대전류
균압환	불필요	필요

[답] ②

6. 다음 권선법 중에서 직류기에 주로 사용되는 것은?

① 폐로권, 환상권, 이층권 ② 폐로권, 고상권, 이층권
③ 개로권, 환상권, 단층권 ④ 개로권, 고상권, 이층권

해설 6

직류기 전기자 권선법
1) 고상권 → 폐로권 → 이층권 → 중권

[답] ②

7. 4극 전기자 권선이 단중 중권인 직류발전기의 전기자 전류자 20[A]이면, 각 전기자권선의 병렬회로에 흐르는 전류[A]는?

① 10 ② 8 ③ 5 ④ 2

해설 7

1) 직류 발전기 전기자 권선법 (파권과 중권의 비교)

구분	파권	중권
전기자 병렬회로수 (a)	2	p (극수)
브러시수 (b)	2	p (극수)
용도	고전압, 소전류	저전압, 대전류
균압환	불필요	필요

2) 단중 중권의 $a = p$이므로 병렬회로수가 4개이므로 전체 전기자 전류를 I_a일 때, 각각의 병렬회로 전류는 $\dfrac{I_a}{4} = \dfrac{20}{4} = 5[A]$

[답] ③

8. 단중 중권으로 된 직류 8극 분권발전기의 전 전류가 I[A]일 때 각 권선에 흐르는 전류는?

① $4I$ ② $8I$ ③ $\dfrac{I}{4}$ ④ $\dfrac{I}{8}$

해설 8

1) 단중 중권의 병렬회로수 $a = p = 8$개이므로 전체 전기자 전류를 I_a[A]라 할 때, 각각의 병렬회로 전류는 $\dfrac{I_a}{8}$[A]

[답] ④

9. 직류발전기의 전기자반작용을 설명함에 있어 그 영향을 없애는 데 가장 유효한 것은 어느 것인가?

① 균압환　　　　② 탄소브러시　　　　③ 보상권선　　　　④ 보극

해설 9

직류기 전기자 반작용 (감자 기전력)
1) 주자속이 감소하므로 직류전동기 속도는 증가하고, 토크는 감소
2) 전기자 반작용을 보상하는 가장 좋은 대책은 보상권선이다.

[답] ③

10. 직류기에서 전기자반작용을 방지하기 위한 보상권선의 전류방향은?

① 계자전류의 방향과 같다.　　② 계자전류 방향과 반대이다.
③ 전기자 전류방향과 같다.　　④ 전기자 전류방향과 반대이다.

해설 10

직류기 전기자 반작용 (감자 기전력)
1) 보상권선에 의해서 발생된 자속이 전기자자속을 상쇄시켜야 하기 때문에 전기자 전류방향과는 반대가 되어야 한다.

[답] ④

11. 직류기에 탄소 브러시를 사용하는 이유는 주로 어떻게 되는가?

① 고유 저항이 작다.　　② 접촉 저항이 작다.
③ 접촉 저항이 크다.　　④ 고유 저항이 크다.

해설 11

직류기 브러시
1) 탄소 브러시(carbon brush) : 전류용량이 적은 소형기, 저속기에 사용(직류기)
2) 전기흑연 브러시(electro graphite brush) : 접촉저항 및 마찰계수가 크므로 각종 기계에 광범위하게 사용
3) 금속흑연 브러시(metallic carbon brush) : 저전압, 대전류

[답] ③

12. 직류발전기의 전기자반작용을 줄이고 정류를 잘 되게 하기 위해서는?

① 리액턴스 전압을 크게 할 것
② 보극과 보상권선을 설치할 것
③ 브러시를 이동시키고 주기를 크게 할 것
④ 보상권선을 설치하여 리액턴스 전압을 크게 할 것

해설 12

직류발전기 양호한 정류 대책
1) 평균 리액턴스 전압이 작을 것 (브러시 접촉 전압 강하 > 리액턴스 전압)
2) 보극을 적당한 위치에 설치할 것 (전압정류)
3) 탄소 브러시 접촉저항이 클 것 (저항정류 : 고유저항 증가, 전류 감소)
4) 정류 주기를 길게 할 것

[답] ②

13. 다음은 직류발전기 정류곡선이다. 곡선 중 정류말기에 정류상태가 좋지 않은 것은?

① 1 ② 2
③ 3 ④ 4

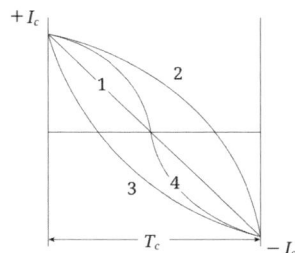

해설 13

직류발전기 정류곡선
1) ① 직선정류 : 이상적인 정류
2) ② 부족정류 : 정류말기에 브러시 후단부에서 불꽃이 발생
3) ③ 과정류 : 정류초기에 브러시 전단부에서 불꽃이 발생
4) ④ 정현정류 : 불꽃이 발생하지 않음

[답] ②

14. 보극이 없는 직류발전기는 부하의 증가에 따라 브러시의 위치를 어떻게 해야 하는가?

① 그대로 둔다. ② 회전 방향과 반대로 이동
③ 회전 방향으로 이동 ④ 극의 중간에 둔다.

해설 14

직류발전기 전기자 반작용 영향 (감자작용)
1) 전기자 전류에 의한 자속이 계자 권선의 주자속에 영향을 주어 자속이 일그러지는 현상
2) 전기적 중성축 이동 (발전기 : 회전 방향, 전동기 : 회전 반대 방향)
3) 정류자 편간 국부적 불꽃 발생, 정류불량 및 브러시 손상
4) 발전기의 전체적인 효율 저하
5) 자속감소 → 기전력 감소 → 발전기 출력 감소

[답] ③

15. 직류발전기의 계자철심에 잔류자기가 없어도 발전을 할 수 있는 발전기는?

① 타여자발전기　　　② 분권발전기
③ 직권발전기　　　　④ 복권발전기

해설 15

직류타여자발전기 특징
1) 발전기 외부에서 계자에 직접 직류를 인가시키는 방식으로 잔류자기가 필요 없다.
2) 그러나 자여자발전기는 잔류자기가 있어야 발전할 수 있다.

[답] ①

16. 직류분권발전기에 대하여 설명한 것 중 옳은 것은?

① 단자 전압이 강하하면 계자 전류가 증가한다.
② 타여자 발전기의 경우보다 외부 특성 곡선이 상향으로 된다.
③ 분권 권선의 접속 방법에 관계없이 자기 여자로 전압을 올릴 수가 있다.
④ 부하에 의한 전압의 변동이 타여자 발전기에 비하여 크다.

해설 16

직류분권발전기 특징
1) 분권발전기는 타여자와 비교할 때, 부하가 변할 때 계자전류도 영향을 받기 때문에 전압변동이 타여자보다 크다.

[답] ④

17. 직류발전기의 무부하 포화곡선은 다음 중 어느 관계의 것인가?

① 계자전류 대 부하전류 ② 부하전류 대 단락전류
③ 계자전류 대 유기기전력 ④ 계자전류 대 회전력

해설 17

직류발전기 특성 곡선 분류
1) 무부하 특성 곡선 : $E-I_f$ (정격속도, 무부하 상태)
2) 부하 특성 곡선 : $V-I_f$ (정격 속도, I를 정격값으로 유지)
3) 외부 특성 곡선 : $V-I$ (정격 속도, 계자전류 I_f를 일정하게 유지)
4) 내부 특성 곡선 : $E-I$ (정격 속도, 계자전류 I_f를 일정하게 유지)

[답] ③

18. 가동복권발전기의 내부결선을 바꾸어 분권발전기로 하려면?

① 내분권 복권형으로 해야 한다. ② 외분권 복권형으로 해야 한다.
③ 분권계자를 단락시킨다. ④ 직권계자를 단락시킨다.

해설 18

직류복권발전기 특징
1) 가동복권발전기는 직권계자권선을 단락시키면 분권발전기가 되고, 분권계자권선을 개방시키면 직권발전기로 할 수 있다.

[답] ④

19. 다음 직류발전기에서 전압변동률이 가장 큰 직류발전기는?

① 타여자 ② 분권 ③ 가동복권 ④ 차동복권

해설 19

직류발전기 특성
1) 차동 복권발전기는 수하특성을 갖는 발전기로 직류발전기에서는 전압변동이 가장 크다.

[답] ④

20. 무부하에서 자기여자로서 전압을 확립하지 못하는 직류발전기는?

① 타여자 발전기 ② 직권 발전기
③ 분권 발전기 ④ 차동 복권발전기

해설 20

직류직권발전기 특성
1) 직권발전기는 $I = I_a = I_s$[A]이므로 무부하 시는 $I = I_a = I_s = 0$[A]가 되어 무부하 시에는 계자에 전류가 흐르지 않아 자속이 발생되지 않는다. 그러므로 기전력이 유기되지 않는다.

[답] ②

21. 4극 직류분권전동기의 전기자에 단중 파권 권선으로 된 420개의 도체가 있다. 1극당 0.025[wb]의 자속을 가지고, 1,400[rpm]으로 회전시킬 때 몇 [V]의 역기전력이 생기는가? 또, 전기자 저항을 0.2[Ω]이라 하면, 전기자전류 50[A]일 때 단자전압은 몇 [V]인가?

① 490, 500　　② 490, 480　　③ 245, 500　　④ 245, 480

해설 21

직류전동기 역기전력

1) $E = \dfrac{z}{a} p\phi n [V]$, $E \propto \phi n \propto I_f n [V]$, $V = E + I_a r_a [V]$
2) $E = \dfrac{z}{a} p\phi n [V] = \dfrac{420}{2} \times 4 \times 0.025 \times \dfrac{1,400}{60} = 490 [V]$
3) $V = E + I_a r_a = 490 + 50 \times 0.2 = 500 [V]$

[답] ①

22. 25[kW], 125[V], 1,200[rpm]의 직류타여자발전기가 있다. 전기자 저항(브러시 저항 포함)은 0.4[Ω]이다. 이 발전기를 정격 상태에서 운전하고 있을 때 속도를 200[rpm]으로 저하시켰다면 발전기의 유기기전력은 어떻게 변화하겠는가? (단, 정상 상태에서 유기기전력을 E라 한다.)

① $\dfrac{1}{2}E$　　② $\dfrac{1}{4}E$　　③ $\dfrac{1}{6}E$　　④ $\dfrac{1}{8}E$

해설 22

직류타여자발전기 속도 특성

1) $E = \dfrac{z}{a} p\phi n [V]$, $E \propto \phi n \propto I_f n [V]$, I_f가 일정하므로 자속이 일정하면 $E \propto N$
2) $N : N' = E : E'$, $1,200 : 200 = E : E'$, $E' = \dfrac{1}{6} E [V]$

[답] ③

23. 부하전류가 50[A]일 때 단자전압이 100[V]인 직류직권발전기의 부하전류가 70[A]로 되면, 단자전압은 몇 [V]가 되겠는가? (단, 전기자 저항 및 직권계자 권선의 저항은 각각 0.1[Ω]이고, 전기자 반작용과 브러시 접촉저항 자기 포화는 모두 무시한다.)

① 86 ② 124 ③ 140 ④ 154

해설 23

직류직권발전기 단자전압
1) 직권발전기는 $V \propto I$ 이므로 $50 : 70 = 100 : V'$ 에서 $V' = 140[V]$

[답] ③

24. 분권발전기의 회전방향을 반대로 하면?

① 전압이 유기된다. ② 발전기가 소손된다.
③ 잔류 자기가 소멸된다. ④ 높은 전압이 발생한다.

해설 24

직류분권발전기 회전방향
1) 자여자발전기는 회전자를 역회전시키면 잔류자기가 소멸되어 발전되지 않는다.

[답] ③

25. 직류발전기의 단자 전압을 조정하려면 다음 어느 것을 조정하는가?
  ① 전기자 저항
  ② 기동저항기
  ③ 방전저항
  ④ 계자저항기

해설 25

직류발전기 유기기전력

1) $E = \dfrac{z}{a} p\phi n [V]$, $E \propto \phi n \propto I_f n [V]$, $E = V + I_a r_a [V]$

2) 발전기는 계자저항기를 조정하면 자속이 변화되어 유기기전력이 변하므로 단자전압을 조정할 수 있다.

[답] ④

26. 2대의 직류발전기를 병렬운전할 때 필요조건 중 틀린 것은?
  ① 전압의 크기가 같을 것
  ② 극성이 일치할 것
  ③ 주파수가 같을 것
  ④ 외부특성이 수하 특성일 것

해설 26

직류발전기 병렬운전 조건
1) 극성과 단자 전압이 같고, 외부 특성이 수하특성일 것
2) 직권·복권발전기는 수하특성을 갖지 못하므로 균압선(환)을 설치

[답] ③

27. 직류발전기의 병렬운전에서는 계자 전류를 변화시키면 부하 분담은?

① 계자 전류를 감소시키면 부하 분담이 적어진다.
② 계자 전류를 증가시키면 부하 분담이 적어진다.
③ 계자 전류를 감소시키면 부하 분담이 커진다.
④ 계자 전류와는 무관하다.

해설 27

직류발전기 병렬운전 조건
1) 극성과 단자 전압이 같고, 외부 특성이 수하특성일 것
2) 직권·복권발전기는 수하특성을 갖지 못하므로 균압선(환)을 설치
3) 병렬운전 중 계자전류를 감소 시
  → 자속 감소 → 유기기전력 감소 → 발전기 출력 감소 → 부하 분담 감소

[답] ①

28. 직류전동기의 공급전압을 V[V], 자속을 ϕ[wb], 전기자 전류를 I_a[A], 전기자 저항을 r_a[Ω], 속도를 n[rps]라 할 때 속도식은? (단, K는 상수이다.)

① $n = K\dfrac{V + r_a I_a}{\phi}$ ② $n = K\dfrac{V - r_a I_a}{\phi}$
③ $N = K\dfrac{\phi}{V + r_a I_a}$ ④ $n = K\dfrac{\phi}{V - r_a I_a}$

해설 28

직류분권전동기 속도 특성
1) $n = k\dfrac{V - I_a r_a}{\phi}$[rps]에서 계자저항을 증가시키면 계자전류가 감소

[답] ②

29. 직류분권전동기의 계자저항을 운전 중에 증가하면?

① 전류는 일정
② 속도가 감소
③ 속도가 일정
④ 속도가 증가

해설 29

직류분권전동기 속도 특성

1) $n = k \dfrac{V - I_a r_a}{\phi}$ [rps]에서 계자저항을 증가시키면 계자전류가 감소

2) 자속이 감소하므로 속도는 증가

[답] ④

30. 직류전동기 설명이 올바른 것은?

① 전차용 전동기는 차동복권전동기이다.
② 분권전동기는 운전 중 계자회로가 단선되면 위험속도가 된다.
③ 직권전동기에서는 부하가 줄면 속도가 감소된다.
④ 분권전동기는 부하에 따라 속도가 많이 변한다.

해설 30

직류전동기 특성
1) 분권전동기는 운전 중 계자권선이 단선되면 무여자가 되어 위험속도가 된다.
2) 직권전동기는 부하와 속도는 반비례 특성을 가지며 전차용 전동기에 이용된다.

[답] ②

31. 직류분권전동기에서 운전 중 위험한 상태로 놓인 것은?

① 정격전압, 무여자 ② 저전압, 과여자
③ 전기자에 고저항 접속 ④ 계자에 저저항 접속

해설 31

직류분권전동기 속도 특성
1) 분권전동기는 정격전압으로 운전 중 무여자가 되면 과속도가 되어 위험

[답] ①

32. 그림과 같은 여러 직류전동기의 속도 특성 곡선을 나타낸 것이다. ①부터 ④까지 차례로 맞는 것은?

① 차동 복권, 분권, 가동 복권, 직권
② 분권, 직권, 가동 복권, 차동 복권
③ 가동 복권, 차동 복권, 직권, 분권
④ 직권, 가동 복권, 분권, 차동 복권

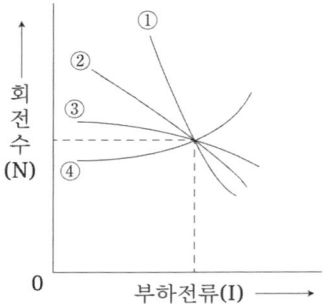

해설 32

직류전동기 속도 특성 (곡선 : 직가분차)
1) 속도 변화 특성이 큰 순서 : 직권 → 가동복권 → 분권 → 차동복권
2) 토크 변화 특성이 큰 순서 : 직권 → 가동복권 → 분권 → 차동복권

[답] ④

33. 직류전동기의 역기전력이 210[V], 분당 회전수가 1,200[rpm]으로 토크 16.2[kg·m]를 발생하고 있을 때의 전류 몇 [A]인가?

① 약 65 　　② 약 75 　　③ 약 85 　　④ 약 95

해설 33

직류전동기 토크

1) $\tau = 0.975 \dfrac{P_0}{N}$ [kg·m] = [kg]×[m]

2) $\tau = 0.975 \dfrac{P_0}{N} = 0.975 \times \dfrac{EI_a}{N}$ [kg·m], $16.2 = 0.975 \times \dfrac{210 \times I_a}{1,200}$ [kg·m]에서 $I_a = 95$ [A]

[답] ④

34. 직류분권전동기에서 단자 전압이 일정할 때, 부하토크가 $\dfrac{1}{2}$이 되면 부하 전류는 몇 배인가?

① 2배 　　② $\dfrac{1}{2}$배 　　③ 4배 　　④ $\dfrac{1}{4}$배

해설 34

직류분권전동기 토크

1) $\tau = \dfrac{P}{w} = \dfrac{EI_a}{2\pi n} = \dfrac{pz\phi I_a}{2\pi a}$ [N·m]

2) 분권전동기 : $I_a = I - I_f$ [A], $I_f ≒ 0$ [A], 토크 $\tau \propto I$이므로 $\dfrac{1}{2}$배가 된다.

[답] ②

35. 직류분권전동기가 있다. 단자전압이 215[V], 전기자 전류 50[A], 전기자의 전저항이 0.1[Ω], 회전속도 1,500[rpm]일 때 발생 토크[kg·m]를 구하면?

① 6.82　　② 6.68　　③ 68.2　　④ 66.8

해설 35

직류분권전동기 토크

1) $\tau = 0.975 \dfrac{P_m}{N}$ [kg·m]

2) 분권전동기 유기기전력 : $E = V - I_a r_a = 215 - 50 \times 0.1 = 210$ [V]

3) 정격출력 : $P_m = E I_a = 210 \times 50 = 10,500$ [W]

4) $\tau = 0.975 \times \dfrac{10,500}{1,500} = 6.82$ [kg·m]

[답] ①

36. 출력 10[HP], 600[rpm]인 전동기의 토크(torque)는 약 몇 [kg·m]인가?

① 11.8　　② 118　　③ 12.1　　④ 121

해설 36

직류전동기 토크

1) $\tau = 0.975 \dfrac{P_0}{N}$ [kg·m] = [kg]×[m] = $0.975 \times \dfrac{10 \times 746}{600} = 12.1$ [kg·m]

2) 1[HP] = 746[W]

[답] ③

★★★★★

37. 직류직권전동기에서 벨트(belt)를 걸고 운전하면 안 되는 이유는?

① 손실이 많아진다.
② 직결하지 않으면 속도제어가 곤란하다.
③ 벨트가 벗어지면 위험 속도에 도달한다.
④ 벨트가 마모하여 보수가 곤란하다.

해설 37

직류직권전동기 속도 특성
1) 직권전동기는 정격전압으로 운전 중 무부하가 되면 속도가 과속도가 되어 위험

[답] ③

★★★★★

38. 직류직권전동기에서 토크 τ와 회전수 N과의 관계는?

① $\tau \propto N$ ② $\tau \propto \dfrac{1}{N}$ ③ $\tau \propto N^2$ ④ $\tau \propto \dfrac{1}{N^2}$

해설 38

직류직권전동기 토크

1) 토크 : $\tau \propto I_a^2 \propto \dfrac{1}{N^2}$, 역기전력 : $E = V - I_a(r_a + r_s)\,[\text{V}]$ ($I = I_a = I_s\,[\text{A}]$)

2) 기동 시 토크가 가장 크며, 전차, 기중기, 크레인에 적합

[답] ④

39. 직류직권전동기가 전차용에 사용되는 이유는?

① 속도가 클 때 토크가 크다.
② 토크가 클 때 속도가 작다.
③ 기동 토크가 크고 속도는 불변이다.
④ 토크는 일정하고 속도는 전류에 비례한다.

해설 39

직류직권전동기 토크
1) 토크 : $\tau \propto I_a^2 \propto \dfrac{1}{N^2}$, 역기전력 : $E = V - I_a(r_a + r_s)[V]$ ($I = I_a = I_s[A]$)
2) 직권전동기 $\tau \propto \dfrac{1}{N^2}$ 이므로 기동 시 토크가 가장 크고 저속일수록 토크가 가장 크다.

[답] ②

40. 부하 변동에 대한 속도 변동이 가장 작은 전동기는?

① 차동복권　　② 가동복권　　③ 분권　　④ 직권

해설 40

직류전동기 속도 특성 (곡선 : 직가분차)
1) 속도 변화 특성이 큰 순서 : 직권 → 가동복권 → 분권 → 차동복권
2) 토크 변화 특성이 큰 순서 : 직권 → 가동복권 → 분권 → 차동복권

[답] ①

41. 직류직권전동기의 회전력(torque) 특성 곡선은?

① 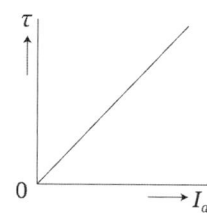 ①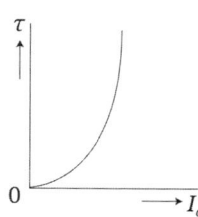

① 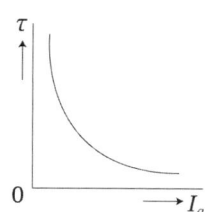 ①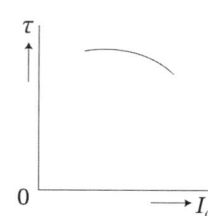

해설 41

직류직권전동기 토크

1) 토크 : $\tau \propto I_a^2 \propto \dfrac{1}{N^2}$, 역기전력 : $E = V - I_a(r_a + r_s)[V]$ ($I = I_a = I_s[A]$)

[답] ②

42. 직류분권전동기의 기동 시 계자 전류는?

① 큰 것이 좋다.
② 정격출력 때와 같은 것이 좋다.
③ 작은 것이 좋다.
④ 0에 가까운 것이 좋다.

해설 42

직류분권전동기 기동

1) 계자저항기를 영으로 놓고 기동하면 계자전류가 최대가 되어 자속이 최대가 되므로 속도가 최소로 되어 기동 시 토크를 크게 할 수 있다.

[답] ①

★★★★
43. 직류분권전동기의 공급전압의 극성을 반대로 하면 회전방향은?
① 변하지 않는다.   ② 반대로 된다.
③ 회전하지 않는다.   ④ 발전기로 된다.

해설 43

직류분권전동기 특성
1) 자여자전동기인 직권, 분권, 복권전동기는 전원극성을 바꾸면 전기자전류, 계자전류가 다 바뀌기 때문에 회전방향은 변하지 않는다.

[답] ①

★★★★
44. 직류전동기에서 부하의 변동이 심할 때 광범위하고 안전하게 속도를 제어하는 가장 적당한 방식은?
① 계자제어방식   ② 직렬저항 제어방식
③ 워드 레오너드 방식   ④ 일그너 방식

해설 44

직류전동기 속도제어
1) 제어방식 : 전압제어(정토크제어), 계자제어(정출력제어), 저항제어
2) 전압제어 : 효율이 가장 좋고, 광범위한 속도제어가 가능하며 정토크 제어 방식
　　　　　　 (워드 레오나드 방식, 일그너 방식)

[답] ④

45. 워드 레오너드 방식의 목적은 직류기의?

① 정류개선　　　　　　② 계자자속조정
③ 속도제어　　　　　　④ 병렬운전

해설 45

직류전동기 속도제어
1) 제어방식 : 전압제어(정토크제어), 계자제어(정출력제어), 저항제어
2) 전압제어 : 효율이 가장 좋고, 광범위한 속도제어가 가능하며 정토크 제어 방식
　　　　　　(워드 레오나드 방식, 일그너 방식)

[답] ③

MEMO

Chapter 02

동기기

01. 동기발전기
02. 동기전동기
- 적중실전문제

Chapter 02 동기기

01 동기발전기 | 학습내용 : 동기발전기 원리, 동기속도, 전기자 반작용, 병렬운전 조건

● 체크 포인트 | 대표문제

8극 900[rpm] 동기발전기로 병렬 운전하는 극수 6의 교류발전기의 회전수는 몇 [rpm] 인가?

① 900 ② 1,000 ③ 1,200 ④ 1,400

[답] ③

| 핵심노트 |

- KeyWord
    1. 동기발전기 동기속도
    2. 동기발전기 권선법 (분포계수)
    3. 동기발전기 전기자 반작용
    4. 동기발전기 3상 출력
    5. 동기발전기 단락비
    6. 동기발전기 병렬운전 조건

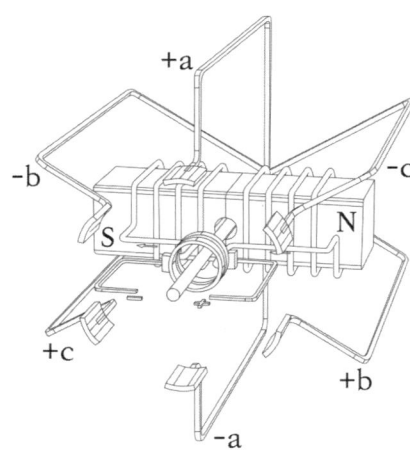

〈 동기발전기 구조 〉

1) 동기발전기 원리 및 구조

(1) 유도 기전력(Induced electromotive force)
① **전자유도 작용**에 의해서 발생하는 기전력을 **유도 기전력**이라 한다.
② 발전기나 변압기에 발생하는 기전력 등이 있으며, 그 크기는 단위 시간에 쇄교하는 자속에 비례한다.
③ **페러데이 법칙**(Faraday's Law)

$$e = -N\frac{d\phi}{dt}[V]$$

여기서, $e[V]$: 유도 기전력
$d\phi[wb]$: 쇄교 자속의 변화
N : 코일의 감은 수

(2) 발전기의 역학적 에너지
① 동기발전기 교류자속
ⓐ **회전 계자형** : 전기자 권선이 고정자이고 계자 권선이 회전자인 구조
(동기발전기)

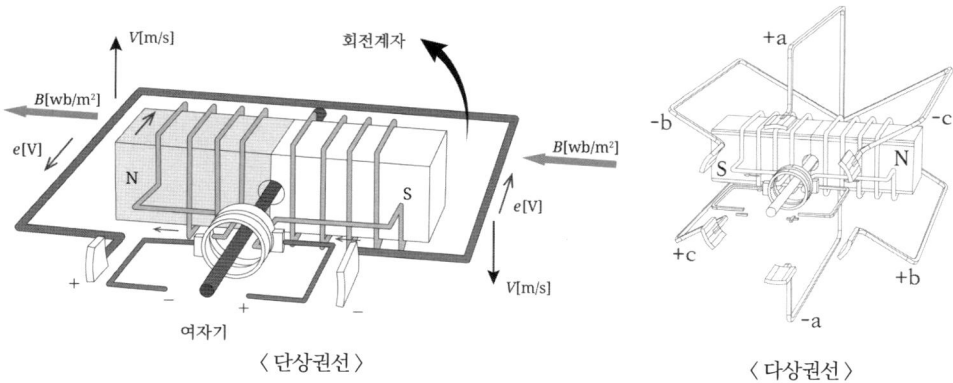

〈 단상권선 〉　　　　　　　　〈 다상권선 〉

② 동기발전기 유도 기전력

　　ⓐ $e = -N\dfrac{d\phi}{dt} = -N\dfrac{d}{dt}\phi_m \sin\omega t$

　　　　$= -N\phi_m \omega \cos\omega t$

　　　　$= N\phi_m \omega \sin(\omega t - \dfrac{\pi}{2})\,[\text{V}]$

　　여기서, $e[\text{V}]$: 유도 기전력

　　　　　$d\phi[\text{wb}]$: 쇄교 자속 ($=\phi_m \sin wt\,[\text{wb}]$) → 회전자계 자속

　　　　　N : w(한상의 권수) × k_w(권선계수) → $N = wk_w$

　　　　　$w[\text{rad/s}]$: 각속도 ($= 2\pi f\,[\text{rad/s}]$)

　　ⓑ e의 최대값 : $E_m = N\phi_m \omega\,[\text{V}]$

　　ⓒ e의 실효값 : $E = \dfrac{E_m}{\sqrt{2}} = \dfrac{\omega N\phi_m}{\sqrt{2}} = \dfrac{2\pi}{\sqrt{2}}fN\phi_m = 4.44fN\phi_m\,[\text{V}]$

③ 전기자 한상의 유도 기전력(상전압)

$$E = 4.44\,f\omega\phi k_\omega\,[\text{V}]$$

　　여기서, $f[\text{Hz}]$: 주파수, ω : 한상의 권수, $\phi[\text{wb}]$: 매극당 자속,
　　　　　k_ω : 권선계수 $= k_p$(단절계수) × k_d(분포계수)

④ 3상 결선방식에 따라 단자전압, 정격전압(선간전압)

　　ⓐ Y 결선 → $V = \sqrt{3} \times 4.44f\omega\phi k_\omega\,[\text{V}]$

　　ⓑ Δ 결선 → $V = 4.44f\omega\phi k_\omega\,[\text{V}]$

(3) 동기발전기 주파수와 동기 속도

① 2극의 교류 발전기는 1회전 시 1[Hz]를 발생,

p극 발전기는 1회전 시 $\dfrac{p}{2}$[Hz]를 발생

② **주파수와 극수**

$$f = \dfrac{p}{2} \cdot n [\text{Hz}]$$

여기서, f [Hz] : 주파수, p : 극수, n [rps] : 회전수

③ **동기속도**

1주기 안에 일정한 주파수를 발생하기 위하여 일정한 속도로 회전하므로 일정한 주기를 발생할 때 속도

$$N_s = \dfrac{120 f}{p} [\text{rpm}]$$

여기서, f [Hz] : 주파수, p : 극수

(4) 동기발전기 구조

① **계자** (Field magnet, 자속 밀도 B [wb/m^2] 발생 → **회전계자형**)
  ⓐ 정의 : 코일에 전류를 흘려서 자속을 만드는 부분
  ⓑ 구성 : 철심과 코일로 구성

② **전기자** (Armature, 도체 기전력 e [V] 유도 → **고정자**)
  ⓐ 정의 : 계자에서 발생된 주자속을 끊어서 기전력을 유도하는 부분
  ⓑ 결선 : **3상 Y결선**

③ **여자기** (Excitor, 계자에 직류를 공급 → **여자전류 조정**)
  ⓐ 정의 : 계자코일에 전류를 흘려주는 장치
  ⓑ **여자방식 분류**
    • 직류 여자기 (DC Excitor) : 직결방식, 별치방식
    • 교류 여자기 (AC Excitor) : 별치 정류기 방식, 회전정류기 방식
    • 정지형 여자기 (Static Excitor) : 사이리스터 직접여자 방식
                                    (브러시레스 여자)

④ 냉각장치
  ⓐ 공냉식 : 냉각매체를 대기공기를 이용한 냉각방식, 소용량 발전기
  ⓑ 직접 냉각방식 : 고정자 코일 내부에 덕트를 설치하여 덕트 내부로 냉각매체를 흘려서 냉각하는 방식
  ⓒ 수소 냉각방식 : 고속기 대용량에 주로 이용되는 방식으로 터빈발전기 냉각방식

+ 콕콕 Item

■ **동기발전기 유도 기전력**

1) $E = 4.44\,f\omega\phi k_{\omega}[\text{V}]$

   여기서, $f[\text{Hz}]$: 주파수, ω : 한상의 권수, $\phi[\text{wb}]$: 매극당 자속,
   k_{ω} : 권선계수 $= k_p$(단절계수) $\times k_d$(분포계수)

+ 콕콕 Item

■ **동기발전기 동기속도**

1) $N_s = \dfrac{120f}{p}\,[\text{rpm}]$ 여기서, $f[\text{Hz}]$: 주파수, p : 극수

2) 동기발전기 종류

(1) 회전자에 의한 분류
① **회전계자형** : 전기자를 고정자로 하고, 계자극을 회전자로 한 것
② 회전전기자형 : 계자극을 고정자로 하고, 전기자를 회전자로 한 것
③ 유도자형 : 계자극과 전기자를 모두 고정자로 하고 권선이 없는 회전자,
　　　즉 유도자를 회전자로 한 것 (고주파 발전기가 이에 해당)

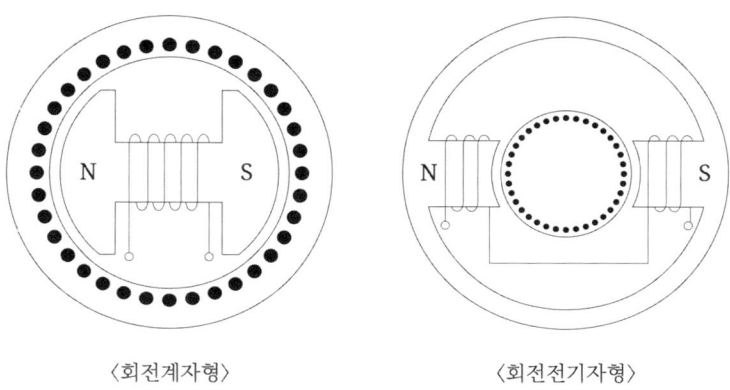

〈회전계자형〉　　　　〈회전전기자형〉

(2) 원동기에 의한 분류
① **수차발전기** (수차로 운전되는 발전기)
　ⓐ 회전속도 : 저속(100 ~ 150[rpm]), 고속(1,000 ~ 1,200[rpm]) 정도
　ⓑ 회전자형태 : **돌극기**

[참조] K water, 안동발전소　　　[참조] www.directindustry.com

〈수차발전기 회전자〉

② **터빈 발전기** (원동기를 증기 터빈으로 하는 발전기)
  ⓐ 회전속도 : 고속(3,000 ~ 3,600[rpm]) 정도
  ⓑ 회전자 형태 : **비돌극기, 원통형**
    (지름이 작고, 축 방향으로 길이를 길게 제작, 원심력 감소)
  ⓒ 냉각방식 : 공기냉각, **수소냉각**

〈 가스터빈 발전기 〉 [참조] 두산중공업

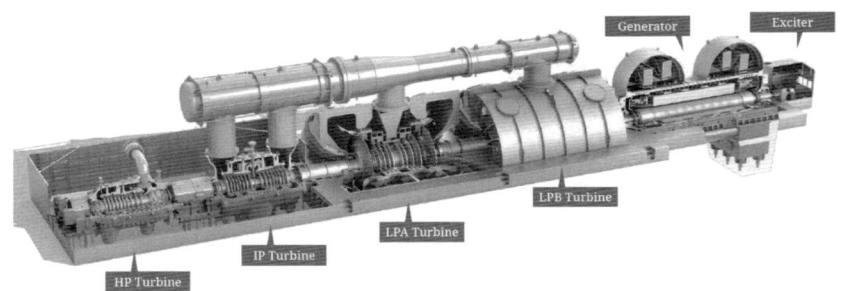

〈 원동기를 증기 터빈으로 하는 발전기 〉 [참조] 두산중공업

③ **엔진 발전기**
  ⓐ **내연기관으로 운전**
  ⓑ 회전속도 : 저속(100 ~ 1,000[rpm])

〈 엔진 발전기 〉 [참조] 두산디앤텍

(3) 상수에 의한 분류
① 단상 발전기 : 단상교류를 발생하는 발전기
② 다상 발전기 : 2상 이상의 교류를 발생하는 발전기
(일반적으로 3상 발전기)

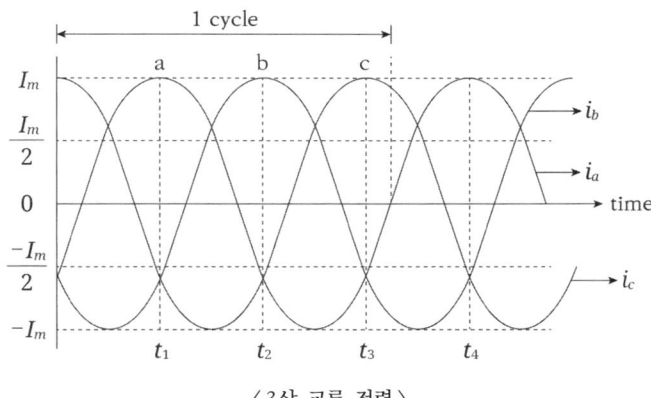

〈 3상 교류 전력 〉

(4) 회전자 형태에 의한 분류 (단락비 → 철크동작)
① 돌극기(철극기) - 축이 짧고 굵고 단락비가 크다.
ⓐ 회전자 자극(계자철심)이 **돌출된 형태의 구조**
ⓑ 고정자와 회전자 간의 **공극이 넓어 불균형 자속분포**로 전기자반작용 리액턴스 증가
ⓒ 원심력에 약하여 **저속기**(수차 발전기, 엔진 발전기)에 사용
ⓓ 저속으로 극수가 많은 것을 사용
ⓔ 수직형 구조
※ 회전자 형태 → 계자 철심 돌출(돌극기)
→ 권선 < 철심(철기계) → 단락비가 크다.

〈 회전자 (돌극기) 〉 [참조] GE

② **비돌극기(원통형)** - 축이 길고 가늘고 단락비가 작다.
  ⓐ 회전자 축과 자극을 한 덩어리로 만든 **원형 형태의 구조**
  ⓑ 고정자와 회전자 간의 **공극이 일정하므로 자속분포가 균일, 수소냉각 방식 적용**
  ⓒ 원심력에 강하여 고속기(터빈 발전기)에 사용
  ⓓ 고속기로 극구가 적은 것을 사용 (2극 또는 4극)
  ⓔ 횡축형 구조
    ※ 회전자 형태 → 계자 철심 비돌출(원통형)
              → 권선 > 철심(동기계) → 단락비가 작다.

〈 회전자 (비돌극기) 〉 [참조] ㈜해강AP

(5) **회전 계자형으로 하는 이유**
  ① **전기적인 측면**
    ⓐ **전기적 특징 : 전기자(3상 교류, 고전압, 대전류), 계자(직류 저압, 소전류)**
    ⓑ **회전 계자형이 회전에 유리** : 계자는 직류 저압, 소전류, 브러시 인출 용이
    ⓒ **회전 전기자형은 결선이 복잡** : 전기자 권선은 최소 4개의 선을 인출해야 함
    ⓓ 절연비 및 전력소비 : 전기자(권선) > **계자(철심)**
  ② **기계적인 측면**
    ⓐ 계자 : 철의 분포가 많기 때문에 **회전 시 기계적 강도 우수**
    ⓑ 전기자 : 권선을 많이 감아야 되므로 **회전자 구조 커짐**
       (원동기 측 : 회전을 위한 출력 증대 필요)

(6) 3상 동기발전기의 전기자 결선을 Y(성형)결선으로 하는 이유
① Y결선은 △결선에 비하여 발전기 **정격전압을** $\sqrt{3}$ **배만큼 크게 할 수 있다.**
② Y결선은 3고조파 순환전류가 흐르지 않으므로 **유기기전력에 3고조파가 발생되지 않는다.**
③ Y결선은 순환전류가 흐르지 않으므로 열 발생이 작아 소손될 우려가 작다.
④ **중성점을 접지할** 수 있으므로 이상전압으로부터 **발전기가 보호**된다.
⑤ 중성점을 접지할 수 있으므로 **보호계전기의 동작이 확실**하다.

예제 1

극수 6, 회전수 1,200[rpm]의 교류발전기와 병행 운전하는 극수 8의 교류발전기의 회전수는 몇 [rpm]이어야 하는가?
① 800　　② 900　　③ 1,050　　④ 1,100

【해설】

동기속도 $N_s = \dfrac{120f}{p}$[rpm]이고, 병렬운전 시 주파수가 동일

극수 6 교류발전기 주파수 $f = \dfrac{N_s p}{120} = \dfrac{1,200 \times 6}{120} = 60[\text{Hz}]$,

극수 8 교류발전기 회전수 $N_s = \dfrac{120 \times 60}{8} = 900[\text{rpm}]$

[답] ②

예제 2

60[Hz], 12극의 동기전동기 회전자계의 주변속도 [m/s]는? (단, 회전자계의 극 간격은 1[m]이다.)
① 120　　② 102　　③ 98　　④ 72

【해설】

회전자계의 주변속도 $v = \pi D n = \pi D \dfrac{N}{60}$[m/s]

계자의 극이 12극, 극 간격 1[m]이므로 회전자의 원둘레 πD는 12[m]

회전자계의 주변속도 $v = \pi D \dfrac{N}{60} = 12 \times \dfrac{600}{60} = 120[\text{m/s}]$

[답] ①

예제 3

6극 성형 접속의 3상 교류 발전기가 있다. 1극의 자속이 0.16[wb], 회전수 1,000[rpm], 1상의 권수 186, 권선계수 0.96이면 주파수와 단자 전압은?

① 50, 6,340 ② 60, 6,340
③ 50, 1,1000 ④ 60, 11,000

【해설】
극수 $p=6$, 자속 $\phi=0.16[\text{wb}]$, 회전수 $N=1,000[\text{rpm}]$인 경우

주파수 $f = \dfrac{N_s p}{120} = \dfrac{1,000 \times 6}{120} = 50[\text{Hz}]$

단자전압은 1상의 권수 $w=186$, 권선계수 $k_w=0.96$이므로

상전압 $E = 4.44 k_w f w \phi [\text{V}] = 4.44 \times 50 \times 186 \times 0.16 \times 0.96 = 6,342[\text{V}]$

3상 Y결선이므로 이때 단자전압은 선간전압으로 $V = \sqrt{3}\,E = \sqrt{3} \times 6,342 = 11,000[\text{V}]$

[답] ③

➕ 콕콕 Item

- **동기발전기 종류**
    1) 회전 계자형 : 전기자를 고정자로 하고, 계자극을 회전자로 한 것
    2) 회전 전기자형 : 계자극을 고정자로 하고, 전기자를 회전자로 한 것
    3) 고전압, 대전류 발전기로 전기자를 회전시키는 것보다는 계자를 회전시키는 편이 유리

➕ 콕콕 Item

- **동기발전기 회전 계자형으로 하는 이유**
    1) 계자 권선은 직류의 2선만 인출하면 됨
    2) 계자 회로는 직류 저전압 전선이므로 소요 전력이 적은 편
    3) 전기자 권선은 최소 4개의 선을 인출해야 함 (회전 전기자형은 결선이 복잡)
    4) 회전자를 튼튼하게 만들 수 있음
    5) 발전기의 안정도가 좋아짐
    6) 종합적으로 발전기 제작이 경제적

3) 동기발전기 전기자 권선법

(1) 권선법 종류

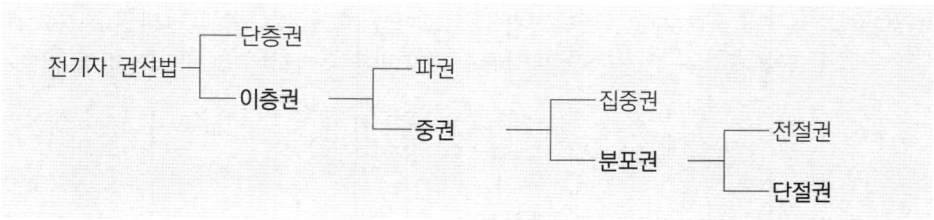

(2) 집중권과 분포권

① **집중권** : 매극 매상의 도체를 1개의 슬롯에 집중시켜서 권선 방법
② **분포권** : 매극 매상의 도체를 2개 이상의 슬롯에 각각 분포시켜서 권선하는 방법 (실제 동기발전기는 고조파를 제거하기 위해 적용)
③ **분포계수(k_d)** : 집중권보다 분포권으로 하면 슬롯 간격만큼 집중권에 유기되는 **합성 기전력보다 작게 되는 데 감소율**

$$분포계수(k_d) = \frac{분포권의\ 합성\ 기전력}{집중권의\ 합성\ 기전력} < 1$$

④ 기본파와 n차 고조파 분포계수

$$기본파 : k_d = \frac{\sin\frac{\pi}{2m}}{q\sin\frac{\pi}{2mq}} < 1, \quad n차\ 고조파 : k_d = \frac{\sin\frac{n\pi}{2m}}{q\sin\frac{n\pi}{2mq}} < 1$$

여기서, m : 상수, q : 매극 매상당 슬롯수

⑤ 분포권의 특징
  ⓐ 파형이 좋아진다.
  ⓑ 코일에서 발생되는 열 발산이 빠르다.
  ⓒ 누설리액턴스가 작다.
  ⓓ 집중권에 비해 유기기전력은 작다.

(3) 전절권과 단절권
① **전절권** : 코일변 간격을 극간격과 똑같이 하는 권선법
② **단절권** : 코일변 간격을 극간격보다 짧게 하는 권선법
　　　　(실제 동기발전기는 고조파를 제거하기 위해 단절권 적용)
③ **단절계수(k_p)** : 권선법에 따른 코일변에 유기되는 합성 기전력의 감소율

$$단절계수(k_p) = \frac{단절권의\ 합성\ 기전력}{전절권의\ 합성\ 기전력} < 1$$

④ **기본파와 n차 고조파 단절계수**

$$기본파 : k_p = \sin\frac{\beta\pi}{2} < 1,\ \ n차\ 고조파 : k_p = \sin\frac{n\beta\pi}{2} < 1$$

여기서, $\beta = \dfrac{코일\ 간격}{극\ 간격}$

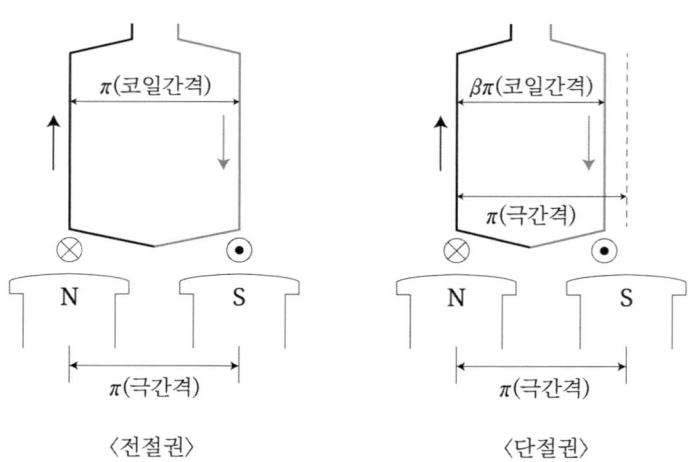

〈전절권〉　　　　　　　〈단절권〉

⑤ **단절권의 특징**
　ⓐ 고조파를 제거한다.
　ⓑ 코일단 길이가 작게 되어 기계의 구조가 축소된다.
　ⓒ 동량이 절약되고, 가격이 싸다.
　ⓓ 전절권에 비해 유기기전력은 작다.

(4) 권선계수(k_ω)

① 권선계수(k_ω) : 단절계수와 분포계수의 곱, $k_\omega = k_p \times k_d < 1$
② 권선계수(k_ω) < 1 : 분포권, 단절권
③ 권선계수(k_ω) = 1 : 집중권, 전절권

$$E = 4.44fw\phi k_w [V]$$

여기서, $f[Hz]$: 주파수, w : 한상의 권수, $\phi[wb]$: 매극당 자속,
k_w : 권선계수 = k_p(단절계수) × k_d(분포계수)

(5) 고조파 제거 대책

① 전기자 3상 결선을 Y결선으로 한다.
② 전기자 권선을 단절권, 분포권으로 한다.
③ 전기자 슬롯을 스큐슬롯으로 한다.
④ 전기자 슬롯을 반폐슬롯으로 한다.
⑤ 공극을 크게 한다.
⑥ 전기자 반작용을 작게 한다.

예제 4

동기발전기의 전기자 권선을 단절권으로 하면?
① 고조파를 제거한다.　　　② 절연이 잘된다.
③ 역률이 좋아진다.　　　　④ 기전력이 높아진다.

【해설】
단절권 특징
1) 고조파를 제거한다.
2) 코일단 길이가 작게 되어 기계의 구조가 축소된다.
3) 동량이 절약되고, 가격이 싸다.
4) 전절권에 비해 유기기전력은 작다.

[답] ①

예제 5

3상, 6극 슬롯수 54의 동기발전기가 있다. 어떤 전기자 코일의 두 변이 제1슬롯과 제8슬롯에 들어있다면 단절권계수는 얼마인가?

① 0.9397　　　② 0.9587　　　③ 0.9337　　　④ 0.9117

【해설】

기본파의 단절계수 $k_d = \sin\dfrac{\beta\pi}{2} < 1$

여기서, $\beta = \dfrac{\text{코일간격}}{\text{극간격}} = \dfrac{7}{\dfrac{54}{6}} = \dfrac{7}{9}$, $k_d = \sin\dfrac{\dfrac{7}{9} \times \pi}{2} = 0.9397$

[답] ①

예제 6

3상 동기발전기의 각상의 유기기전력 중에서 제5고조파를 제거하려면 $\dfrac{\text{코일간격}}{\text{극간격}}$ 을 어떻게 하면 되는가?

① 0.8　　　② 0.5　　　③ 0.7　　　④ 0.6

【해설】

n차의 고조파의 단절계수 $k_p = \sin\dfrac{n\beta\pi}{2}$ 이며, 제5고조파 제거하려면

$k_p = \sin\dfrac{n\beta\pi}{2} = \sin\dfrac{5\beta\pi}{2} = 0$, $\dfrac{5\beta\pi}{2} = n\pi$ 에서 $\sin = 0$

$n = 0 \rightarrow \beta = 0$

$n = 1 \rightarrow \beta = \dfrac{2}{5} = 0.4$

$n = 2 \rightarrow \beta = \dfrac{4}{5} = 0.8$

$n = 3 \rightarrow \beta = \dfrac{6}{5} = 1.2$

여기서, β는 1보다 작고 1에 가까운 값이 가장 좋으며, $n = 2$일 때의 값 0.8을 선정

[답] ①

예제 7

매극 매상의 슬롯수 3, 상수 3인 권선의 분포계수를 구하면?

① 0.95 ② 0.96 ③ 0.97 ④ 0.98

【해설】

분포계수 $k_d = \dfrac{\sin\dfrac{\pi}{2m}}{q\sin\dfrac{\pi}{2mq}} < 1$, 문제에서 슬롯수 $q=3$, 상수 $m=3$

$k_d = \dfrac{\sin\dfrac{\pi}{2\times 3}}{3\times\sin\dfrac{\pi}{2\times 3\times 3}} = \dfrac{1}{3\times\sin\dfrac{\pi}{18}} = 0.96$

[답] ②

➕ **콕콕 Item**

- **동기발전기 권선법**

    1) 집중권 : 매극 매상의 도체수가 한 슬롯에 집중시켜서 권선하는 방식으로 매극 매상의 슬롯수도 한 개이다.

    2) 분포권 : 매극 매상의 도체수가 2개 이상의 슬롯에 분포시켜 권선하는 방식으로 고조파감소, 파형개선, 누설리액턴스 감소, 유기기전력 감소

➕ **콕콕 Item**

- **동기발전기 분포계수**

    1) 기본파의 분포계수 : $k_d = \dfrac{\sin\dfrac{\pi}{2m}}{q\sin\dfrac{\pi}{2mq}}$, (매극 매상당 슬롯수 : q, 상수 : m)

    2) n차 고조파의 분포계수 : $k_d = \dfrac{\sin\dfrac{n\pi}{2m}}{q\sin\dfrac{n\pi}{2mq}}$, (고주파 차주 : n)

콕콕 Item

■ **동기발전기 단절계수**

1) 기본파의 단절계수 : $k_p = \sin\dfrac{\beta\pi}{2} < 1$, $(\beta = \dfrac{\text{코일간격}}{\text{극간격}})$

2) n차 고조파의 단절계수 : $k_p = \sin\dfrac{n\beta\pi}{2} < 1$, (고주파 차주 : n)

4) 동기발전기 전기자 반작용

(1) 전기자 반작용(Armature Reaction)
① 전기자 권선에 전류가 흐를 때 발생되는 자속이 주계자 자속에 영향을 주어 유기 기전력이 변화되는 현상
② 전기자 반작용은 회전기에서 발생하며, 발전기와 전동기의 전기자 반작용은 서로 반대로 작용

(2) 교차자화작용 (횡축반작용, 저항(R)부하)
① 전기자 전류와 유기 기전력이 동상인 경우 (역률 = 1)
② 전기자 전류자속(ϕ_a)과 계자자속(ϕ_f)
 : 공간적 전기각 90° → 횡축방향으로 작용 → 교차자화작용 (편자작용)

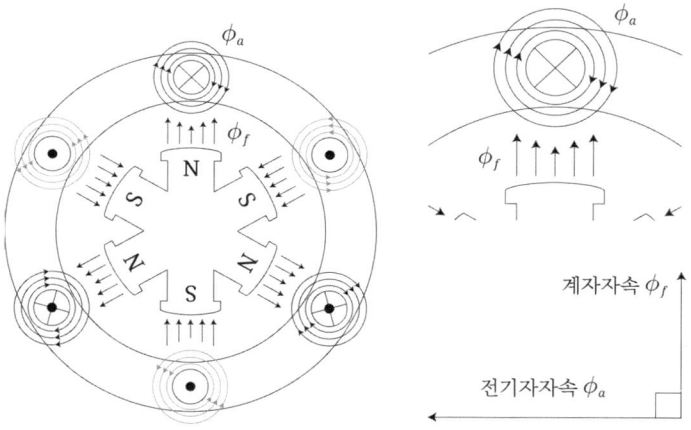

〈 교차자화작용 (횡축반작용, 저항(R)부하) 〉

(3) 직축반작용(감자작용, 유도성(L)부하) → 평상시
① 전기자 전류가 유기기전력보다 90° 뒤지는 경우 (지상)
② 전기자 전류자속(ϕ_a)과 계자자속(ϕ_f) → (반대 방향) 주자속 감소
③ $E = 4.44\, f \omega \phi k_\omega [\text{V}]$에서 자속($\phi$) 감소 → 발전기 기전력 감소

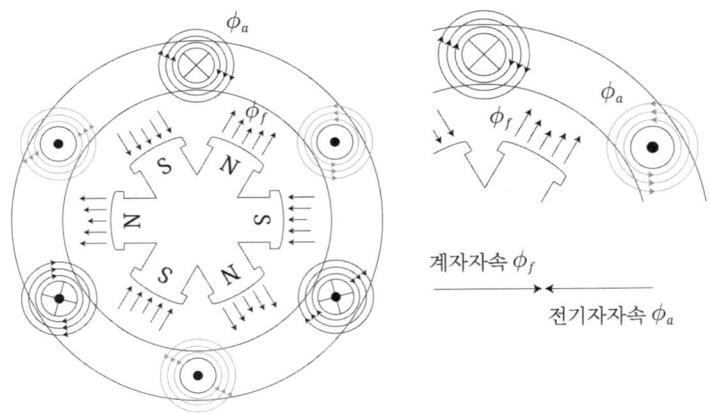

〈 직축반작용(감자작용, 유도성(L)부하) 〉

(4) 직축반작용(증자작용, 용량성(C)부하)
① 전기자 전류가 유기기전력보다 90° 앞서는 경우(진상)
② 전기자 전류자속(ϕ_a)과 계자자속(ϕ_f) → (같은 방향) 주자속 증가
③ $E = 4.44\, f \omega \phi k_\omega [\text{V}]$에서 자속($\phi$) 증가 → 발전기 기전력 증가

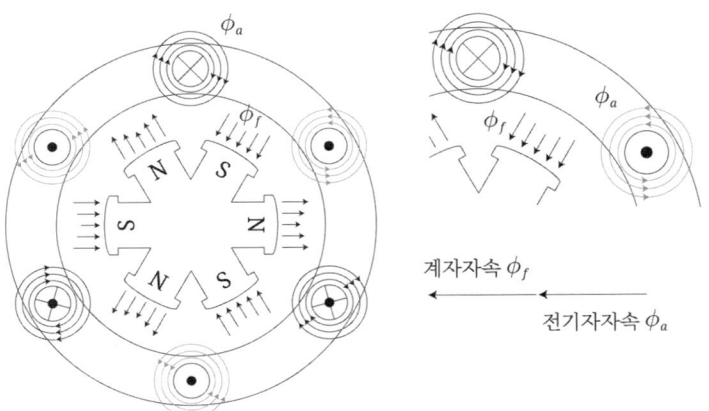

〈 직축반작용(증자작용, 용량성(C)부하) 〉

(5) 동기발전기 및 동기전동기의 전기자 반작용

위상 (유기기전력 E)	전기자전류(I)		
	동상 (R)	90° 지상 전류 (L)	90° 진상 전류 (C)
반작용	횡축 반작용	직축 반작용	
동기발전기	교차 자화작용	감자작용	증자작용
동기전동기	교차 자화작용	증자작용	감자작용

예제 8

동기발전기에서 유기 기전력과 전기자전류가 동상일 때 전기자반작용은?
① 교차자화작용　　　　　　② 증자작용
③ 감자작용　　　　　　　　④ 직축반작용

【해설】
유기기전력과 전기자전류가 동상일 때는 동기발전기에서 교차자화작용

[답] ①

+ 콕콕 Item

■ 동기발전기 및 동기전동기 전기자 반작용

전기자 권선에 전류가 흐를 때 발생되는 자속이 계자 주자속에 영향을 주어 유기기전력을 변화하게 하는 현상

위상 (유기기전력 E)	전기자전류(I)		
	동상 (R)	90° 지상 전류 (L)	90° 진상 전류 (C)
반작용	횡축 반작용	직축 반작용	
동기발전기	교차 자화작용	감자작용	증자작용
동기전동기	교차 자화작용	증자작용	감자작용

+ 콕콕 Item

■ 동기발전기 전기자 반작용

1) 돌극기는 공극이 일정하지 않기 때문에 자기저항이 다르며, 반작용 리액턴스가 직축분과 횡축분으로 나누어짐
2) 직축반작용 리액턴스(x_d) > 횡축반작용 리액턴스(x_q)

5) 동기발전기 특성

(1) 동기발전기 동기 임피던스 (Synchronous Impedance)

① 동기 임피던스($Z_s\,[\Omega]$)

$$\dot{Z_s} = \dot{r_a} + j\dot{x_s}\,[\Omega]$$

여기서, $r_a\,[\Omega]$: 전기자 저항, $x_s\,[\Omega]$: 동기 리액턴스

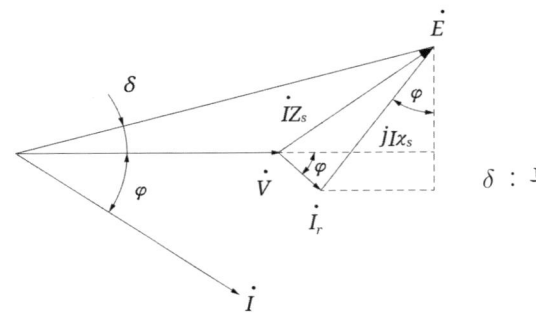

δ : 부하각(E와 V의 상차각)

〈 동기발전기 벡터도 〉

② 전기자 저항 $r_a\,[\Omega]$은 무시 (일반적으로 1[%] 이하)

$$Z_s \fallingdotseq jx_s\,[\Omega] \;\;(\text{전기자저항}\; r_a\,[\Omega] \ll \text{동기리액턴스}\; x_s\,[\Omega])$$

③ 동기 리액턴스($x_s\,[\Omega]$)

$$x_s\,[\Omega] = \text{누설 리액턴스}(x_l\,[\Omega]) + \text{반작용 리액턴스}(x_a\,[\Omega])$$

ⓐ **누설 리액턴스**($x_l\,[\Omega]$)

전기자권선과는 쇄교하지만 계자권선과는 쇄교하지 않거나 또는 쇄교하더라도 기본파 기전력의 유기에 영향이 없는 자속을 누설자속이라 하며, 일종의 **등가 리액턴스**

ⓑ **반작용 리액턴스**($x_a\,[\Omega]$)

전기자반작용을 일종의 **등가 리액턴스**인 x_a라 두고 이를 반작용 리액턴스

ⓒ 누설 리액턴스($x_l\,[\Omega]$) ≫ 반작용 리액턴스($x_a\,[\Omega]$)

④ 공칭 유도 기전력

$$\dot{E} = \dot{V} + \dot{I}(r_a + jx_s)\,[V]$$

(2) 비돌극기 동기발전기의 출력

① 한상분의 출력 : $P = VI\cos\theta\,[\text{W}]$

② 비돌극기 한상 출력

$$P = \frac{EV}{x_s}\sin\delta\,[\text{W}]$$

여기서, $E[\text{V}]$: 유도 기전력, $V[\text{V}]$: 단자전압, $x_s[\Omega]$: 동기 리액턴스
δ : 부하각 (E와 V의 상차각)

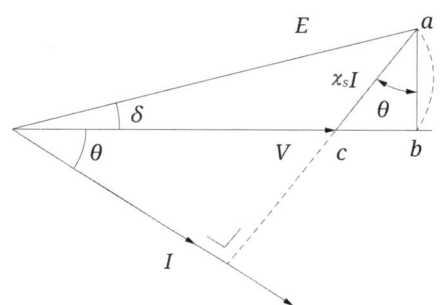

ⓐ $r_a[\Omega] = 0$
ⓑ $x_s I\cos\theta = ab = E\sin\delta$
ⓒ $I\cos\theta = \dfrac{ab}{x_s} = \dfrac{E\sin\delta}{x_s}$
ⓓ $P = VI\cos\theta = \dfrac{VE\sin\delta}{x_s}\,[\text{W}]$

〈 비돌극기 동기발전기 벡터도 〉

③ E, V가 일정할 경우 (출력 P와 부하각 δ의 관계 곡선)

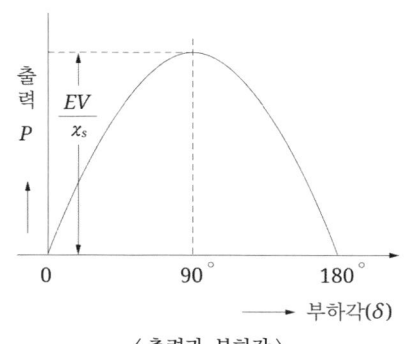

ⓐ 비돌극기(원동기)
  : 부하각 90°에서 최대 출력
ⓑ 돌극기
  : 부하각 60°에서 최대 출력

〈 출력과 부하각 〉

④ 3상 동기발전기 출력

$$P = 3\frac{EV}{x_s}\sin\delta\,[\text{W}]$$

여기서, $E[\text{V}]$: 유도 기전력, $V[\text{V}]$: 단자전압, $x_s[\Omega]$: 동기 리액턴스
δ : 부하각 (E와 V의 상차각)

(3) 돌극기 동기발전기의 출력 (한상 출력)

$$P = \frac{EV}{x_d}\sin\delta + \frac{V^2(x_d - x_q)}{2x_d x_q}\sin 2\delta [\text{W}]$$

참고 돌극기 $\delta = 60°$에서 최대 출력, $x_d > x_q$

여기서, x_d : 직축 동기 리액턴스, x_q : 횡축 동기 리액턴스

➕ 콕콕 Item

■ **동기발전기 출력**

1) 1상 출력 : $P_1 = \frac{EV}{x_s}\sin\delta [\text{W}]$

2) 3상 출력 : $P_3 = 3 \times \frac{EV}{x_s}\sin\delta [\text{W}]$

(4) 3상 동기발전기의 단락 전류

① 3상 단락 전류와 동기임피던스

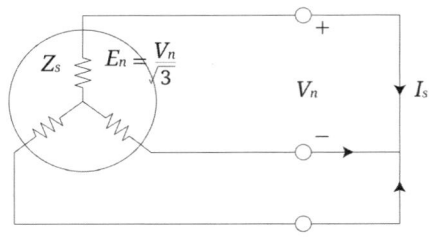

ⓐ **3상 단락전류(정상 단락전류)**

: $I_s = \frac{E_n}{Z_s} = \frac{V_n}{\sqrt{3}\,Z_s}[\text{A}]$

ⓑ **1상의 동기임피던스**

: $Z_s = \frac{E_n}{I_s} = \frac{V_n}{\sqrt{3}\,I_s}[\Omega]$

〈3상 단락회로도〉

② 단락고장 시 시간에 따른 임피던스

ⓐ 운전 중 돌발 단락 순간에는 거의 누설 리액턴스에 해당하는 리액턴스만 작용, 그 후 전기자반작용 리액턴스가 추가되어 동기리액턴스로 증가

ⓑ 차과도리액턴스 ($X_d''[\Omega]$) : 전기자 + 제동권선 누설리액턴스

ⓒ 과도리액턴스 ($X_d'[\Omega]$) : 전기자 누설리액턴스 + 계자권선 누설리액턴스

ⓓ 정상리액턴스 ($X_d[\Omega]$) : 누설리액턴스 + 전기자반작용 리액턴스

(5) 동기기의 단락전류 종류

① 차과도 단락전류 ($I''[\mathrm{pu}]$, 3상 단락 직후 (0.1초 이내)의 전류)

: $I''[\mathrm{pu}] = \dfrac{V}{X_d''}$, X_d'' : 차과도 리액턴스

② 과도 단락전류 ($I'[\mathrm{pu}]$, 3상 단락 후 0.1초~수 초간의 전류)

: $I'[\mathrm{pu}] = \dfrac{V}{X_d'}$, X_d' : 과도 리액턴스

③ 정상 단락전류 ($I[\mathrm{pu}]$, 단락 후 수 초 이상 경과 후 안정된 전류)

: $I[\mathrm{pu}] = \dfrac{V}{X_d}$, X_d : 동기 리액턴스

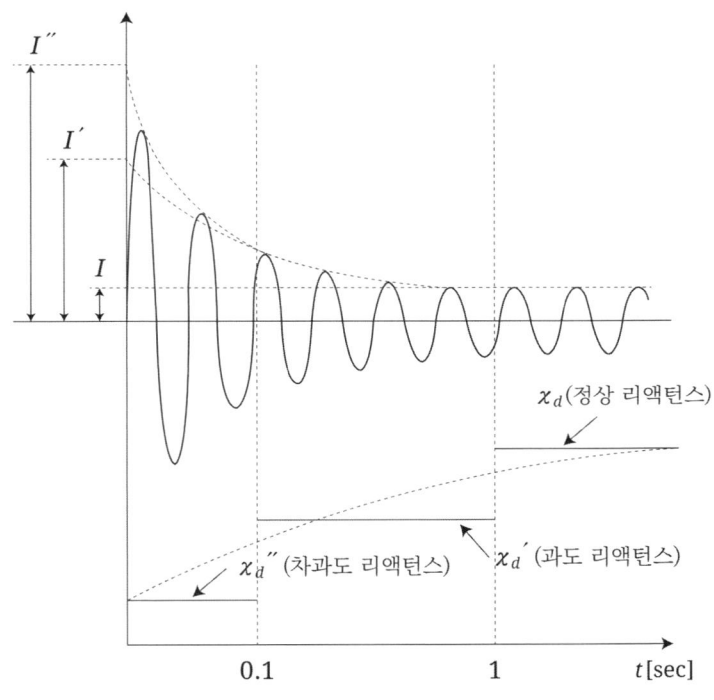

〈동기기 단락전류 시간적 변화〉

+ 콕콕 Item

■ **동기기 단락전류**

1) 3상 동기발전기가 운전 시 단락되면 단락초기에는 아주 큰 돌발단락전류가 흐르게 되며 시간이 지나면 단락전류가 감소되어 지속단락전류로 계속 흐르게 된다.
2) 단락 초기에 흐르는 돌발단락전류를 억제할 수 있는 것은 누설리액턴스이다.

(6) 단락비(Short Circuit Ratio, K_s)
  ① 발전기가 자기여자현상을 일으키지 않고 안전하게 선로를 충전할 수 있는가 나타내는 정수
  ② 자기여자현상 : 선로의 진상전류(충전 전류)에 의해 단자전압이 상승하는 현상
  ③ 단락비는 발전기의 구조, 가격, 충전용량, 안정도 등 계통 해석에 중요한 factor로 사용
  ④ **단락비 (K_s)**

$$K_s = \frac{\text{무부하 시 정격 전압을 유기하는 데 필요한 여자전류 }(I_{fs})}{3\text{상 단락 시 정격전류와 같은 전류를 흐르게 하는 데 필요한 여자전류}(I_{fn})}$$

  ⑤ **단락비 곡선**

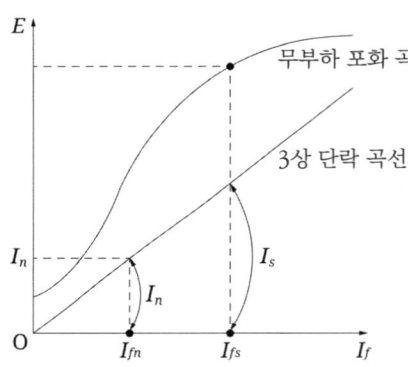

〈무부하 포화곡선과 3상 단락 곡선〉

ⓐ $K_s = \dfrac{I_{fs}}{I_{fn}} = \dfrac{I_s}{I_n} = \dfrac{E}{Z_s I_n}$

여기서 $I_s = \dfrac{E_n}{Z_s}$,

양변에 $\dfrac{E_n}{E_n}$ 대입

ⓑ $\dfrac{E_n}{Z_s I_n} \times \dfrac{E_n}{E_n} = \dfrac{E_n^{\,2}}{E_n I_n Z_s}$

$= \dfrac{E_n^{\,2}}{Z_s P} = \dfrac{E_n^{\,2} \times 10^3}{Z_s P [\text{kVA}]}$

$$K_s = \frac{I_{fs}}{I_{fn}} = \frac{I_s}{I_n} = \frac{100}{\%Z_s[\%]} = \frac{1}{\%Z_s[\text{pu}]}$$

⑥ 단락비가 큰 발전기(철기계)의 특성
 ⓐ 자속의 분포를 크게 하기 위하여 철심 형태를 크게 하여 계자의 구조가 크다.
 ⓑ 전기자의 구조가 커지기 때문에 발전기 구조가 전반적으로 크다.
 ⓒ 코일인 동보다는 철심의 분포가 많기 때문에 철기계라 함

장 점	단 점
• 동기 임피던스가 작다.	• 철손이 크다.
• 전기자 기자력이 작다.	• 발전기 형태가 커다.
• 전기자 반작용이 작다.	• 가격이 고가이다.
• 전압 변동이 작다.	• 단락전류가 크다
• 계자 기자력이 크다.	• 효율이 나쁘다.
• 공극이 크다.	
• 자기 여자를 현상을 방지한다.	
• 송전선로의 충전용량이 크다.	
• 관성이 커서 안정도가 높다.	

⑦ 단락비가 작은 발전기(동기계)의 특성
동기계는 철기계와 반대되는 특성을 가지나 발전기 특성 면에서 단락비가 큰 기계보다는 특성이 떨어진다.

⑧ 단락비가 발전기 구조성능에 미치는 영향

구 분		K_s 큰 경우	K_s 작은 경우
기계적	구조	철기계	동기계
	공극	크다	작다
	중량, 가격	무겁고 비싸다	가볍고 싸다
	적용	수력	화력, 원자력
전기적	$\%Z_s$ (동기 Z_s)	작다 (K_s)	크다 (K_s)
	계자 기전력	크다	작다
	전기자 반작용	작다	크다
	전압 변동율	작다	크다
	단락(전류) 용량	크다	작다
	과부하 내량	크다	작다

 ⓐ 수차 발전기 단락비 : $K_s = 0.9 \sim 1.2$
 ⓑ 터빈 발전기 단락비 : $K_s = 0.6 \sim 1.0$

(7) 퍼센트 동기 임피던스
① 퍼센트 동기 임피던스

$$\%Z_s = \frac{I_{n[A]} \times Z_{s[\Omega]}}{E_{[V]}} \times 100[\%]$$

여기서, $I_n[A]$: 한상의 정격 전류
$E[V]$: 한상의 정격 전압(상전압)
$Z_s[\Omega]$: 한상의 동기 임피던스

$$\%Z_s = \frac{P_{[kVA]} Z_{s[\Omega]}}{10 V_{[kV]}^2}[\%]$$

여기서, $P[kVA]$: 3상 정격출력, $V[kV]$: 정격전압

② 단락비는 퍼센트 동기 임피던스의 역수

$$K_s = \frac{I_{fs}}{I_{fn}} = \frac{I_s}{I_n} = \frac{100}{\%Z_s[\%]} = \frac{1}{\%Z_s[pu]}, \quad \%Z_s = \frac{I_n}{I_s} = \frac{1}{K_s}$$

예제 9

그림은 동기 리액턴스 3[Ω]이고, 무부하 시의 선간 전압이 220[V]이다. 그림과 같이 3상 단락 되었을 때 단락전류는?

① 24 ② 42.3
③ 73.3 ④ 127

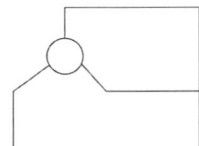

【해설】

자속 단락 전류 $I_s = \frac{E}{x_s} = \frac{E}{Z_s}[A]$,

동기 리액턴스 $x_s = 3[\Omega]$, 무부하 시 상전압 $E = \frac{220}{\sqrt{3}}[V]$

$$I_s = \frac{E}{x_s} = \frac{\frac{220}{\sqrt{3}}}{3} = 42.3[A]$$

[답] ②

예제 10

동기발전기의 돌발 단락전류를 주로 제한하는 것은?
① 동기 리액턴스
② 누설 리액턴스
③ 권선 저항
④ 영상 리액턴스

【해설】

돌발 단락 전류는 $I_s = \dfrac{E}{x_\ell}$ [A]로 단락 초기 시 돌발 단락전류는 누설리액턴스로 제한

[답] ②

예제 11

8,000[kVA], 6,000[V]인 3상 교류 발전기의 % 동기 임피던스가 80[%]이다. 이 발전기의 동기 임피던스는 얼마인가?
① 3.6
② 3.2
③ 3.0
④ 2.4

【해설】

% 동기 임피던스 $\%Z_s = \dfrac{I_n \times Z_s}{E} \times 100[\%]$ 가 $80[\%] = \dfrac{\dfrac{8,000 \times 10^3}{\sqrt{3} \times 6,000} \times Z_s}{\dfrac{6,000}{\sqrt{3}}} \times 100[\%]$ 에서

동기 임피던스는 $Z_s = 3.6 [\Omega]$

[답] ①

예제 12

정격전압 6,000[V], 정격출력 12,000[kVA], 매상의 동기 임피던스가 3[Ω]인 3상 동기발전기의 단락비는 얼마인가?
① 1.0
② 1.2
③ 1.3
④ 1.5

【해설】

단락비$(K_s) = \dfrac{I_s}{I_n} = \dfrac{1}{\%Z_s}$, $\%Z_s = \dfrac{PZ_s}{10\,V^2} = \dfrac{12,000 \times 3}{10 \times 6^2} = 100[\%] = 1[\text{pu}]$ 이므로

단락비$(K_s) = \dfrac{1}{\%Z_s} = \dfrac{1}{1} = 1$

[답] ①

예제 13

정격전압 6,000[V], 용량 5,000[kVA] 의 3상 교류 발전기에 대하여 여자전류 200[A]에 해당하는 무부하 단자전압은 6,000[V]이며, 단락전류는 600[A]라고 한다. 이 발전기의 단락비를 구하시오.

① 1.15 ② 1.20 ③ 1.25 ④ 1.30

【해설】

$$단락비(K_s) = \frac{I_s}{I_n} = \frac{1}{\%Z_s}, \quad K_s = \frac{I_s}{I_n} = \frac{600}{\frac{5,000 \times 10^3}{\sqrt{3} \times 6,000}} = 1.25$$

[답] ③

예제 14

단락비가 큰 동기기의 설명에서 옳지 않은 것은?
① 계자 자속이 비교적 크다.
② 전기자 기자력이 작다.
③ 공극이 크다.
④ 송전선의 충전 용량이 작다.

【해설】
단락비가 큰 기계는 철기계
1) 동기 임피던스, 전기자 반작용, 전기자 기자력, 전압 변동이 작다.
2) 계자 기자력, 공극, 철손, 발전기 형태, 단락전류가 크다.
3) 안정도가 높고, 선로의 충전용량이 크며 가격이 고가이다.

[답] ④

➕ 콕콕 Item

■ **동기발전기 단락비 - 철크동작**

1) 단락비 : 부하 측을 단락 또는 개방한 경우에 각각 정격전류, 전압을 유지하기 위한 계자전류비

2) $K_s = \dfrac{1}{\%Z_s[\text{pu}]}$, $\%Z_s = \dfrac{P \times Z_s}{10 V^2} [\%]$

(8) 동기발전기 병렬운전 조건

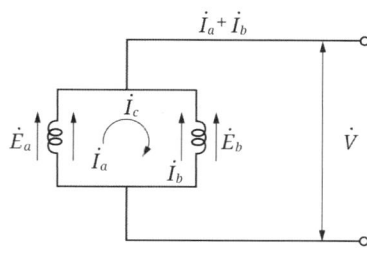

ⓐ **기전력의 크기**가 같을 것
ⓑ 기전력의 **위상**이 같을 것
ⓒ 기전력의 **주파수**가 같을 것
ⓓ 기전력의 **파형**이 같을 것
ⓔ 기전력의 **상회전 방향**이 같을 것

[Tip] 암기 : 기전력의 크기, 위상, 주파수, 파형, 상회전 방향이 같을 것

① **기전력의 크기가 서로 같지 않을 때**
  ⓐ 두 발전기의 기전력의 크기가 같지 않게 되어 **무효순환전류**가 흐르게 된다.
  ⓑ **무효순환전류**

$$I_c = \frac{E_a - E_b}{Z_s + Z_s} = \frac{E_a - E_b}{2Z_s} \text{[A]}$$

  여기서, $Z_s[\Omega]$: 각 발전기의 동기 임피던스
  ⓒ **대책** : 여자 전류 조정 (여자 전류 증가 → 발전기 역률 저하)

② **기전력의 위상이 서로 같지 않을 때**
  ⓐ 두 발전기의 위상차가 생기면 **동기화전류(유효횡류)**가 흐르게 되고 위상이 같게 된다.
  ⓑ **동기화전류**

$$I_s = \frac{E_a}{Z_s} \sin\frac{\delta}{2} \text{[A]}$$

  여기서, $Z_s[\Omega]$: 각 발전기의 동기 임피던스
  ⓒ 동기전류 때문에 서로 위상이 같게 되려고 애를 쓰는 현상을 동기화력 이라고 함
  ⓓ 동기화력 때문에 서로 전력이 수수를 하게 되는데 이때 발생되는 전력을 수수전력(주고받는 전력)이라고 함
  ⓔ **수수전력과 동기화력**

$$\text{한상의 수수전력} : P_s = \frac{E_a^2}{2Z_s}\sin\delta = \frac{E_a^2}{2x_s}\sin\delta \text{[W]}$$

한상의 동기화력 : $P_s' = \dfrac{E_a^2}{2Z_s}\cos\delta [\text{W}]$

여기서 δ는 위상차 (상차각)

> 참고 ▫ 위상차가 발생하는 경우 A 발전기의 한상의 수수전력
>
> $$P_s = E_a I_s \cos\dfrac{\delta}{2} = E_a \dfrac{2E_a}{2Z_s}\sin\dfrac{\delta}{2}\cos\dfrac{\delta}{2}$$
>
> $$= \dfrac{E_a^2}{2Z_s} 2\sin\dfrac{\delta}{2}\cos\dfrac{\delta}{2}$$
>
> $$= \dfrac{E_a^2}{2Z_s}\sin\delta [\text{W}]$$

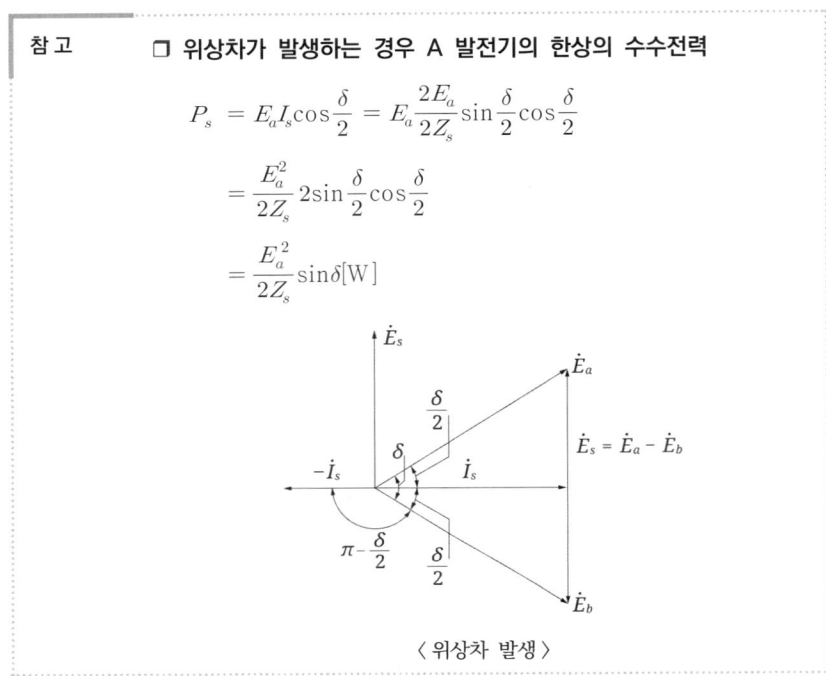

〈위상차 발생〉

(9) 동기기 안정도 향상 대책
① 단락비를 크게 한다.
② 속응 여자 방식을 사용한다.
③ 동기 임피던스를 작게 한다.
④ 회전자의 플라이 휠 효과를 크게 한다.
⑤ 정상분은 작고, 영상과 역상분은 크게 한다.

(10) 동기기 제동권선 역할
① 동기기 **난조 발생 방지**
② 불평형 부하 시에 전류, 전압 파형의 개선
③ 송전선의 불평형 단락 시에 이상 전압의 방지
④ 동기전동기 : 기동 토크의 발생 (자기동법)

예제 15

병렬운전을 하고 있는 두 대의 3상 동기발전기 사이에 무효 순환 전류가 흐르는 경우는?
① 여자 전류의 변화　　② 원동기의 출력 변화
③ 부하의 증가　　　　　④ 부하의 감소

【해설】
병렬운전 시 기전력차로 무효순환전류가 흐른다.
한쪽 발전기 여자전류 변화 시 자속이 변화하여 기전력의 크기가 변화

[답] ①

예제 16

2대의 동기발전기가 병렬운전하고 있을 때 동기화 전류가 흐르는 경우는?
① 기전력의 크기에 차이가 있을 때
② 기전력의 위상에 차이가 있을 때
③ 부하 분담에 차가 있을 때
④ 기전력의 파형에 차가 있을 때

【해설】
병렬운전 시 두 발전기 위상차가 생기면 동기화전류(유효횡류)가 흐른다.

[답] ②

예제 17

A, B 두 대의 동기발전기를 병렬운전 중 계통 주파수를 바꾸지 않고 B기의 역률을 좋게 하는 것은?
① A기의 여자전류를 증대　　② A기의 원동기 출력을 증대
③ B기의 여자전류를 증대　　④ B기의 원동기 출력을 증대

【해설】
병렬운전 시 기전력차로 무효순환전류가 흐른다.
A 발전기의 여자 전류를 증가시키면 기전력이 증가하므로 무효분이 증가되어
A 발전기의 역률이 나빠지고 B 발전기의 역률은 좋게 된다.

[답] ①

예제 18

2대의 3상 동기발전기가 무부하로 운전하고 있을 때 대응하는 기전력 사이의 상차각이 30°이며 한쪽 발전기에서 다른 쪽 발전기로 공급하는 1상당 전력은 몇 [kW]인가? (단, 한상의 기전력은 2,000[V], 동기리액턴스 5[Ω], 전기자 저항은 무시한다.)

① 400　　② 300　　③ 200　　④ 100

【해설】

한 상당 수수전력 $P_s = \dfrac{E_a^2}{2x_s}\sin\delta = \dfrac{2,000^2}{2\times 5}\sin 30° = 200[\text{kW}]$

[답] ③

➕ 콕콕 Item

■ **동기발전기 병렬운전 조건**

1) 기전력의 크기, 위상, 주파수, 파형, 상회전 방향이 같을 것
2) A 발전기의 여자 전류 증가 시 (A 발전기 유기기전력 증가, 무효분 증가)
   ① A 발전기 : 지상 전류가 흘러 A 발전기의 역률은 저하
   ② B 발전기 : 진상 전류가 흘러 B 발전기의 역률은 향상

➕ 콕콕 Item

■ **동기발전기 안정도**

1) 단락비를 크게 한다.
2) 속응 여자 방식을 사용한다.
3) 동기 임피던스를 작게 한다.
4) 회전자의 플라이 휠 효과를 크게 한다.
5) 정상분은 작고, 영상과 역상분은 크게 한다.

➕ 콕콕 Item

■ **동기발전기 제동권선 역할**

1) 동기발전기 및 동기전동기의 회전자에 설치
2) 동기기의 난조 발생 방지
3) 동기전동기의 기동 토크 발생
4) 파형 개선과 이상 전압 방지

02 동기전동기 | 학습내용 : 동기전동기 동기속도, 토크, 동기조상기 특성

● 체크 포인트 | 대표문제

동기전동기에서 출력이 100[%]일 때 역률이 1이 되도록 계자전류를 조정한 다음에 공급 전압 $V[V]$ 및 계자전류를 $I_f[A]$를 일정하게 하고, 전부하 이하에서 운전하면 동기전동기의 역률은?

① 뒤진 역률이 되고, 부하가 감소할수록 역률은 낮아진다.
② 뒤진 역률이 되고, 부하가 감소할수록 역률은 좋아진다.
③ 앞선 역률이 되고, 부하가 감소할수록 역률은 낮아진다.
④ 앞선 역률이 되고, 부하가 감소할수록 역률은 좋아진다.

【답】③

┃ 핵심노트 ┃

- **KeyWord**
    1. 동기전동기 동기속도
    2. 동기전동기 토크
    3. 동기조상기 V(위상) 특성 곡선
    4. 동기전동기 난조

1) 동기전동기 특성

(1) 동기전동기 동기속도, 토크 및 동기와트
① 동기속도

$$N_s = \frac{120f}{p} \text{[rpm]}$$

여기서, $f[\text{Hz}]$: 주파수, p : 극수

② 토크

$$\tau = \frac{P_0}{2\pi n} = \frac{P_0}{2\pi \dfrac{N_s}{60}} \text{[N·m]}$$

$$= \frac{60 P_0}{2\pi N_s} \times \frac{1}{9.8} = 0.975 \frac{P_0}{N_s} \text{[kg·m]}$$

③ 동기와트

$$P_0 = 1.026 N_s \tau \text{[W]}$$

(2) 동기전동기 특징과 용도
① 동기전동기 특징

장 점	단 점
• 속도가 일정하다. • 역률 1로 운전할 수 있다. • 효율이 좋다. • 공극이 크고 기계적 강도 우수	• 기동 시 토크를 얻기가 어렵다. • 속도 제어가 어렵다. • 구조가 복잡하다. • 난조가 일어나기 쉽다. • 가격이 고가이다. • 직류 전원 설비가 필요하다.

② 동기전동기 용도 : 분쇄기, 압축기, 송풍기

(3) 동기전동기 기동법
① 기동토크
ⓐ 동기전동기는 동기속도에서만 토크를 발생
ⓑ **기동 시($N=0$) 기동토크가 발생하지 못하므로 별도의 기동방법이 필요**
② 기동법
ⓐ **자기동법** : 제동권선을 이용하여 기동하는 방식, 기동 시 회전자계에 의해서 계자권선에 고압이 유기되어 절연이 파괴할 우려가 있으므로 계자권선을 단락
ⓑ 기동 전동기법 : 동기기보다 2극 적은 유도 전동기를 이용하여 기동하는 방식
ⓒ 저주파 기동법 : 저주파 저전압 전원으로 기도하고 동기화한 후에 그 전원의 전압주파수를 서서히 올려 동기속도로 해서 병렬로 운전하는 방법

(4) 동기발전기 및 동기전동기의 전기자 반작용

위상 (유기기전력 E)	전기자전류(I)		
	동상 (R)	90° 지상 전류 (L)	90° 진상전류 (C)
반작용	횡축 반작용	직축 반작용	
동기발전기	교차 자화작용	감자작용	증자작용
동기전동기	**교차 자화작용**	**증자작용**	**감자작용**

(5) 동기조상기 V (위상) 특성 곡선 (V 곡선)
① 공급전압(V)과 부하를 일정하게 유지하고 계자전류(여자전류, I_f) 변화에 대한 전기자전류(I_a)의 변화관계 곡선
② 동기조상기(동기전동기 무부하 운전) 위상 특성 곡선
ⓐ 부하(출력)가 증가할수록 곡선은 상향
ⓑ 과여자 운전 : 계자전류 증가 → 과여자 → 진상 무효전력(콘덴서 C)
　　　　　　　→ 진상전류
ⓒ 부족여자 운전 : 계자전류 감소 → 부족여자 → 지상 무효전력(리액터 L)
　　　　　　　　→ 지상전류
ⓓ $\cos\theta = 1$일 때 전기자전류 최소

ⓔ $I_f - I_a$ 와의 관계곡선 (단자전압과 출력은 일정)

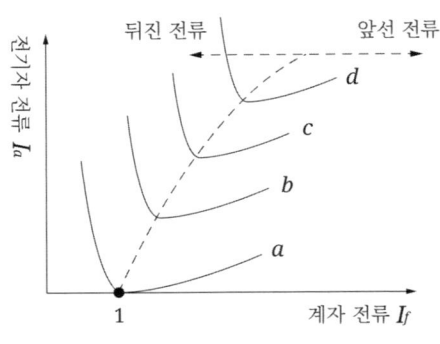

a번 곡선
: 운전 중 출력이 증가할수록 곡선은 상승함

〈 동기전동기 위상 특성 곡선 〉

(6) 난조 (Hunting)

① 부하의 급변, 속도가 너무 예민하거나, 송전계통 이상 현상, 계자에 고조파가 유기될 때 발전기 **회전자가 동기 속도를 찾지 못하고 심하게 진동**하게 되어 차후 탈조가 일어나는 이러한 현상을 난조라고 한다.

② **난조원인**
  ⓐ 부하가 급격히 변화하는 경우
  ⓑ 원동기의 조속기 감도가 너무 예민한 경우
  ⓒ 전기자 회로의 저항이 너무 큰 경우
  ⓓ 원동기의 토크에 고조파가 포함된 경우

③ **난조방지 대책** : 회전자 자극면에 **제동권선 설치**

예제 19

동기전동기는 유도전동기에 비하여 어떤 장점이 있는가?
① 기동 특성이 양호하다.
② 전부하 효율이 양호하다.
③ 속도를 자유롭게 제어할 수 있다.
④ 자극수를 적게 한다.

【해설】
동기전동기는 역률 1(100[%])로 운전할 수 있고, 효율이 좋다.

[답] ②

예제 20

동기전동기의 난조 방지에 가장 유효한 방식은?
① 회전자의 관성을 크게 한다.
② 자극면에 제동 권선을 설치한다.
③ 동기 리액턴스 x_s를 작게 하고 동기화력을 크게 한다.
④ 자극수를 적게 한다.

【해설】
난조방지 대책으로 회전자 자극면에 제동 권선 설치

[답] ②

예제 21

동기전동기의 진상전류는 어떤 작용을 하는가?
① 증자 작용　　　② 감자 작용
③ 교차 자화　　　④ 아무 작용 없이

【해설】
동기전동기 반작용은 V와 I_a와의 관계에서 I_a가 앞서면 감자작용

[답] ②

예제 22

전압이 일정한 도선에 접속되어 역률 1로 운전하고 있는 동기전동기의 여자 전류를 증가시키려면 이 전동기는?
① 역률이 앞서고 전기자 전류는 증가한다.
② 역률이 앞서고 전기자 전류는 감소한다.
③ 역률이 뒤지고 전기자 전류는 증가한다.
④ 역률이 뒤지고 전기자 전류는 감소한다.

【해설】
여자전류를 증가시키면 역률은 앞서고, 전기자전류는 증가

[답] ①

콕콕 Item

■ **동기전동기 동기속도**

1) 동기속도 : $N_s = \dfrac{120f}{p}[\text{rpm}]$

2) 무부하로 운전 중에 부하를 걸면 속도 변동이 일어나지만 곧 동기속도로 운전

콕콕 Item

■ **동기전동기 토크**

1) 토크 : $\tau = 0.975 \dfrac{P_0}{N_s}[\text{kg·m}]$, 동기와트 : $P_0 = 1.026 N_s \tau [\text{W}]$

2) 동기전동기 토크는 공급전압에 비례 : $\tau \propto V$ ($\tau \propto P_0 \propto EI_a \propto VI - P_l$)

콕콕 Item

■ **동기조상기 V(위상) 특성 곡선**

1) 부하(출력)가 증가할수록 곡선은 상향
2) 과여자 운전 : 계자전류 증가 → 과여자
   → 진상 무효전력(콘덴서 C) → 진상전류
3) 부족여자 운전 : 계자전류 감소 → 부족여자
   → 지상 무효전력(리액터 L) → 지상전류
4) $\cos\theta = 1$일 때 전기자전류 최소
5) $I_f - I_a$와의 관계곡선 (단자전압과 출력은 일정)

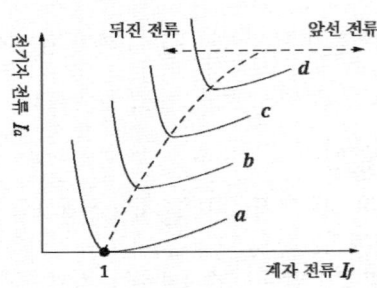

Chapter 02. 동기기

적중실전문제

1. 터빈 발전기의 특징 중 틀린 것은?
① 회전자는 지름을 크게 하고, 축 방향으로 길게 하여 원심력을 크게 한다.
② 회전자는 원통형 회전자로 하여 풍손을 작게 한다.
③ 회전자의 계자철심 및 축은 강도가 큰 특수강으로 한다.
④ 수소냉각 방식을 써서 풍손을 줄인다.

해설 1

동기발전기 종류
1) 터빈 발전기는 고속기이므로, 회전자 지름을 작게 하고 회전자 축 길이를 길게 하여 원심력을 작게 하여야 탈조를 막을 수 있다.

[답] ①

2. 터빈 발전기(turbine generator)는 주로 2극의 원통형 회전자를 가지는 고속 발전기로서 발전기를 전폐형으로 하며, 냉각 매체로서 수소 가스를 기내에서 순환시키고 있다. 공기 냉각인 경우와 비교해서 다음과 같은 이점이 있다. 옳지 않은 것은?
① 풍손이 공기 냉각 시의 10[%]로 격감한다.
② 열전도율이 좋고 가스냉각기의 크기가 작아진다.
③ 절연물의 산화작용이 없으므로 절연 열화가 작아서 수명이 길다.
④ 운전 중 소음이 매우 크다.

해설 2

KEC 351.10 수소냉각식 발전기 등의 시설
1) 발전기 내부 또는 조상기 내부의 수소의 순도가 85[%] 이하로 저하한 경우에 이를 경보하는 장치를 시설할 것
2) 발전기 내부 또는 조상기 내부의 수소의 온도를 계측하는 장치를 시설할 것
3) 수소냉각방식은 수소냉각기 발전기 내부에 설치한 다음, 완전히 밀폐시키기 때문에 소음이 작다.

[답] ④

3. 터빈발전기의 냉각을 수소냉각방식으로 하는 이유가 아닌 것은?

① 풍손이 공기 냉각 시의 약 $\frac{1}{10}$로 줄인다.
② 동일 기계일 때 공기 냉각 시보다 정격출력이 약 25[%] 증가한다.
③ 수분, 먼지 등이 없어 코로나에 의한 손실이 없다.
④ 비열이 공기의 약 14배이므로 철심의 열전도가 약 7배로 된다.

해설 3

KEC 351.10 수소냉각식 발전기 등의 시설
1) 발전기 내부 또는 조상기 내부의 수소의 순도가 85[%] 이하로 저하한 경우에 이를 경보하는 장치를 시설할 것
2) 발전기 내부 또는 조상기 내부의 수소의 온도를 계측하는 장치를 시설할 것
3) 수소는 비열이 공기의 14배이므로, 수소의 열전도율이 공기의 약 7배가 되어 냉각 효과가 크다. 그러므로 전기자권선을 더 많이 권선할 수 있으므로 발전기 출력도 25[%] 이상 증가시킬 수 있다.

[답] ④

4. 3상 동기발전기의 전기자 권선을 Y결선으로 하는 이유 중 △결선과 비교할 때 장점이 아닌 것은?

① 출력을 더욱 증대할 수 있다.
② 권선의 코로나 현상이 작다.
③ 고조파 순환 전류가 흐르지 않는다.
④ 권선의 보호 및 이상 전압의 방지 대책이 용이하다.

해설 4

동기발전기 출력
1) 3상 동기발전기는 Y결선이나 △결선이나 3상 출력은 같다.

[답] ①

5. 슬롯수 36의 고정자 철심이 있다. 여기에 3상 4극의 2층권을 시행할 때 매극 매상의 슬롯수와 총 코일수는?

① 3과 18
② 9와 36
③ 3과 36
④ 9와 18

해설 5

고정자 철심

1) 매극 매상의 슬롯수 $q = \dfrac{\text{총슬롯수}}{\text{극수} \times \text{상수}} = \dfrac{36}{4 \times 3} = 3$

2) 코일수 $= \dfrac{\text{총도체수}}{2} = \dfrac{36 \times 2}{2} = 36$

[답] ③

6. 4극 60[Hz]의 3상 동기발전기가 있다. 회전자의 주변속도를 200[m/s] 이하로 하려면 회전자의 최대 직경을 약 얼마로 하여야 하는가?

① 1.9[m]
② 2.0[m]
③ 2.1[m]
④ 2.8[m]

해설 6

동기발전기 회전자 주변속도

1) 회전자 주변속도 : $v = \pi D n = \pi \times D \times \dfrac{1,800}{60} = 200[\text{m/s}]$

여기서, $N_s = \dfrac{120f}{p} = \dfrac{120 \times 60}{4} = 1,800[\text{rpm}]$

2) $D = 2.1[\text{m}]$

[답] ③

7. 회전계자형으로 하는 전기기계는?

① 직류발전기　　② 회전변류기　　③ 동기발전기　　④ 유도발전기

> **해설 7**
>
> 동기발전기 회전자 종류
> 1) 회전 전기자형(직류 발전기), 회전 계자형(동기발전기), 유도자형(고조파 발전기)
>
> [답] ③

8. 3상 교류발전기에서 권선 계수 k_w, 주파수 f, 1극당의 자속수 ϕ[wb], 직렬로 접속된 1상의 코일 권수 w를 △결선으로 하였을 때의 선간전압[V]은?

① $\sqrt{3}\,k_w\,f\,\omega\,\Phi$

② $4.44\,f\,\omega\,\Phi\,k_w$

③ $\sqrt{3}\,\,4.44 k_w\,f\,\omega\,\Phi$

④ $\dfrac{4.44 k_w\,f\,\omega\,\Phi}{\sqrt{3}}$

> **해설 8**
>
> 동기발전기 유기기전력
> 1) 한상의 유기기전력 : $E = 4.44\,f\,\omega\,\phi\,k_w$[V]이므로, △결선은 선간전압과 상전압이 같다.
>
> [답] ②

9. 동기기의 전기자 저항을 r, 반작용 리액턴스를 x_a, 누설리액턴스를 x_l이라 하면, 동기 임피던스는?

① $\sqrt{r^2 + (x_a / x_l)^2}$
② $\sqrt{r^2 + x_l^2}$
③ $\sqrt{r^2 + x_a^2}$
④ $\sqrt{r^2 + (x_a + x_l)^2}$

해설 9

동기기 동기 임피던스

1) $\dot{Z}_s = \dot{r} + j\dot{x}_s = \dot{r} + j(\dot{x}_l + \dot{x}_a)[\Omega]$, $|Z_s| = \sqrt{r^2 + (x_l + x_a)^2}[\Omega]$

[답] ④

10. 돌극(凸極)형 동기발전기의 특성이 아닌 것은?

① 리액션 토크가 존재한다.
② 최대 출력의 출력각이 90°이다.
③ 내부 유기기전력과 관계없는 토크가 존재한다.
④ 직축 리액턴스 및 횡축 리액턴스의 값이 다르다.

해설 10

3상 동기발전기 출력 (돌극기)

1) 한상의 출력 : $P = \dfrac{EV}{x_d}\sin\delta + \dfrac{V^2(x_d x_q)}{2x_d x_q}\sin2\delta [\text{W}]$에서 δ가 60° 일 때 최대출력을 낸다.

[답] ②

★★★☆☆
11. 동기기에서 동기 임피던스 값과 실용상 같은 것은? (단, 전기자 저항은 무시한다.)
  ① 전기자 누설 리액턴스   ② 동기 리액턴스
  ③ 유도 리액턴스   ④ 등가 리액턴스

해설 11

$\dot{Z_s}$(동기 임피던스) $= \dot{r_a} + j\dot{x_s}[\Omega]$

r_a(전기자저항)은 x_s(동기 리액턴스)에 비해 상당히 미소하므로 무시한다.

그러므로 $\dot{Z_s} ≒ x_s[\Omega]$이다.

[답] ②

★★★★☆
12. 동기기의 전기자 권선법이 아닌 것은?
  ① 분포권   ② 전절권   ③ 2층권   ④ 중권

해설 12

동기발전기 전기자 권선법
1) 고상권, 폐로권, 이층권, 중권, 단절권, 분포권으로 권선

[답] ②

⭐⭐⭐⭐⭐

13. 동기발전기 전기자 권선을 분포권으로 하면?

① 파형이 좋아진다.
② 리액턴스가 크다.
③ 집중권에 비하여 유도기전력이 크다.
④ 난조를 방지한다.

해설 13

동기발전기 권선법
1) 집중권 : 매극 매상의 도체수가 한 슬롯에 집중시켜서 권선하는 방식으로 매극 매상의 슬롯수도 한 개이다.
2) 분포권 : 매극 매상의 도체수가 2개 이상의 슬롯에 분포시켜 권선하는 방식으로 고조파 감소, 파형 개선, 누설리액턴스 감소, 유기기전력 감소

[답] ①

⭐⭐⭐

14. 교류발전기의 고조파 발생을 방지하는 데 적합하지 않은 것은?

① 전기자 슬롯을 스큐 슬롯으로 한다.
② 전기자 권선의 결선을 성형으로 한다.
③ 전기자 반작용을 작게 한다.
④ 전기자 권선을 전절권으로 감는다.

해설 14

동기발전기 권선법
1) 집중권 : 매극 매상의 도체수가 한 슬롯에 집중시켜서 권선하는 방식으로 매극 매상의 슬롯수도 한 개이다.
2) 분포권 : 매극 매상의 도체수가 2개 이상의 슬롯에 분포시켜 권선하는 방식으로 고조파 감소, 파형 개선, 누설리액턴스 감소, 유기기전력 감소
3) 전절권, 집중권은 고조파가 제거되지 않는다.

[답] ④

15. 동기발전기의 기전력 파형을 정현파로 하기 위해 채용되는 방법이 아닌 것은?

① 매극 매상의 슬롯수 q를 적게 한다.
② 반폐 슬롯을 사용한다.
③ 단절권 및 분포권으로 한다.
④ 공극의 길이를 크게 한다.

해설 15

동기발전기 권선법
1) 집중권 : 매극 매상의 도체수가 한 슬롯에 집중시켜서 권선하는 방식으로 매극 매상의 슬롯수도 한 개이다.
2) 분포권 : 매극 매상의 도체수가 2개 이상의 슬롯에 분포시켜 권선하는 방식으로 고조파 감소, 파형 개선, 누설리액턴스 감소, 유기기전력 감소

[답] ①

16. 동기기에서 집중권에 비해 분포권의 이점에 속하지 않는 것은?

① 파형이 좋아진다.
② 권선의 누설 리액턴스가 감소한다.
③ 권선의 발생열을 고루 발산시킨다.
④ 기전력을 높인다.

해설 16

동기발전기 권선법
1) 집중권 : 매극 매상의 도체수가 한 슬롯에 집중시켜서 권선하는 방식으로 매극 매상의 슬롯수도 한 개이다.
2) 분포권 : 매극 매상의 도체수가 2개 이상의 슬롯에 분포시켜 권선하는 방식으로 고조파 감소, 파형 개선, 누설리액턴스 감소, 유기기전력 감소
3) 분포권, 단절권의 큰 단점은 집중권, 전절권에 비해 기전력이 작다는 것이다.

[답] ④

17. 교류기에서 집중권이란 매극, 매상의 홈(slot) 수가 몇 개인 것을 말하는가?

① $\frac{1}{2}$개   ② 1개   ③ 2개   ④ 5개

해설 17

동기발전기 권선법
1) 집중권 : 매극 매상의 도체수가 한 슬롯에 집중시켜서 권선하는 방식으로 매극 매상의 슬롯수도 한 개이다.
2) 분포권 : 매극 매상의 도체수가 2개 이상의 슬롯에 분포시켜 권선하는 방식으로 고조파 감소, 파형 개선, 누설리액턴스 감소, 유기기전력 감소

[답] ②

18. 교류발전기에서 권선을 절약할 뿐 아니라 특정 고조파분이 없는 권선은?

① 전절권   ② 집중권   ③ 단절권   ④ 분포권

해설 18

동기발전기 권선법 (단절권)
1) 전절권에 비해 권선을 좁게 배치하는 권선법
2) 고조파 성분을 제거해 기전력의 파형을 개선
3) 전절권에 비해 권선량이 절약

[답] ③

19. 동기발전기에서 기전력의 파형을 좋게 하고 누설 리액턴스를 감소시키기 위하여 채택한 권선법은?

① 집중권　　　② 분포권　　　③ 단절권　　　④ 전절권

해설 19

동기발전기 권선법 (분포권)
1) 고조파를 제거하여 파형이 좋아진다.
2) 누설리액턴스가 작다.
3) 열발산이 빠르다.
4) 집중권에 비하여 유기기전력은 작다.

[답] ②

20. 3상 동기발전기에서 권선 피치와 자극 피치의 비를 $\frac{13}{15}$인 단절권으로 하였을 때의 단절권 계수는 얼마인가?

① $\sin\frac{13}{15}\pi$　　② $\sin\frac{15}{26}\pi$　　③ $\sin\frac{13}{30}\pi$　　④ $\sin\frac{15}{13}\pi$

해설 20

동기발전기 단절권 계수
1) 단절권 계수 : $k_p = \sin\frac{\beta\pi}{2}$, $\beta = \frac{코일간격}{극간격} = \frac{13}{15}$
2) $k_p = \sin\frac{\beta\pi}{2} = \sin\frac{\frac{13}{15}\pi}{2} = \sin\frac{13}{30}\pi$

[답] ③

21. 상수 m, 매극 매상당 슬롯수 q인 동기발전기에서 n차 고조파분에 대한 분포계수는?

① $\dfrac{\sin\dfrac{\pi}{2m}}{q\sin\dfrac{n\pi}{2mq}}$ ② $\dfrac{q\sin\dfrac{n\pi}{mq}}{\sin\dfrac{n\pi}{m}}$ ③ $\dfrac{\sin\dfrac{n\pi}{m}}{q\sin\dfrac{n\pi}{mq}}$ ④ $\dfrac{\sin\dfrac{n\pi}{2m}}{q\sin\dfrac{n\pi}{2mq}}$

해설 21

동기발전기 분포계수

1) 기본파의 분포계수 : $K_d = \dfrac{\sin\dfrac{\pi}{2m}}{q\sin\dfrac{\pi}{2mq}}$, (매극 매상당 슬롯수 : q)

2) n차 고조파의 분포계수 : $K_d = \dfrac{\sin\dfrac{n\pi}{2m}}{q\sin\dfrac{n\pi}{2mq}}$, (고주파 차주 : n)

[답] ④

22. 비돌극형 동기발전기의 단자전압(1상)을 V, 유도기전력(1상)을 E, 동기리액턴스 x_s, 부하각을 δ라 하면, 1상의 출력은 대략 얼마인가?

① $\dfrac{EV}{x_s}\cos\delta$ ② $\dfrac{EV}{x_s}\sin\delta$ ③ $\dfrac{E^2V}{x_s}\sin\delta$ ④ $\dfrac{EV^2}{x_s}\cos\delta$

해설 22

3상 동기발전기 출력 (비돌극기 = 원통형)

1) 한상의 출력 : $P = \dfrac{EV}{x_s}\sin\delta$[W]에서 $\delta = 90°$일 때 최대출력을 낸다.

[답] ②

23. 동기리액턴스 $x_s = 10[\Omega]$, 전기자저항 $r_a = 0.1[\Omega]$인 3상 동기발전기가 있다. 3상 중 1상의 단자전압은 $V = 4,000[V]$이고, 유기기전력은 $E = 6,400[V]$이다. 부하각은 $\delta = 30°$라고 하면 발전기의 출력[kW]은 얼마인가?

① 1,250 ② 2,830 ③ 3,840 ④ 4,560

해설 23

3상 동기발전기 출력 (비돌극기 = 원통형)

1) 3상 출력 : $P_3 = 3 \times \dfrac{EV}{x_s} \sin\delta = 3 \times \dfrac{6,400 \times 4,000}{10} \sin 30 = 3,840[kW]$

[답] ③

24. 동기기에서 부하각(power angle)은?

① 부하전류와 유기기전력의 상차각
② 단자전압과 유기기전력의 상차각
③ 부하전류와 단자전압과의 상차각
④ 단자전압과 전기자전류와 상차각

해설 24

3상 동기발전기 출력 (비돌극기 = 원통형)

1) 한상의 출력 : $P = \dfrac{EV}{x_s}\sin\delta[W]$에서 $\delta = 90°$일 때 최대출력을 낸다.

2) δ는 부하각으로 E와 V의 위상차이다.

[답] ②

25. 3상 동기발전기에 3상 전류 A(평형)가 흐를 때 전기자 반작용은 이 전류가 기전력에 대하여 A일 때 감자작용이 되고, B일 때 자화작용이 된다. A, B의 적당한 것은?

① A : 90° 뒤질 때, B : 90° 앞설 때
② A : 90° 앞설 때, B : 90° 뒤질 때
③ A : 90° 뒤질 때, B : 동상일 때
④ A : 동상일 때,　 B : 90° 앞설 때

해설 25

동기발전기 전기자 반작용
전기자 권선에 전류가 흐를 때 발생되는 자속이 계자 주자속에 영향을 주어 유기기전력을 변화하게 하는 현상

위상 (유기기전력 E)	전기자전류(I)		
	동상 (R)	90° 지상 전류 (L)	90° 진상전류 (C)
반작용	횡축 반작용	직축 반작용	
동기발전기	교차 자화작용	감자작용	증자작용
동기전동기	교차 자화작용	증자작용	감자작용

[답] ①

26. 3상 교류발전기의 전기자 반작용은 부하의 성질에 따라 다르다. 다음 성질 중 잘못 설명한 것은?

① $\cos\theta ≒ 1$일 때 전압, 전류가 동상일 때는 실제적으로 감자작용을 한다.
② $\cos\theta ≒ 0$일 때 즉, 전류가 전압보다 90° 뒤질 때는 감자작용을 한다.
③ $\cos\theta ≒ 0$일 때 즉, 전류가 전압보다 90° 앞설 때는 증자작용을 한다.
④ $\cos\theta ≒ \phi$일 때 즉, 전류가 전압보다 ϕ만큼 뒤질 때는 증자작용을 한다.

해설 26

동기발전기 전기자 반작용
1) I_a가 E보다 ϕ만큼 뒤질 때는 감자작용

[답] ④

27. 3상 교류발전기의 기전력에 대하여 90° 늦은 전류가 흐를 때의 반작용 기자력은?

① 자극축보다 90° 늦은 감자작용
② 자극축보다 90° 빠른 증자작용
③ 자극축과 일치하는 감자작용
④ 자극축과 일치하는 증자작용

해설 27

동기발전기 전기자 반작용
전기자 권선에 전류가 흐를 때 발생되는 자속이 계자 주자속에 영향을 주어 유기기전력을 변화하게 하는 현상

위상 (유기기전력 E)	전기자전류(I)		
	동상 (R)	90° 지상 전류 (L)	90° 진상전류 (C)
반작용	횡축 반작용	직축 반작용	
동기발전기	교차 자화작용	감자작용	증자작용
동기전동기	교차 자화작용	증자작용	감자작용

[답] ③

28. 1상의 유기 전압 E[V], 1상의 누설 리액턴스 x[Ω] 1상의 동기 리액턴스 x_s[Ω]인 동기발전기의 지속단락전류[A]는?

① $\dfrac{E}{x}$ ② $\dfrac{E}{x_s}$ ③ $\dfrac{E}{x+x_s}$ ④ $\dfrac{E}{x-x_s}$

해설 28

동기발전기 단락전류

1) 돌발단락전류 : $I_s = \dfrac{E}{x}$[A], 지속단락전류 : $I_s = \dfrac{E}{x_s}$[A]

[답] ②

29. 그림은 3상 동기발전기의 무부하 포화곡선이다. 이 발전기의 포화율은 얼마인가?

① 0.5   ② 0.67
③ 0.8   ④ 0.9

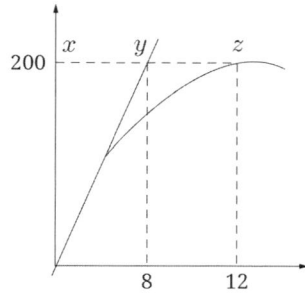

해설 29

3상 동기발전기 무부하 포화곡선

1) 포화율 : $\sigma = \dfrac{yz}{xy} = \dfrac{4}{8} = 0.5$

[답] ①

30. 정격용량 10,000[kVA], 정격전압 6,000[V] 극수 24, 주파수 60[Hz] 1상의 동기 임피던스 3[Ω]인 3상 동기발전기가 있다. 이 발전기의 단락비를 구하시오.

① 1   ② 1.1   ③ 1.2   ④ 1.3

해설 30

동기발전기 단락비

1) 단락비 : $K_s = \dfrac{1}{\%Z_s[\text{pu}]}$, $\%Z_s = \dfrac{P \times Z_s}{10 V^2} = \dfrac{10,000 \times 3}{10 \times 6^2} = 83.3\,[\%]$

2) $K_s = \dfrac{1}{0.833} = 1.2$

[답] ③

31. 동기발전기 단자 부근에서 단락이 일어났다고 하면 단락 전류는?

① 서서히 증가하다가 점차 감소한다.
② 처음에는 큰 전류이나 점차 감소한다.
③ 처음부터 일정한 전류가 흐른다.
④ 발전기가 즉시 정지한다.

해설 31

동기발전기 단락전류
1) 단락초기에 흐르는 돌발단락전류를 억제할 수 있는 것은 누설리액턴스이다.
2) 그 이유는 평상시 동기발전기 전기자에 존재하는 리액턴스는 대부분이 누설리액턴스이기 때문이다.

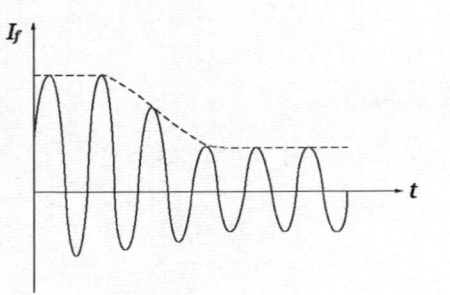

[답] ②

32. 발전기의 단락비와 동기 임피던스를 산출하는 데 필요한 시험은?

① 단상 단락시험과 3상 단락시험
② 무부하 포화시험과 3상 단락시험
③ 정상, 영상, 리액턴스의 측정시험
④ 돌발 단락시험과 부하시험

해설 32

동기발전기 단락비
1) 단락비를 산출하는 데 필요한 곡선은 3상 단락곡선과 무부하 포화곡선이므로 3상 단락시험과 무부하 시험을 하여야 한다.

[답] ②

33. 수차발전기의 단락비는?

① 0.6~1.0 ② 0.9~1.2 ③ 1~1.5 ④ 1.5~1.8

해설 33

동기발전기 단락비 범위
1) 수차발전기 : K_s = 0.9 ~ 1.2, 터빈발전기 : K_s = 0.6 ~ 1.0

[답] ②

34. 동기발전기의 단락시험, 무부하시험으로부터 구할 수 없는 것은?

① 철손 ② 단락비
③ 전기자 반작용 ④ 동기 임피던스

해설 34

동기발전기 특성 시험
1) 단락시험 : 동기 임피던스, 단락비
2) 무부하시험 : 철손

[답] ③

35. 정격 전압을 E[V], 정격 전류를 I[A], 동기 임피던스를 Z_s[Ω]이라 할 때 퍼센트 동기 임피던스 Z_s[Ω]은? (이때, E[V]는 선간 전압이다.)

① $\dfrac{I \cdot Z_s}{\sqrt{3}\, E} \times 100$ ② $\dfrac{I \cdot Z_s}{3\, E} \times 100$

③ $\dfrac{\sqrt{3} \cdot I \cdot Z_s}{E} \times 100$ ④ $\dfrac{I \cdot Z_s}{E} \times 100$

해설 35

동기발전기 % 동기임피던스

1) $\%Z_s = \dfrac{I_n \times Z_s}{E_n} \times 100[\%] = \dfrac{PZ_s}{10\,V^2}[\%]$, $\%Z_s = \dfrac{I_n}{I_s} \times 100[\%]$

2) $\%Z_s = \dfrac{I_n \times Z_s}{E_n} \times 100 = \dfrac{I_n \times Z_s}{\dfrac{V_n}{\sqrt{3}}} \times 100 = \dfrac{\sqrt{3}\, I_n \times Z_s}{V_n} \times 100[\%]$

[답] ③

36. 정격 전압을 6,000[V], 용량 5,000[kVA]의 3상 동기발전기에 있어서 여자전류 200[A]에 상당하는 무부하 단자전압은 6,000[V]이고 단락전류는 600[A]이다. 이 발전기의 $\%Z_s$[%]는 얼마인가?

① 80[%] ② 84[%] ③ 88[%] ④ 92[%]

해설 36

동기발전기 % 동기임피던스

1) $\%Z_s = \dfrac{I_n \times Z_s}{E_n} \times 100[\%] = \dfrac{PZ_s}{10\,V^2}[\%]$, $\%Z_s = \dfrac{I_n}{I_s} \times 100[\%]$

2) $\%Z_s = \dfrac{I_n}{I_s} \times 100 = \dfrac{\dfrac{5{,}000 \times 10^3}{\sqrt{3} \times 6{,}000}}{600} = 80[\%] = 0.8[\text{pu}]$

[답] ①

37. 동기발전기의 단락비 K_s는?

① 수차 발전기가 터빈 발전기보다 작다.
② 수차 발전기가 터빈 발전기보다 크다.
③ 수차 발전기나 터빈 발전기 어느 것이나 차이가 없다.
④ 엔진 발전기가 제일 작다.

해설 37

동기발전기 단락비 범위
1) 수차발전기 : $K_s = 0.9 \sim 1.2$, 터빈발전기 : $K_s = 0.6 \sim 1.0$

[답] ②

38. 단락비가 큰 동기발전기를 설명하는 말 중 틀린 것은?

① 전기자 반작용이 작다.   ② 과부하 용량이 크다.
③ 전압 변동률이 크다.   ④ 동기 임피던스가 작다.

해설 38

동기발전기 안정도
1) 단락비를 크게 한다.
2) 속응 여자 방식을 사용한다.
3) 동기 임피던스를 작게 한다.
4) 회전자의 플라이 휠 효과를 크게 한다.
5) 정상분은 작고, 영상과 역상분은 크게 한다.

[답] ③

39. 단락비가 큰 동기발전기에 관한 다음 기술 중 옳지 않은 것은?

① 효율이 좋다.   ② 전압 변동률이 적다.
③ 자기 여자 적용이 적다.   ④ 안정도가 증대한다.

해설 39

동기발전기 안정도
1) 단락비를 크게 한다.
2) 속응 여자 방식을 사용한다.
3) 동기 임피던스를 작게 한다.
4) 회전자의 플라이 휠 효과를 크게 한다.
5) 정상분은 작고, 영상과 역상분은 크게 한다.

[답] ①

40. 정격전압 6,000[V], 용량 5,000[kVA]인 3상 동기발전기에 있어서 여자 전류 200[A]에 상당하는 무부하 단자전압은 6,000[V]이고, 단락 전류는 600[A]이다. 이 발전기의 단락비 및 동기리액턴스[pu]는?

① 동기 1.25, 동기 리액턴스 0.80
② 동기 1.25, 동기 리액턴스 5.77
③ 동기 0.80, 동기 리액턴스 1.25
④ 동기 0.17, 동기 리액턴스 5.77

해설 40

동기발전기 단락비

1) 단락비 : $K_s = \dfrac{I_s}{I_n} = \dfrac{600}{\dfrac{5,000 \times 10^3}{\sqrt{3} \times 6,000}} = 1.25$, $\%Z_s = \dfrac{1}{K_s} = \dfrac{1}{1.25} = 0.8[pu]$

[답] ①

41. 동기발전기의 병렬운전 중 위상차가 생기면?

① 무효 횡류가 흐른다.
② 유효 횡류가 흐른다.
③ 무효 전력이 생긴다.
④ 출력이 요동하고 권선이 가열된다.

해설 41

동기발전기 병렬운전 조건
1) 기전력의 크기, 위상, 주파수, 파형, 상회전 방향이 같을 것
2) 두 발전기의 위상차가 생기면 동기화전류(유효횡류)가 흐르게 되고 위상이 같게 된다.
3) 대책 : 원동기 출력 조정 (위상이 앞선 발전기에서 동기화력 공급)

[답] ②

42. 단락비가 큰 동기기는?

① 안정도가 높다.   ② 전압변동율이 크다.
③ 기계가 소형이다. ④ 반작용이 크다.

해설 42

동기발전기 안정도
1) 단락비를 크게 한다.
2) 속응 여자 방식을 사용한다.
3) 동기 임피던스를 작게 한다.
4) 회전자의 플라이 휠 효과를 크게 한다.
5) 정상분은 작고, 영상과 역상분은 크게 한다.

[답] ①

43. 2대의 동기발전기를 병렬운전할 때 무효횡류(무효 순환 전류)가 흐르는 경우는?

① 부하 분담의 차가 있을 때   ② 기전력의 파형에 차가 있을 때
③ 기전력의 위상차가 있을 때   ④ 기전력 크기에 차가 있을 때

해설 43

동기발전기 병렬운전조건이 만족되지 못할 때 현상
1) 기전력의 크기에 차가 있을 때 : 무효 순환 전류(무효 횡류)
2) 기전력의 위상차가 있을 때 : 동기화 전류(유효 횡류)
3) 기전력의 주파수가 같지 않을 때 : 동기화 전류(유효 횡류)
4) 기전력의 파형이 같지 않을 때 : 고조파 무효 순환 전류(무효 횡류)

[답] ④

44. 발전기의 자기여자현상을 방지하는 방법이 아닌 것은?

① 단락비가 작은 발전기로 충전한다.
② 충전 전압을 낮게 하여 충전한다.
③ 발전기를 2대 이상 병렬 운전한다.
④ 발전기와 직렬 또는 병렬로 리액턴스를 넣는다.

해설 44

동기발전기 단락비
1) 단락비 : 부하 측을 단락 또는 개방한 경우에 각각 정격전류, 전압을 유지하기 위한 계자전류비
2) 자기여자는 진상전류 때문에 일어나는 현상이므로 선로의 충전용량보다 단락비가 더 커야만 자기여자 현상을 억제할 수 있다.

[답] ①

45. 동기발전기의 병렬운전에서 같지 않아도 되는 것은?

① 위상　　　　　　　　② 기전력의 크기
③ 주파수　　　　　　　④ 용량

해설 45

동기발전기 병렬운전 조건
1) 기전력의 크기, 위상, 주파수, 파형, 상회전 방향이 같을 것
2) 병렬운전 시 두 발전기 용량은 전혀 무관하다.

[답] ④

46. 병렬운전 중의 동기발전기의 여자전류를 증가시키면 그 발전기는?

① 전압이 높아진다.　　　② 출력이 커진다.
③ 역률이 좋아진다.　　　④ 역률이 나빠진다.

해설 46

동기발전기 병렬운전 조건
1) 기전력의 크기, 위상, 주파수, 파형, 상회전 방향이 같을 것
2) 두 발전기의 기전력의 크기가 같지 않게 되어 무효순환전류가 흐르게 된다.
3) 대책 : 여자 전류 조정 (여자전류 증가 → 발전기 역률 저하)

[답] ④

47. 동기발전기의 안정도를 증진시키기 위하여 설계상 고려할 점으로서 틀린 것은?

① 자동전압 조정기의 속응도를 크게 한다.
② 정상과도 리액턴스 및 단락비를 작게 한다.
③ 회전자의 관성력을 크게 한다.
④ 영상 및 역상 임피던스를 크게 한다.

해설 47

동기발전기 안정도
1) 단락비를 크게 한다.
2) 속응 여자 방식을 사용한다.
3) 동기 임피던스를 작게 한다.
4) 회전자의 플라이 휠 효과를 크게 한다.
5) 정상분은 작고, 영상과 역상분은 크게 한다.

[답] ②

48. 그림과 같은 동기전동기의 V 곡선 1, 2, 3은 다음 중 어느 것이 다른 것인가?

① 전동기의 역률
② 출력
③ 단자전압
④ 계자전류의 크기

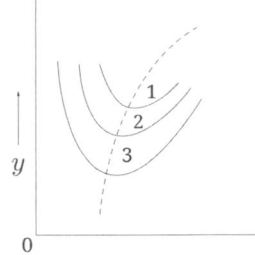

해설 48

동기조상기 V(위상) 특성 곡선
1) 부하(출력)가 증가할수록 곡선은 상향

[답] ②

49. 동기기의 제동권선(damper winding)의 효용 중에서 아닌 어느 것인가?

① 난조 방지
② 불평형 부하 시 전류전압 파형 개선
③ 과부하 내량의 증대
④ 송전선의 불평형 단락 시의 이상전압의 방지

해설 49

동기기 제동권선 역할
1) 동기기 난조 발생 방지
2) 불평형 부하 시에 전류, 전압 파형의 개선
3) 송전선의 불평형 단락 시에 이상전압의 방지
4) 동기전동기 : 기동 토크의 발생(자기동법)

[답] ③

50. 동기전동기에 관한 다음 기술사항 중 틀린 것은?

① 회전수를 조정할 수 없다.
② 직류여자기가 필요하다.
③ 난조가 일어나기 쉽다.
④ 역률을 조정할 수 없다.

해설 50

동기전동기 특성
1) 효율과 역률이 좋으며 기동 토크는 작음
2) 속도가 항상 일정하고 불변 (속도 조정이 곤란)
3) 여자전류를 조정하여 역률 1로 운전 가능
4) 난조 발생의 우려가 있음
5) 여자 장치 공급용 직류 전원이 별도로 필요

[답] ④

★★★★

51. 동기전동기의 난조 방지에 가장 유효한 방법은?

① 자극수를 적게 한다.
② 회전자의 관성을 크게 한다.
③ 자극면에 제동 권선을 설치한다.
④ 동기 리액턴스를 작게 하고 동기화력을 크게 한다.

해설 51

동기기 제동권선 역할
1) 동기기 난조 발생 방지
2) 불평형 부하 시에 전류, 전압 파형의 개선
3) 송전선의 불평형 단락 시에 이상 전압의 방지
4) 동기전동기 : 기동 토크의 발생(자기동법)

[답] ③

★★★★

52. 발전기 권선의 층간 단락 보호에 가장 적합한 계전기는?

① 과부하 계전기　　　② 온도 계전기
③ 접지 계전기　　　　④ 차동 계전기

해설 52

KEC 351.3 발전기 등의 보호장치
1) 모든 용량의 발전기에 과전류나 과전압이 생긴 경우
2) 100[kVA] 이상의 발전기를 구동하는 풍차의 압유 장치의 유압이 현저히 저하한 경우
3) 500[kVA] 이상의 발전기를 구동하는 수차의 압유장치의 유압이 현저히 저하한 경우
4) 2,000[kVA] 이상인 수차 발전기의 스러스트 베어링의 온도가 현저히 상승하는 경우
5) 10,000[kVA] 이상인 발전기의 내부에 고장이 생긴 경우
6) 발전기 권선 층간 단락사고는 발전기 내부 고장으로 일반적으로 비율 차동계전기를 사용

[답] ④

53. 동기전동기의 공급전압, 주파수 및 부하가 일정할 때 여자전류를 변화시키면 어떤 현상이 생기는가?

① 속도가 변한다.　　② 회전력이 변한다.
③ 역률만 변한다.　　④ 전기자 전류와 역률이 변한다.

해설 53

동기전동기 V(위상) 특성 곡선
1) 단자전압과 출력은 일정 $I_f - I_a$와의 관계 곡선
2) 공급전압, 주파수 및 부하를 일정한 상태에서 여자전류를 변화시키면 역률과 전기자 전류가 변한다.

[답] ④

MEMO

Chapter 03

변압기

01. 변압기 이론
02. 변압기 운전
- 적중실전문제

Chapter 03 변압기

01 변압기 이론 | 학습내용 : 변압기 원리, 등가회로, 손실, 효율, 전압 변동률

● 체크 포인트 | 대표문제

1차 측 권수가 1,500인 변압기의 2차 측에 16[Ω]의 저항을 접속하니 1차 측에서는 8[kΩ]으로 환산되었다. 2차 측 권수는?

① 약 67   ② 약 87   ③ 약 107   ④ 약 207

[답] ①

핵심노트

- KeyWord
    1. 변압기 원리(권수비)
    2. 변압기 유기기전력
    3. 변압기 손실 및 최대효율 조건
    4. 변압기 %임피던스
    5. 변압기 전압 변동률

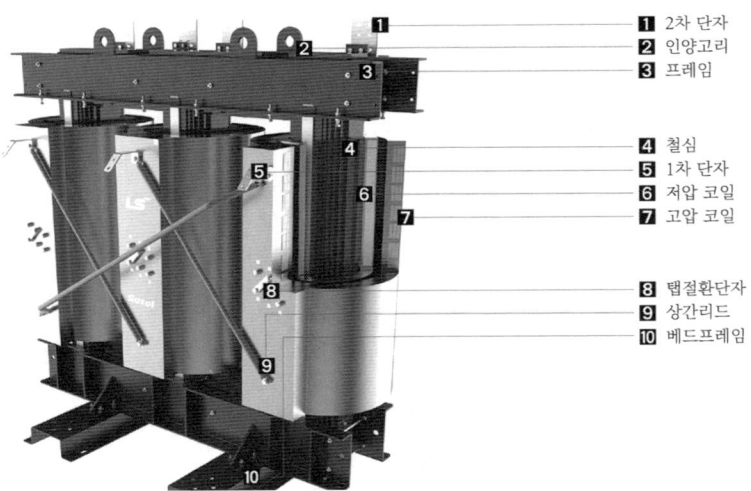

〈 변압기 구조 〉 [참조] LS산전, 자구미세화 몰드변압기

1. 2차 단자
2. 인양고리
3. 프레임
4. 철심
5. 1차 단자
6. 저압 코일
7. 고압 코일
8. 탭절환단자
9. 상간리드
10. 베드프레임

1) 변압기 원리 및 구조

(1) 유도 기전력(Induced electromotive force)
① **전자유도 작용**에 의해서 발생하는 기전력을 **유도 기전력**이라 한다.
② 발전기나 변압기에 발생하는 기전력 등이 있으며, 그 크기는 단위 시간에 쇄교하는 자속에 비례한다.
③ **페러데이 법칙(Faraday's Law)**

$$e = -N\frac{d\phi}{dt}\,[\text{V}]$$

여기서, $e\,[\text{V}]$: 유도 기전력
$d\phi\,[\text{wb}]$: 쇄교 자속의 변화
N : 코일의 감은 수

(2) 변압기의 에너지 변환
① 전자유도작용을 이용 1차 측에서 유입한 교류전력(전압, 전류)을 변성하여 2차 측에 공급하는 정지형 유도장치이다.

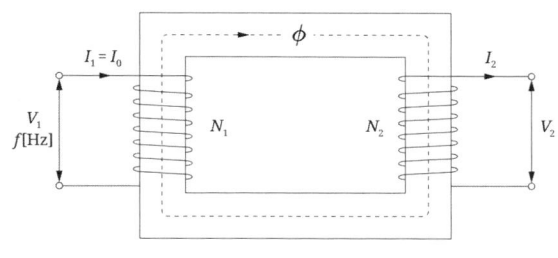

$V_1\,[\text{V}]$: 1차 전압
$V_2\,[\text{V}]$: 2차 전압
$N_1\,[\text{회}]$: 1차 권선의 권수
$N_2\,[\text{회}]$: 2차 권선의 권수
$I_1\,[\text{A}]$: 1차 전류
$I_0\,[\text{A}]$: 여자전류
$I_2\,[\text{A}]$: 2차 전류
$f\,[\text{Hz}]$: 주파수
$\phi\,[\text{wb}]$: 교번자속

〈 변압기 기본회로 〉

② **1차 단자전압 ($v_1\,[\text{V}]$, 인가전압)**

$$v_1 = V_{1m}\sin wt\,[\text{V}]$$

여기서, $V_{1m} = \sqrt{2}\,V_1\,[\text{V}]$: 최대값, $V_1\,[\text{V}]$: 실효값

ⓐ $v_1 = \sqrt{2}\,V_1 \sin wt = N_1 \dfrac{d\phi_1}{dt}\,[\text{V}] \rightarrow d\phi_1 = \dfrac{\sqrt{2}\,V_1}{N_1}\sin wt\,[\text{wb}]$

ⓑ **1차 교번자속 ($\phi_1\,[\text{wb}]$) : 공급전압보다 90° 뒤짐**

$$\phi_1 = \frac{\sqrt{2}\,V_1}{N_1}\int \sin wt = (-)\frac{\sqrt{2}\,V_1}{wN_1}\cos wt = \phi_{1m}\sin\left(wt - \frac{\pi}{2}\right)[\text{wb}]$$

③ 1차 유기기전력 순시값 (e_1[V], 역기전력) : $V_{1m}sinwt + e_1 = 0$[V]

$$e_1 = (-)V_{1m}sinwt = V_{1m}sin(wt-\pi) = E_{1m}sin(wt-\pi)[V]$$

여기서, $V_{1m} = wN_1\phi_{1m} = E_{1m}$[V]

> **참고** □ 최대값 $V_{1m} = wN_1\phi_{1m} = E_{1m}$ [V]
> $$e_1 = (-)V_{1m}sinwt = (-)N_1\frac{d\phi_1}{dt} = (-)N_1\frac{d}{dt}\phi_{1m}sin\left(wt-\frac{\pi}{2}\right)[V]$$
> $$= (-)N_1\phi_{1m}wcos\left(wt-\frac{\pi}{2}\right) = N_1\phi_{1m}w\,sin(wt-\pi)[V]$$
> $$= V_{1m}sin(wt-\pi)[V] = E_{1m}sin(wt-\pi)[V]$$
> ※ V_1과 역기전력 e_1과는 평형을 유지, 공급전압과 180° 위상차

④ 1차, 2차 측의 유기기전력 권수비
  ⓐ 변압기 권수비

$$\frac{E_1}{E_2} = \frac{4.44fN_1\phi_{1m}}{4.44fN_2\phi_{2m}} = \frac{N_1}{N_2} = a$$

여기서, $\phi_m = \phi_{1m} = \phi_{2m}$[wb]

  ⓑ 이상 변압기 권수비

$$\frac{V_1}{V_2} = \frac{I_2}{I_1} = \frac{E_1}{E_2} = \frac{N_1}{N_2} = a$$

여기서, 손실과 자기포화 무시

⑤ 1차, 2차 측의 유기기전력 실효값
  ⓐ 1차 유기기전력 실효값 (최대값 $E_{1m} = wN_1\phi_{1m}$[V])

$$E_1 = \frac{E_{1m}}{\sqrt{2}} = \frac{\omega N_1\phi_{1m}}{\sqrt{2}} = \frac{2\pi}{\sqrt{2}}fN_1\phi_{1m} = 4.44fN_1\phi_{1m}[V]$$

  ⓑ 2차 유기기전력 실효값 (최대값 $E_{2m} = wN_2\phi_{2m}$[V])

$$E_2 = \frac{E_{2m}}{\sqrt{2}} = \frac{\omega N_2\phi_{2m}}{\sqrt{2}} = \frac{2\pi}{\sqrt{2}}fN_2\phi_{2m} = 4.44fN_2\phi_{2m}[V]$$

⑥ 변압기 누설 리액턴스

$$X_\ell = 2\pi f L = 2\pi f \frac{\mu A N^2}{\ell} [\Omega]$$

여기서, N : 권수비, $L[\text{H}]$: 인덕턴스 ($= \frac{\mu A N^2}{\ell} [\text{H}]$)

※ 누설 리액턴스 방지 대책 → 권선의 분할 조립(교호 배치)

(3) 변압기의 구조
① 철심 (자로)
  ⓐ 투자율과 저항률이 크고 히스테리시스손이 작은 규소강판을 성층하여 사용
  ⓑ 규소 함유량은 대략 4[%], 두께는 0.35 ~ 0.5[mm]
② 권선 (코일)
  ⓐ 동선(원형도체) 또는 동각선(사각형도체)이 사용
  ⓑ 철심과 코일의 배치에 따라서 내철형과 외철형 변압기로 구분
③ 부싱 : 높은 전압의 도선을 외함에서 절연시키면서 끄집어내는 것
④ 기타 : 혼촉방지판, 탭 절환기, 명판, 베이스, 외함

(a) 방압안전장치　　(b) 브흐홀쯔 계전기　　(c) 충격압력계전기　　(d) 권선온도계

〈 유입변압기 구조 〉 [참조] 효성 초고압 유입변압기

(4) 변압기 철심의 구비 조건
① 투자율이 클 것 (자기 저항은 작을 것)
② 히스테리시스 계수가 작을 것 (규소 함유량 4[%])
③ 성층 철심 구조일 것 (두께 약 0.35[mm])
④ 변압기 철심의 구조 분류 : 내철형, 외철형, 권철심형

(5) 변압기 절연유의 구비 조건
① 변압기 기름은 절연 및 냉각 매체의 역할을 하는 것으로 보통 광유(절연유)를 사용
② 절연 내력이 클 것
③ 비열이 크고(냉각효과 우수), 점도가 작을 것
④ 인화점은 높고 응고점은 낮을 것
⑤ 고온에서 산화되지 않고 석출물이 발생하지 않을 것

예제 1

변압기 원리에 해당하는 것은?
① 전자유도작용   ② 정전유도작용
③ 철심의 자화작용   ④ 정류작용

【해설】
변압기 원리는 페러데이 전자유도법칙

[답] ①

콕콕 Item

■ **변압기 원리**
1) 페러데이의 전자유도작용에 의한 원리로 전압을 변환시키는 기기
2) 손실을 무시하고 자기 포화를 무시한 변압기를 이상변압기라 함

콕콕 Item

- **변압기 권수비 & 유기기전력**

    1) $\dfrac{V_1}{V_2} = \dfrac{I_2}{I_1} = \dfrac{E_1}{E_2} = \dfrac{N_1}{N_2} = a$

    2) $E_1 = 4.44 f N_1 \phi_m [\text{V}]$, $\phi_m = \dfrac{E_1}{4.44 f N_1}$ [wb]

콕콕 Item

- **변압기 누설리액턴스**

    1) $X_\ell = 2\pi f L = 2\pi f \dfrac{\mu A N^2}{\ell} [\Omega]$, N : 권수비, $L[\text{H}]$: 인덕턴스 ($L = \dfrac{\mu A N^2}{l} [\text{H}]$)

2) 변압기 등가회로

(1) 이상변압기(Ideal Transformer)
① 권선의 저항은 무시할 수 있을 정도로 작다.
② 철심의 손실은 무시할 수 있을 정도로 작다.
③ 모든 자속은 1, 2차 권선의 빠짐없이 쇄교한다.
④ 투자율이 매우 좋아 요구하는 자속을 발생하는 데 필요한 기자력은 무시할 수 있을 정도로 작다.
⑤ 이상변압기 : 모든 손실과 누설자속, 여자전류가 없는 변압기

(2) 실제변압기(Real Transformer) 등가회로
① 권선의 저항, 철심의 손실 및 누설자속을 고려
② 손실 측정 (등가회로 작성 전 시험)
　ⓐ 무부하 시험 : 철손, 여자전류, 여자어드미턴스 측정
　ⓑ 단락 시험 : 동손, 임피던스전압, 임피던스
　ⓒ 권선저항 측정

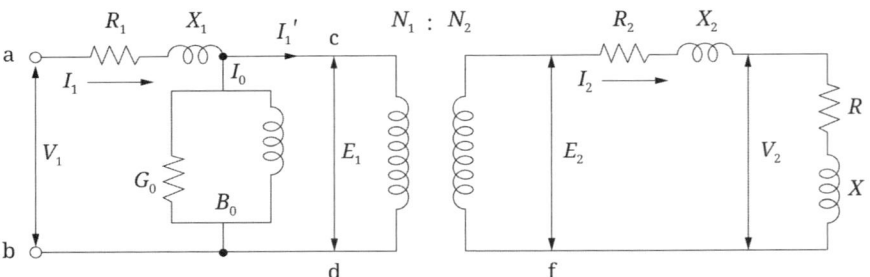

$X_1 = 2\pi f L_1$, 1차 권선의 누설 리액턴스
$I_1' = $ 2차 전류 I_2와 평행하는 1차 전류 $= -I_2/a$
$I_1 = $ 1차 전류 $= I_1' + I_0$
$Z_1 = R_1 + jX_1$, 1차 권선의 임피던스

$Z_2 = R_2 + jX_2$, 2차 권선의 임피던스
$X_2 = 2\pi f L_2$, 2차 권선의 누설 리액턴스
$R_1, R_2 = $ 1차, 2차 권선의 저항
$Y_0 = G_0 - jB_0$, 여자 어드미턴스

〈 변압기 등가회로 〉

(3) 2차를 1차로 환산 등가회로
① 환산 등가회로

$$Z_1 = a^2 Z_2 [\Omega], \quad a^2 = \frac{Z_1}{Z_2} \left(a = \sqrt{\frac{Z_1}{Z_2}} \right)$$

여기서, a : 권수비

> **참고** □ 변압기 등가 1차 환산 (권수비 = a)
>
> 1) $\dfrac{Z_1}{Z_2} = \dfrac{\frac{V_1}{I_1}}{\frac{V_2}{I_2}} = \dfrac{V_1 I_2}{V_2 I_1} = \dfrac{V_1}{V_2} \times \dfrac{I_2}{I_1} = a \times a = a^2$
>
> 여기서, $a = \dfrac{N_1}{N_2} = \dfrac{V_1}{V_2} = \dfrac{I_2}{I_1}$
>
> 2) $Z_1 = a^2 Z_2 [\Omega], \quad a^2 = \dfrac{Z_1}{Z_2} \left(a = \sqrt{\dfrac{Z_1}{Z_2}} \right)$

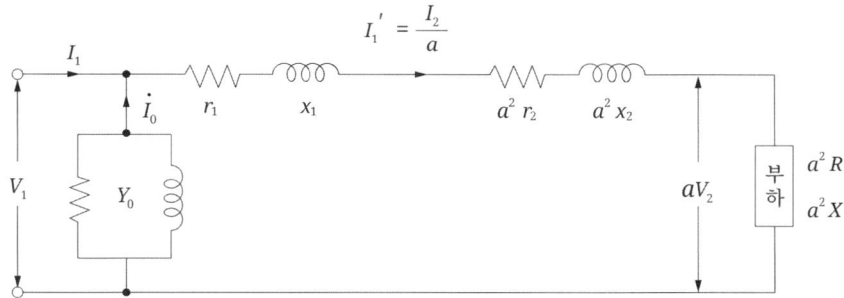

〈 2차를 1차로 환산한 등가회로 〉

② 등가환산 전압, 전류, 임피던스 (2차 회로에 인가되는 전압, 흐르는 전류)
  ⓐ 전압과 전류 환산 : $\dfrac{V_1}{V_2} = a \rightarrow V_1' = aV_2$, $\dfrac{I_2}{I_1} = a \rightarrow I_1' = \dfrac{I_2}{a}$
  ⓑ 임피던스 환산 : $\dfrac{r_1}{r_2} = a^2 \rightarrow r_1' = a^2 r_2$, $\dfrac{x_1}{x_2} = a^2 \rightarrow x_1' = a^2 x_2$

(4) 1차를 2차로 환산 등가회로

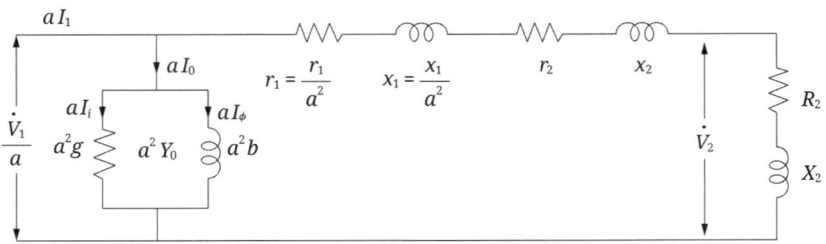

〈 1차를 2차로 환산한 등가회로 〉

(5) 무부하 전류(여자전류) ← 무부하 시험으로 측정

① 무부하 시 변압기 1차에 흐르는 전류로 철손전류와 자화전류로 구성

$$\dot{I_0} = \dot{I_\phi} + \dot{I_i} = Y_0 V_1 [A] = (g+jb) V_1 [A]$$

여기서, I_i : 철손전류 $= g V_1 [A]$

I_ϕ : 자화전류 $= b V_1 [A]$를 나타낸다.

② 철손(P_i) : $P_i = V_1 I_i = g V_1^2 [W]$

③ 부하 시 변압기 1차 전류

$I_1 = I_0 + I_1^{'} [A]$

여기서, $I_1 [A]$: 전전류, $I_0 [A]$: 여자전류(무부하 전류), $I_1^{'} [A]$: 부하전류

예제 2

1차 전압이 2,200[V], 무부하 전류가 0.088[A], 철손이 110[W]인 단상 변압기의 자화전류[A]는?
① 0.05　　　　　　　　　　② 0.038
③ 0.072　　　　　　　　　　④ 0.088

【해설】
무부하 시 변압기 1차에 흐르는 여자전류는 철손전류와 자화전류로 구성

철손 $P_i = I_i V_1 [W]$에서 $I_i = \dfrac{P_i}{V_1} = \dfrac{110}{2,200} = 0.05 [A]$

여자전류 $I_0 = \sqrt{I_i^2 + I_\phi^2}$ 에서 $I_\phi = \sqrt{I_0^2 - I_i^2} = \sqrt{0.088^2 - 0.05^2} = 0.072 [A]$

[답] ③

예제 3

1차 전압 3,300[V], 권수비 30, 단상변압기가 전등 부하에 20[A]를 공급할 때의 입력[kW]은?
① 6.6　　　　　　　② 5.6
③ 3.4　　　　　　　④ 2.2

【해설】

변압기 권수비 $a = \dfrac{I_2}{I_1}$ 에서 $I_1 = \dfrac{I_2}{a} = \dfrac{20}{30}$[A]

입력 $P_1 = V_1 I_1 \cos\theta$[W](전등부하 역률 = 1)이므로 $P_1 = 3,300 \times \dfrac{20}{30} = 2.2$[kW]

[답] ④

예제 4

변압기의 2차 측 부하 임피던스 Z가 20[Ω]일 때 1차 측에 보아 18[kΩ]이 되었다면 이 변압기의 권수비는 얼마인가? (단, 변압기의 임피던스는 무시한다.)
① 3　　　　　　　② 30
③ $\dfrac{1}{3}$　　　　　　　④ $\dfrac{1}{30}$

【해설】

변압기 등가 1차로 환산, $Z_1 = a^2 Z_2$[Ω], $a^2 = \dfrac{Z_1}{Z_2}$, $a = \sqrt{\dfrac{Z_1}{Z_2}} = \sqrt{\dfrac{18,000}{20}} = 30$

[답] ②

예제 5

변압기 등가회로 작성에 필요 없는 시험은?
① 단락 시험　　　　　　② 반환부하 시험
③ 무부하 시험　　　　　④ 저항측정

【해설】

반환부하 시험은 전기기기 온도시험법

[답] ②

콕콕 Item

- **변압기 등가 1차 환산 (권수비 = a)**

  1) $Z_1 = a^2 Z_2 [\Omega]$, $a^2 = \dfrac{Z_1}{Z_2}\left(a = \sqrt{\dfrac{Z_1}{Z_2}}\right)$

     여기서, $a = \dfrac{N_1}{N_2} = \dfrac{V_1}{V_2} = \dfrac{I_2}{I_1}$

콕콕 Item

- **변압기 1차 전류**

  1) $I_1 = I_0 + I_1' [A]$

     여기서, $I_1[A]$: 전전류, $I_0[A]$: 여자전류(무부하 전류), $I_1'[A]$: 부하전류

  2) 여자전류(무부하 전류, 자화 전류) : 변압기에서 순수하게 자속을 만드는 전류

     $I_0 = Y_0 V_1 [A]$ 이므로 $Y_0 = \dfrac{I_0}{V_1} [\mho]$

3) 변압기 특성

(1) 변압기 임피던스 전압과 임피던스 와트

① 임피던스 전압 ← 단락시험으로 측정
  ⓐ 변압기 2차 측을 단락하고 1차 측에 0[V]부터 서서히 전압을 상승
  ⓑ 1차 측에 정격전류가 흐를 때, 1차 측 인가전압을 임피던스 전압이라 함
  ⓒ **임피던스 전압** : $V_s = I_n \times Z$ [V]
      여기서, Z [Ω] : 변압기 임피던스

② 임피던스 와트 (P_s)
  ⓐ 임피던스 전압을 인가할 때 발생하는 전력(손실)
  ⓑ **임피던스 와트(동손)** : $P_s = I_n^2 R$ [W]

③ %Z, 퍼센트 임피던스(강하) : 임피던스 전압과 정격전압의 백분율

$$\%Z = \frac{I_{n[A]} \times Z_{[\Omega]}}{E_{n[V]}} \times 100 [\%] = \frac{P_{[kVA]} Z_{[\Omega]}}{10 V_{n[kV]}^2} [\%]$$

$$I_{s[A]} = \frac{100}{\%Z} \times I_{n[A]} [A]$$

여기서, I_s [A] : 단락전류

[Tip] 공식에 적용하는 각 Factor의 **[단위] 주의**해서 암기 (ex. $I_{n[A]}$)

④ %$r = p$, 퍼센트 저항(강하)

$$\%r = \frac{I_n \times r}{V_n} \times 100 = \frac{I_n^2 \times r}{V_n I_n} \times 100 [\%] = \frac{동손}{정격용량} \times 100 [\%]$$

⑤ %$x = q$, 퍼센트 리액턴스(강하)

$$\%x = \frac{I_n \times x}{V_n} \times 100 = \frac{P \times x}{10 V_n^2} [\%]$$

(2) 전압 변동율

① 변압기의 부하로 인한 2차 단자전압의 변화 정도

$$\epsilon = \frac{V_{20} - V_{2n}}{V_{2n}} \times 100 = p\cos\theta + q\sin\theta \,[\%]$$

여기서, $V_{20}[\mathrm{V}]$: 무부하 2차 측 단자 전압, $V_{2n}[\mathrm{V}]$: 2차 측 정격 전압

> **참고** ▫ 변압기 전압 변동률
> 1) $\epsilon = \dfrac{V_{20} - V_{2n}}{V_{2n}} \times 100 = \dfrac{\Delta e}{V_n} \times 100 = \dfrac{I_n Z}{V_n} \times 100 = \%Z\,[\%]$
> 2) $\%Z = \%r + j\%x = p + jq = p\cos\theta + q\sin\theta = \epsilon\,[\%]$
> 3) $\epsilon_{max} = \sqrt{p^2 + q^2}\,[\%]$ (역률 $\cos\theta = 1$)

② 부하 역률에 따른 전압변동율
   ⓐ 역률이 **지상**일 때 : $\epsilon = p\cos\theta + q\sin\theta\,[\%]$
   ⓑ 역률이 **진상**일 때 : $\epsilon = p\cos\theta - q\sin\theta\,[\%]$
     여기서, $p[\%]$: 퍼센트 저항 강하, $q[\%]$: 퍼센트 리액턴스 강하
   ⓒ $\cos\theta = 1$일 때 전압 변동율은 퍼센트 저항 강하와 같다. ($\epsilon = p\,[\%]$)

(3) 변압기 효율(η)

① **실측 효율** : $\eta = \dfrac{출력}{입력} \times 100\,[\%]$

② **규약 효율** : $\eta = \dfrac{출력}{출력 + 손실} \times 100\,[\%]$

③ **전부하 효율** : $\eta = \dfrac{P}{P + P_i + P_c} \times 100\,[\%]$

여기서, $P[\mathrm{W}]$: 변압기 정격출력, $P_i[\mathrm{W}]$: 철손, $P_c[\mathrm{W}]$: 동손

④ $\dfrac{1}{m}$ 부하 시 효율

$$\eta_{\frac{1}{m}} = \frac{\frac{1}{m}P}{\frac{1}{m}P + P_i + \left(\frac{1}{m}\right)^2 \times P_c} \times 100\,[\%]$$

(4) 변압기 최대 효율 조건

① 최대효율 조건 : 무부하손(철손, $P_i[W]$) = 부하손(동손, $P_c[W]$)

② $\frac{1}{m}$ 부하 시 최대효율 조건

$$P_i = \left(\frac{1}{m}\right)^2 P_c [W], \quad \frac{1}{m} = \sqrt{\frac{P_i}{P_c}}$$

여기서, $P_i[W]$: 철손, $P_c[W]$: 동손, m : 부하율

③ 최대효율 조건 시 효율

$$\eta_{\max} = \frac{최대 효율시 출력}{최대 효율시 출력 + 2P_i} \times 100 [\%]$$

(5) 변압기 주파수 특성

① 유기기전력과 자속밀도

$E = 4.44fN\phi_m = 4.44fNB \cdot A [V]$ 여기서, $\phi_m = B \cdot A [wb]$

$E \propto fB, \quad B \propto \dfrac{E}{f}$, 전압이 일정한 조건 시 $B \propto \dfrac{1}{f}$

② 히스테리시스손 (P_h)

$P_h = fB^2 [W] \propto f\left(\dfrac{E}{f}\right)^2 \propto \dfrac{E^2}{f}$, f의 반비례, E의 제곱에 비례

주파수 (f) 증가 → 히스테리시스손 (P_h) 감소
                  → 철손 감소 → 여자전류 감소

③ 와류손 (P_e)

$P_e = f^2 B^2 t^2 [W] \propto f^2 B^2 \propto E^2$, **$E$의 제곱에 비례, 주파수 무관**

주파수 (f) 증가 → 와류손 (P_e) 무관
                  → 철손 감소 → 여자전류 감소, 리액턴스 증가

예제 6

정격 주파수 50[Hz]의 변압기를 일정 전압 60[Hz]의 전원에 접속하여 사용했을 때 여자 전류, 철손 및 리액턴스 강하는 얼마인가?

① 여자전류와 철손은 $\frac{5}{6}$ 감소, 리액턴스 강하 $\frac{6}{5}$ 증가

② 여자전류와 철손은 $\frac{5}{6}$ 감소, 리액턴스 강하 $\frac{5}{6}$ 감소

③ 여자전류와 철손은 $\frac{6}{5}$ 증가, 리액턴스 강하 $\frac{6}{5}$ 증가

④ 여자전류와 철손은 $\frac{6}{5}$ 증가, 리액턴스 강하 $\frac{5}{6}$ 감소

【해설】
변압기 주파수 특성으로 주파수 증가 시 : 철손 감소 → 여자전류 감소 → 리액턴스 증가

[답] ①

예제 7

단상 변압기가 있다. 전 부하에서 2차 전압은 115[V], 전압 변동율은 2[%]이다. 1차 단자 전압을 구하라. 여기서, 권수비는 20이다.

① 2,346　　② 2,450　　③ 3,980　　④ 2,600

【해설】
변압기 전압 변동률($\epsilon = \dfrac{V_{20} - V_{2n}}{V_{2n}} \times 100[\%]$)은 무부하 시 단자전압이 2차 측 탭전압

전압변동율에서 2차 측 단자 전압 $V_{20} = \left(1 + \dfrac{\epsilon}{100}\right) V_{2n} = \left(1 + \dfrac{2}{100}\right) \times 115 = 117.3[V]$

1차 측 단자 전압 $V_{1T} = a \times V_{2T} = 20 \times 117.3 = 2,346\,[V]$

[답] ①

예제 8

어느 변압기의 백분율 저항 강하가 2[%], 백분율 리액턴스 강하가 3[%]일 때 역률(지역률) 80[%]인 전압 변동률[%]은?

① -0.2　　② 3.4　　③ 0.2　　④ -3.4

【해설】
전압 변동률 $\epsilon = p\cos\theta + q\sin\theta = 2 \times 0.8 + 3 \times 0.6 = 3.4[\%]$

[답] ②

예제 9

5[kVA], 3,000/200[V]의 변압기의 단락시험에서 임피던스 전압이 120[V], 동손이 150[W]라면 백분율 저항 강하는 몇 [%]인가?

① 2　　　　② 3　　　　③ 4　　　　④ 5

【해설】

변압기 퍼센트 저항 강하

$$p = \frac{I_n \times r}{V_n} \times 100 = \frac{I_n^2 \times r}{V_n I_n} \times 100 = \frac{동손}{정격출력} \times 100 = \frac{150}{5,000} \times 100 = 3[\%]$$

[답] ②

예제 10

10[kVA], 2,000/100[V]의 변압기에서 1차에 환산한 등가 임피던스 $6.2 + j\,7[\Omega]$이다. 이 변압기의 퍼센트 리액턴스 강하는?

① 3.5　　　　② 1.75　　　　③ 0.35　　　　④ 0.175

【해설】

변압기 1차로 환산한 임피던스 $Z_1' = 6.2 + j\,7[\Omega]$이므로

$$q = \frac{I_{1n} \times x_1'}{V_{1n}} \times 100 = \frac{\left(\frac{10 \times 10^3}{2,000}\right) \times 7}{2,000} \times 100 = 1.75[\%]$$

[답] ②

예제 11

임피던스 강하가 5[%]인 변압기가 운전 중 단락되었을 때 그 단락 전류는 정격 전류의 몇 배인가?

① 15배　　　　② 20배　　　　③ 25배　　　　④ 30배

【해설】

변압기 $\%Z_{[pu]} = \dfrac{I_n}{I_s}$에서 $I_s = \dfrac{I_n}{\%Z_{[pu]}} = \dfrac{1}{0.05}I_n = 20I_n[A]$

[답] ②

예제 12

변압기의 임피던스 전압이란?
① 정격 전류가 흐를 때의 변압기 내의 전압 강하
② 여자 전류가 흐를 때의 2차 측 단자 전압
③ 정격 전류가 흐를 때의 2차 측 단자 전압
④ 2차 단락 전류가 흐를 때의 변압기 내의 전압 강하

【해설】
변압기 임피던스 전압은 $V_s = I_{1n} \times Z_1 [\text{V}]$이며, 이 값은 변압기 내의 전압 강하이다.

[답] ①

예제 13

200[kVA]의 단상 변압기가 있다. 철손은 1.6[kW]이고 전부하 동손은 2.4[kW]이다. 역률 0.8에서 효율을 구하라.

【해설】
변압기 전부하 효율은 $\eta = \dfrac{P[\text{W}]}{P[\text{W}] + P_i[\text{W}] + P_c[\text{W}]} \times 100 [\%]$

$\eta = \dfrac{200 \times 0.8}{200 \times 0.8 + 1.6 + 2.4} \times 100 = 97.6 [\%]$

예제 14

정격출력 10[kVA], 정격전압에서의 철손 120[W], 정격전류에서의 동손 180[W]의 단상 변압기를 정격전압에서 뒤진 역률 0.8, 정격전류의 3/4의 부하를 걸었을 경우 효율은 몇 [%]인가?

【해설】
$\dfrac{1}{m}$ 부하시 변압기의 효율은 $\eta_{\frac{1}{m}} = \dfrac{\dfrac{1}{m}P}{\dfrac{1}{m}P + P_i + \left(\dfrac{1}{m}\right)^2 \times P_c} \times 100 [\%]$

전부하의 3/4 부하시 효율은 $\eta_{\frac{3}{4}} = \dfrac{\dfrac{3}{4} \times 10 \times 10^3 \times 0.8}{\dfrac{3}{4} \times 10 \times 10^3 \times 0.8 + 120 + \left(\dfrac{3}{4}\right)^2 \times 180} \times 100 [\%]$

$= 96.4 [\%]$

예제 15

150[kVA]의 변압기 철손이 1[kW], 전부하 동손이 2.5[kW]이다.
이 변압기의 최대 효율은 몇 [%] 전 부하에서 나타나는가?

【해설】

최대 효율 시의 부하율 $\dfrac{1}{m} = \sqrt{\dfrac{P_i}{P_c}} = \sqrt{\dfrac{1}{2.5}} = 0.63$ 로 전부하의 $63[\%]$ 부하 시 최대 효율

최대 효율 시의 출력은 $P_{\max} = 150 \times 0.63 = 94.5[\mathrm{kW}]$ 이다.

콕콕 Item

- **변압기 %Z**

  1) $\%Z = \dfrac{I_{n\,[A]} \times Z_{[\Omega]}}{V_{n\,[V]}} \times 100\,[\%] = \dfrac{P_{[kVA]} Z_{[\Omega]}}{10\,V_{n\,[kV]}^2}\,[\%]$

  2) $I_{s\,[A]} = \dfrac{100}{\%Z} \times I_{n\,[A]}\,[A]$ 여기서 I_s : 단락전류 [A]

콕콕 Item

- **변압기 전압 변동률**

  1) $\epsilon = \dfrac{V_{20} - V_{2n}}{V_{2n}} \times 100 = p\cos\theta + q\sin\theta\,[\%]$

콕콕 Item

- **변압기 손실**

  1) 부하 손실 : 동손($P_c = I^2 R\,[W]$), 표류부하손
  2) 무부하 손실 : 철손 (히스테리시스손, 와전류손), 유전체손(절연물 손실로 무시)
     ① 히스테리시스손 : $P_h = kfB_m^2\,[W]$ - 규소강판 (※ 주의 : $P_h \propto \dfrac{V^2}{f}$)
     ② 와전류손 : $P_e = kf^2B_m^2\,[W]$ - 성층 (※ 주의 : $P_e \propto V^2$, 주파수와 무관)
     ③ k : 히스테리시스계수, f : 주파수, B_m : 자속밀도
  3) 무부하손의 대부분은 철손으로 철손에는 히스테리시스손과 와류손이 있으며 대부분을 차지하는 것은 히스테리시스손이다.
  4) 부하가 증가하면 부하전류가 증가하여 온도가 상승하고 동손이 증가한다. 부하가 변화하더라도 철손은 변하지 않는다.

콕콕 Item

- **변압기 최대효율 조건**

  1) 최대효율 조건 : 무부하손(철손, $P_i\,[W]$) = 부하손(동손, $P_c\,[W]$)
  2) 부하율(m)의 최대효율 조건 : $P_i = m^2 P_c$, 부하율 ($m = \sqrt{\dfrac{P_i}{P_c}}$)

02 변압기 운전 | 학습내용 : 변압기 결선방식, 병렬운전 조건, 단권변압기, 변압기 시험

● **체크 포인트** | 대표문제

3대 단상변압기를 $\triangle - Y$로 결선하고 1차 단자전압 $V_1[\text{V}]$, 1차 전류 $I_1[\text{A}]$이라 하면 2차 단자전압 $V_2[\text{V}]$와 2차 전류 $I_2[\text{A}]$의 값은? (단, 권수비는 a이고, 저항, 리액턴스, 여자전류는 무시한다.)

① $V_2 = \sqrt{3}\dfrac{V_1}{a},\ I_2 = \sqrt{3}\,a I_1$
② $V_2 = V_1,\ I_2 = \dfrac{a}{\sqrt{3}} I_1$
③ $V_2 = \sqrt{3}\dfrac{V_1}{a},\ I_2 = \dfrac{a}{\sqrt{3}} I_1$
④ $V_2 = \dfrac{V_1}{a},\ I_2 = I_1$

[답] ③

| **핵심노트** |

■ KeyWord
1. 변압기 결선방식
2. 변압기 병렬운전 조건
3. 단권변압기 용량
4. 변압기 시험

1) 변압기의 3상 결선방식

(1) 결선의 종류
① 단상 변압기(표준 변압기) : 단상전압 또는 단상전류의 변성
② 다상 변압기 : 2대 이상의 단상 변압기로 다상전압 변성
　ⓐ 일반적으로 가장 많이 사용되는 것은 **3상** 결선
　ⓑ 이때 3대의 변압기는 용량, 전압 주파수, 임피던스 특성이 같을 것
③ 3상 결선방법
　ⓐ 결선방법 : △결선, Y결선
　ⓑ 1차와 2차의 결선방법 : $Y-Y$, $Y-\Delta$, $\Delta-Y$, $\Delta-\Delta$
　ⓒ 이 외에도 2대를 이용 : $V-V$, T결선

(2) $Y-Y$ 결선
① 결선도 및 전압, 전류

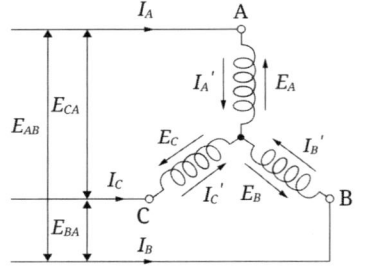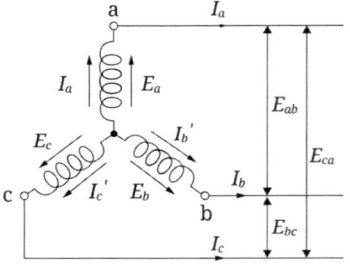

〈 $Y-Y$ 결선도 〉

$$V_l = \sqrt{3}\,V_p \angle 30°[\text{V}], \quad I_l = I_p[\text{A}]$$

② 장점
　ⓐ 1차 전압, 2차 전압 사이에 위상차가 없음
　ⓑ 1차, 2차 모두 중성점을 접지할 수 있으며 이상 전압을 감소시킬 수 있음
　ⓒ 상전압이 선간 전압의 $\dfrac{1}{\sqrt{3}}$배로 절연방식과 고전압에 유리

③ 단점
　ⓐ 제3고조파 전류의 통로가 없으므로 기전력 파형에 제3고조파 포함 왜형파가 됨
　ⓑ 중성점 접지방식인 경우 제3고조파 전류가 흘러 통신선에 유도 장해 발생
　ⓒ 부하 불평형 시 중성점 전위가 변동하여 불평형 전류가 흐름

(3) △ - △ 결선
  ① 결선도 및 전압, 전류

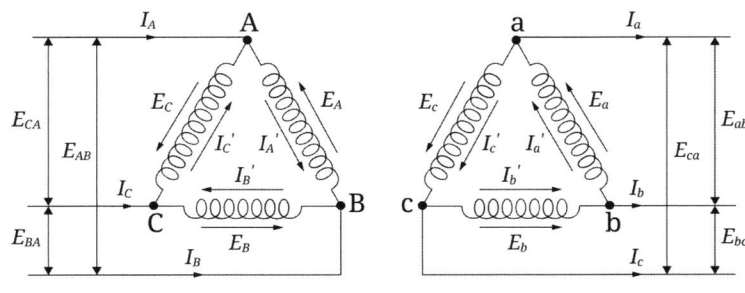

〈 △- △ 결선도 〉

$$V_l = V_p [\text{V}], \ I_l = \sqrt{3} I_p \angle -30° [\text{A}]$$

  ② 장점
    ⓐ 제3고조파 전류가 △결선 내를 순환하므로 정현파 교류 전압을 유기되며, 파형의 왜곡 현상 없음
    ⓑ 1상분 고장 시 2대의 변압기로 $V-V$ 결선 운전이 가능
    ⓒ 각 변압기의 상전류가 선전류의 $\dfrac{1}{\sqrt{3}}$배로 대전류에 적합

  ③ 단점
    ⓐ 중성점을 접지할 수 없으므로 지락 사고의 검출이 어려움
    ⓑ 권수비가 다른 변압기를 결선하면 △ 결선 내 순환 전류가 흐름
    ⓒ 각 상의 임피던스가 다른 경우 3상 부하가 평형이 되어도 변압기의 부하 전류는 불평형이 됨

(4) $V-V$ 결선

① 결선도(단상 변압기 3대로 Δ결선 운전 중 V결선 운전할 경우)

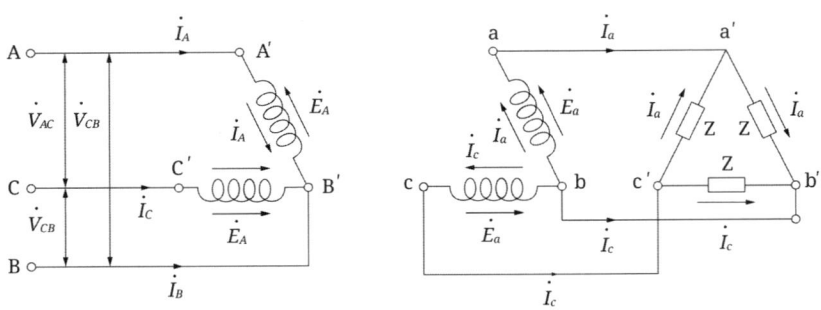

⟨ $V-V$ 결선도 ⟩

② 단상 변압기 3대로 Δ 결선 운전 시 출력 : $P_{3\phi-\Delta} = 3P_{1\phi} = 3EI[\text{VA}]$

③ 단상 변압기 2대로 V 결선 운전 전환 : $P_{3\phi-V} = \sqrt{3}\,P_{1\phi} = \sqrt{3}\,EI[\text{VA}]$

(이론 출력 : $P_{3\phi-V} = 2EI[\text{VA}]$)

④ V결선 출력비

$$\text{출력비} = \frac{V결선 \ 실제 \ 출력}{\Delta결선 \ 출력}$$

$$= \frac{\sqrt{3}\,P}{3P} = \frac{1}{\sqrt{3}} = 0.577\ (57.7[\%])$$

⑤ V결선 이용률

$$\text{이용률} = \frac{V결선 \ 실제 \ 출력}{V결선 \ 이론 \ 출력}$$

$$= \frac{\sqrt{3}\,P}{2P} = \frac{\sqrt{3}}{2} = 0.866\ (86.6[\%])$$

(5) $Y-\Delta$, $\Delta-Y$ 결선 (Δ결선, Y결선의 장단점을 포함)
  ① 장점
    ⓐ Y결선 측에 중성점을 접지할 수 있음
    ⓑ Y결선의 상전압은 선간 전압의 $\dfrac{1}{\sqrt{3}}$배로 절연방식과 고전압에 유리
    ⓒ 제3고조파 전류가 Δ결선내 순환함으로 제3고조파 장해가 적음
    ⓓ $Y-\Delta$결선은 강압용, $\Delta-Y$결선은 승압용에 적합
  ② 단점
    ⓐ 1·2차 선간 전압 사이에 30°의 위상차가 있음
    ⓑ 1상에 고장이 생기면 전원 공급이 불가능
    ⓒ 중성점 접지로 인한 유도 장해 발생
  ③ Y, Δ 결선의 3상 정격 출력
    ⓐ 선간 개념의 3상 정격 출력

$$P = \sqrt{3}\, V_l I_l [\text{kVA}]$$

    ⓑ 상간 개념의 3상 정격 출력

$$P = 3 V_P I_P [\text{kVA}]$$

2) 변압기 병렬운전

(1) 변압기 병렬운전 조건
① 단상변압기 두 대로 병렬운전
ⓐ 극성, 정격 전압, 권수비가 같을 것
ⓑ 저항과 리액턴스 비가 같을 것 (위상이 같을 것)
ⓒ 퍼센트 저항 강하와 리액턴스 강하가 같을 것 (퍼센트 임피던스가 같을 것)
② 3상을 2뱅크로 병렬운전
ⓐ 단상변압기 병렬 조건
ⓑ 상회전, 각 변위가 같을 것

(2) 변압기 병렬운전 시 부하분담

$$\frac{I_A}{I_B} = \frac{A 변압기}{B 변압기} = \frac{P_A}{P_B} \times \frac{\%Z_B}{\%Z_A}$$ 용량에 비례하고, %Z에 반비례

(3) 변압기 극성
① 감극성과 가극성

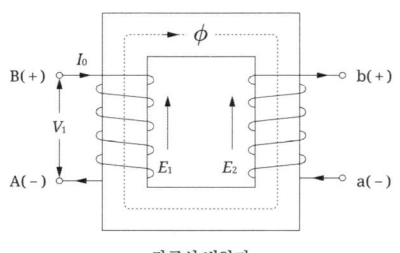
감극성 변압기

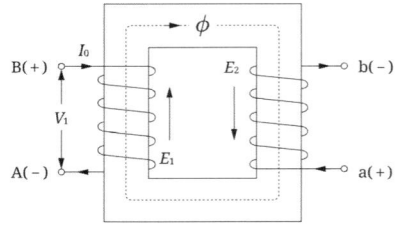
가극성 변압기

② 극성 시험법 (교류 전압계법, 직류 전압계법, 표준 변압기법)

ⓐ 감극성일 때 전압계 V의 지시 값
  $= V_1 - V_2 [\text{V}]$
ⓑ 가극성일 때 전압계 V의 지시 값
  $= V_1 + V_2 [\text{V}]$

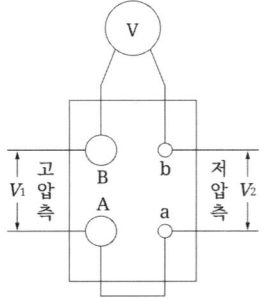

(4) 변압기 결선 시 각변위

① 1차 유기기전력을 기준으로 하고 이에 대한 1차와 2차의 위상차
② 그림(a)와 같은 경우에는 각 변위는 0°이다. 각 변위는 시계방향으로 뒤진 것을 (+)로 간주하므로 그림(b)의 각 변위는 30°이다.

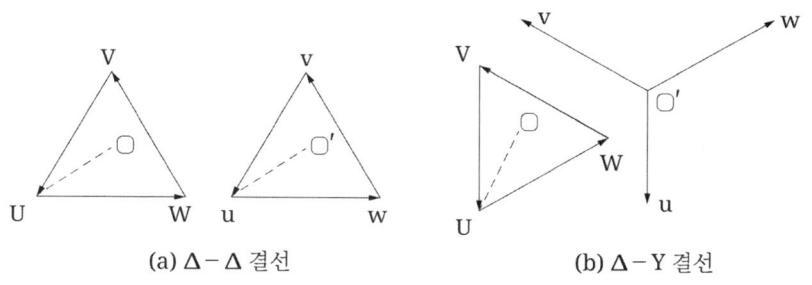

(a) △-△ 결선   (b) △-Y 결선

〈 변압기의 각변위 〉

③ 변압기 병렬운전 시 각변위 조합

병렬 가능 결선	병렬 불가능 결선
△-△ 와 △-△, Y-△ 와 Y-△	△-△ 와 △-Y
Y-Y 와 Y-Y, △-Y 와 △-Y	△-Y 와 Y-Y
△-△ 와 Y-Y, △-Y 와 Y-△	
V-V 와 V-V	

(5) 변압기 냉각방식

냉각방식	기호		권선,철심 냉각매체		주위의 냉각매체	
	ANSI	IEC	종류	순환방식	종류	순환방식
건식자냉식	AA	AN	공기	자연	-	-
건식풍냉식	AFA	AF	공기	강제	-	-
건식밀폐자냉식	GA	ANAN	공기	자연	공기	자연
유입자냉식	OA	ONAN	기름	자연	공기	자연
유입풍냉식	FA	ONAF	기름	자연	공기	강제
유입수냉식	OW	ONWF	기름	자연	물	강제
송유자냉식	-	OFAN	기름	강제	공기	자연
송유풍냉식	FOA	OFAF	기름	강제	공기	강제
송유수냉식	FOW	OFWF	기름	강제	물	강제

(6) 상변환 변압기 결선

① 3상을 2상으로 변환하는 결선 방법
ⓐ 스코트(Scott) 결선 (T 결선)
ⓑ 메이어(Meyer) 결선
ⓒ 우드 브리지(Woodbridge) 결선

- $a_T = \dfrac{\sqrt{3}}{2} \times a$
- 일반 보통 변압기의 권수비 a의 $\dfrac{\sqrt{3}}{2}$ 배

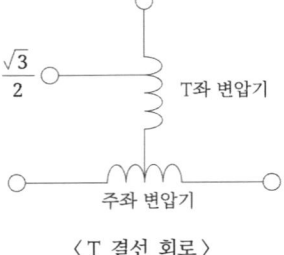

〈 T 결선 회로 〉

② 3상을 6상으로 변환하는 결선 방법
ⓐ 환상 결선, 포크 결선, 대각 결선
ⓑ 2중 △결선, 2중 Y결선

예제 16

변압기 결선방식에서 제3고조파를 발생하는 것은?

① △-△ ② Y-Y ③ △-Y ④ Y-△

【해설】
3상 결선에서 Y-Y 결선은 3고조파가 제거될 수 없음

[답] ②

예제 17

6,600/210[V] 단상 변압기 3대를 △-Y로 결선하여 1상 18[kW] 전열기의 전원으로 사용하다가 이것을 △-△로 결선했을 때 이 전열기의 소비전력[kW]은?

① 31.2 ② 10.4 ③ 2.0 ④ 6.0

【해설】
△결선으로 하면 Y 결선에 비하여 선간전압이 $\frac{1}{\sqrt{3}}$ 만큼 감소

Y결선의 소비전력을 $P = \frac{V^2}{R}$ 이라면 △결선 시 소비전력 $P = \frac{\left(\frac{V}{\sqrt{3}}\right)^2}{R} = \frac{\frac{1}{3}V^2}{R}$ [W]이 되며 Y결선에 비하여 전력이 1/3로 감소된다.

[답] ④

예제 18

2[kVA]의 단상 변압기 3대를 써서 △결선하여 급전하고 있는 경우 1대가 소손되어 나머지 2대로 급전하게 되었다. 이 2대의 변압기는 과부하를 20[%]까지 견딜 수 있다고 하면 2대가 부담할 수 있는 최대 부하[kVA]는?

① 약 3.46 ② 약 4.15 ③ 약 5.16 ④ 약 6.92

【해설】
V결선 시 3상 출력은 1상 출력의 $\sqrt{3}$ 배
과부하를 20[%]까지 견딜 위해 출력은 120[%]이어야 함
$P = \sqrt{3} \times 2 \times 1.2 = 4.15 [kVA]$

[답] ②

예제 19

2[kVA]의 단상 변압기 3대를 △결선으로 해서 급전하고 있을 때 한 대의 변압기가 소손되었기 때문에 남은 변압기로서 5.16[kVA]의 부하에 사용했을 때 몇 [%]의 과부하가 되는가?

① 49   ② 32   ③ 25   ④ 14

【해설】

V 결선 시 3상 출력은 1상 출력의 $\sqrt{3}$배, 변압기 출력은 $P = \sqrt{3} \times 2 = 3.46[\text{kVA}]$

여기에 5.16[kVA]의 부하를 걸면 $\dfrac{5.16}{3.46} = 1.49$배, 49[%]의 과부하

[답] ①

예제 20

3,300/110[V] 주상 변압기를 극성 시험을 하기 위하여 그림과 같이 접속하고 1차 측에 120[V]의 전압을 가하였다. 이 변압기가 감극성이라면 전압계 지시는 몇 [V]인가?

① 116   ② 152
③ 212   ④ 242

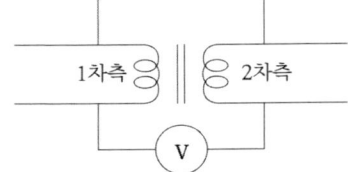

【해설】

변압기가 감극성일 때 전압계 V의 지시값은 $V = V_1 - V_2[\text{V}]$

$V_1 = 120[\text{V}]$이고 권수비 $a = 3,300/110 = 30$, $V_2 = \dfrac{V_1}{a} = \dfrac{120}{30} = 4[\text{V}]$

$V = V_1 - V_2 = 120 - 4 = 116[\text{V}]$

[답] ①

+ 콕콕 Item

■ 변압기 병렬운전 조건
1) 극성, (2차 측) 정격 전압, 권수비, %Z 강하 (저항과 리액턴스 강하), 위상이 같을 것, 상회전 방향과 각 변위가 같을 것 (3상 변압기)
2) 부하분담 : 용량에는 비례하고 퍼센트 임피던스에는 반비례할 것
3) 불가능 결선 : Δ-Δ와 Δ-Y, Δ-Y와 Y-Y

+ 콕콕 Item

■ 변압기 결선방식
1) Y-Y 결선 : 3고조파 전류가 계통으로 흘러 설비 및 통신선에 유도장해 발생
2) Δ-Y, Δ-Δ : Δ결선 내 3고조파 전류가 순환, 계통에 유해한 영향 없음

+ 콕콕 Item

■ 변압기 V결선 출력 (Δ결선 대비)
1) 이용률 : $\dfrac{\sqrt{3}}{2} = 0.866 = 86.6[\%]$
2) 출력비 : $\dfrac{\sqrt{3}}{3} = 0.577 = 57.7[\%]$

+ 콕콕 Item

■ 상변환 변압기 결선방식
1) 3상을 6상으로 변환 결선방식 : 환상 결선, 대각 결선, 포크 결선, 2중 Δ 결선, 2중 Y 결선
2) 3상을 2상으로 변환 결선방식 : 스코트 결선 (단상부하 사용)
3) 정류기는 상수가 클수록 맥동이 작기 때문에 6상을 많이 사용

3) 특수 변압기

(1) 계기용 변류기
① 계기회로를 주회로와 절연하고 고전압, 대전류를 회로의 전압과 전류의 측정을 목적으로 주회로에 접속, 저전압, 소전류를 계측기, 계전기에 공급
② 결선도

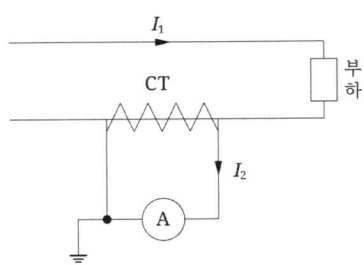

ⓐ 권수비 : $I_1 = \dfrac{n_2}{n_1} I_2$

ⓑ 변류비 : I_1 / I_2

(I_2는 5[A]가 표준)

③ 유지보수 주의사항 : 2차 회로의 절연보호를 위해 CT 점검 시 2차 측을 단락 시켜야 함

(2) 용접용 변압기
① 수하 특성이 있어야 할 것
② 누설 리액턴스가 클 것

(3) 단권 변압기
① 한 개의 권선으로 전압을 변성할 수 있는 변압기로서 강압용과 승압용이 있다.
② 결선도

ⓐ 장점
- 철손, 동손, 누설 리액턴스가 작음
- 효율이 좋고, 전압변동이 작음
- 가격이 싸다.

ⓑ 단점
- 단락전류가 크다.
- 1차, 2차를 별도로 절연이 곤란

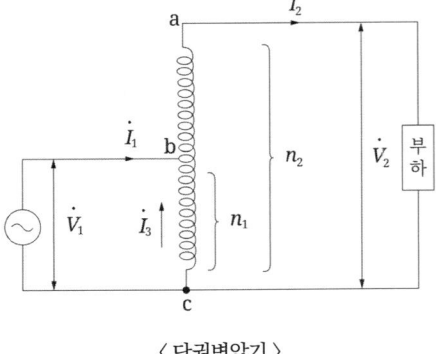

〈 단권변압기 〉

③ 단권 변압기의 용량
ⓐ 부하용량(2차 출력) = $V_2 I_2 [VA]$
ⓑ 자기용량 (단권 변압기 용량) = $(V_2 - V_1) I_2 [VA]$

$$\frac{자기용량}{부하용량} = \frac{(V_2 - V_1)I_2}{V_2 I_2} = \frac{V_2 - V_1}{V_2} = \frac{V_h - V_l}{V_h}$$

④ 단권 변압기 3상 결선
ⓐ Y결선 : $\frac{자기용량}{부하용량} = \frac{V_h - V_l}{V_h}$

ⓑ △결선 : $\frac{자기용량}{부하용량} = \frac{V_h^2 - V_l^2}{\sqrt{3}\, V_h V_l}$

ⓒ V결선 : $\frac{자기용량}{부하용량} = \frac{2}{\sqrt{3}} \left(\frac{V_h - V_l}{V_h} \right)$

예제 21

3,000[V]의 단상 배전선 전압을 3,300[V]로 승압하는 단권변압기의 자기용량[kVA]은? (단, 부하용량은 100[kVA])
① 9.09　　　② 90.9　　　③ 11.0　　　④ 110

【해설】
$\frac{자기용량}{부하용량} = \frac{V_h - V_l}{V_h}$, $\frac{자기용량}{100} = \frac{3,300 - 3,000}{3,300}$, 자기용량 = 9.09[kVA]

[답] ①

예제 22

3상 전원에서 2상 전원을 얻고자 할 때 다음 결선 중 틀린 것은?
① 포크 결선　　　② 스코트 결선
③ 우드브리지 결선　　　④ 메이어 결선

【해설】
3상을 2상으로 변환하는 결선 방식 : 스코트 결선, 메이어 결선, 우드브리지 결선

[답] ①

예제 23

권수가 같은 A, B 두 대의 단상 변압기로서 그림과 같이 스코트 결선을 할 때 P가 A의 중점이면 Q는 B 권선의?

① $\dfrac{\sqrt{3}}{2}$ 점   ② $\dfrac{1}{2}$ 점

③ $\dfrac{2}{\sqrt{3}}$ 점   ④ $\dfrac{1}{\sqrt{2}}$ 점

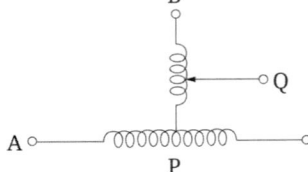

【해설】

스코트 결선의 T좌 변압기는 $\dfrac{\sqrt{3}}{2}=0.866$, 전권수의 86.6[%]를 사용

1차 전압을 인가 시 2차 전압이 평형

[답] ①

예제 24

평형 3상 전류를 측정하려고 전류비 60/5[A]의 변류기 두 대를 그림과 같이 접속했더니 전류계에 2.5[A]가 흘렀다. 1차 전류는 몇 [A]인가?

① 약 12.0[A]   ② 약 17.3[A]
③ 약 30.0[A]   ④ 약 51.9[A]

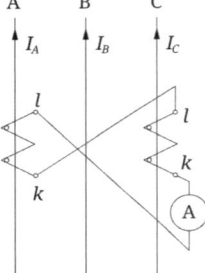

【해설】

권수비 $a=\dfrac{I_2}{I_1}=\dfrac{5}{60}=\dfrac{1}{12}$, $I_2=2.5[A]$

A상과 C상의 2차 전류가 합일 때는 1차 전류는 $I_1=\dfrac{1}{a}I_2=12\times 2.5=30[A]$

[답] ③

예제 25

변압기의 내부 고장 보호에 쓰이는 계전기는?
① O.C.R　　　　　　　　② 역상 계전기
③ 접지 계전기　　　　　④ 부흐홀쯔 계전기

【해설】
기계적인 고장 보호용 : 부흐홀쯔 계전기
전기적인 고장 보호용 : 비율차동 계전기

[답] ④

예제 26

주상 변압기의 고압 측에는 몇 개의 탭을 내놓았다. 그 이유는?
① 예비 단자용
② 수전점의 전압을 조정하기 위하여
③ 변압기의 여자 전류를 조정하기 위하여
④ 부하 전류를 조정하기 위하여

【해설】
저압 측의 전압을 조정하기 위해서는 고압 측의 탭을 절환

[답] ②

➕ 콕콕 Item

■ **단권변압기 자기용량과 부하용량**

1) 자기용량(단권변압기 용량) = $(V_2 - V_1)I_2$ [VA], 부하용량(2차 출력) = $V_2 I_2$ [VA]

2) 3상 Y결선 : $\dfrac{\text{자기용량}}{\text{부하용량}} = \dfrac{V_h - V_l}{V_h}$, 3상 △결선 : $\dfrac{\text{자기용량}}{\text{부하용량}} = \dfrac{V_h^2 - V_l^2}{\sqrt{3}\, V_h V_l}$

➕ 콕콕 Item

■ **단권변압기 특징**

1) 1차, 2차를 별도로 절연할 수 없음 (권선 일부 공용)
2) 단락 시 단락 전류가 큼
3) 철손, 동손이 작고 효율이 좋음
4) 누설 리액턴스가 작고 전압변동이 작음

➕ 콕콕 Item   ❗ 추가 암기 항목

- **변압기 시험**

    1) 단락 시험 : 동손(임피던스 와트), 임피던스 전압, 전압변동률
    2) 무부하 시험 : 철손, 여자전류, 여자어드미턴스

➕ 콕콕 Item   ❗ 추가 암기 항목

- **전기기기 온도시험법**

    1) 시험방법 : 실부하법, 반환부하법
    2) 실부하법 : 시험시간이 장시간 걸리기 때문에 반환부하법을 많이 이용

➕ 콕콕 Item   ❗ 추가 암기 항목

- **변압기 절연내력시험 방법**

    1) 가압시험, 유도시험, 충격전압시험

➕ 콕콕 Item   ❗ 추가 암기 항목

- **변압기 내부 고장보호**

    1) 기계적인 보호 : 부흐홀쯔 계전기, 온도 계전기
    2) 전기적인 보호 : 비율차동 계전기, 과전류 계전기, 과전압 계전기
    3) 비율차동계전기는 전기적인 고장 보호용으로, 단락, 지락, 결상 과부하에 이용된다.

Chapter 03. 변압기
적중실전문제

1. 변압기 철심용 강판의 규소 함유량은 대략 몇 [%]인가?
   ① 2　　　　　② 3　　　　　③ 4　　　　　④ 7

   해설 1

   변압기 구조
   1) 변압기 규소 강판의 규소 함유량은 대략 4~4.5[%]임

   [답] ③

2. 변압기의 누설 리액턴스는? 여기서 N은 권수이다.
   ① N에 비례한다.　　　　② N^2에 비례한다.
   ③ N에 무관하다.　　　　④ N에 반비례한다.

   해설 2

   변압기 누설 리액턴스
   1) $X_\ell = 2\pi f L = 2\pi \dfrac{\mu A N^2}{\ell}[\Omega]$, N : 권수비, $L[\mathrm{H}]$: 인덕턴스$(= \dfrac{\mu A N^2}{l}[\mathrm{H}])$
   2) 누설 리액턴스는 권수의 제곱에 비례

   [답] ②

3. 부하에 관계없이 변압기에 흐르는 전류로서 자속만을 만드는 것은?

① 1차 전류 ② 철손 전류
③ 여자 전류 ④ 자화 전류

> **해설 3**
>
> 변압기 1차 여자전류
> 1) 변압기에서 순수하게 자속만을 만드는 전류는 자화전류(여자전류)
> 2) 철심의 자기포화와 히스테리시스 현상으로 여자전류에 3고조파가 포함되어야 2차 측에 유기되는 기전력이 정현파가 된다.
>
> [답] ④

4. 변압기의 등가회로 작성에 필요 없는 시험은 어느 것인가?

① 단락시험 ② 반환부하시험
③ 무부하시험 ④ 저항측정시험

> **해설 4**
>
> 변압기 시험
> 1) 단락시험 : 동손(임피던스 와트), 임피던스 전압, 전압변동률
> 2) 무부하시험 : 철손, 여자전류, 여자어드미턴스
> 3) 권선저항측정
>
> [답] ②

5. 변압기 여자 전류와 철손을 알 수 있는 시험은?

① 유도시험　　　　　　　　② 부하시험
③ 무부하시험　　　　　　　④ 단락시험

해설 5

변압기 시험
1) 단락 시험 : 동손(임피던스 와트), 임피던스 전압, 전압변동률
2) 무부하 시험 : 철손, 여자전류, 여자어드미턴스

[답] ③

6. 변압기 여자전류에 가장 많이 포함된 고조파는?

① 제2고조파　　② 제3고조파　　③ 제4고조파　　④ 제5고조파

해설 6

변압기 1차 여자전류
1) 변압기에서 순수하게 자속만을 만드는 전류는 자화전류(여자전류)
2) 철심의 자기포화와 히스테리시스 현상으로 여자전류에 3고조파가 포함되어야 2차 측에 유기되는 기전력이 정현파가 된다.

[답] ②

7. 변압기의 기름이 갖추어야 할 조건 중에서 맞지 않는 것은 어느 것인가?
① 점도가 높을 것 ② 인화점이 높을 것
③ 절연내력이 클 것 ④ 응고점이 낮을 것

> **해설 7**
> 변압기유 구비조건
> 1) 절연내력이 클 것   2) 점도가 낮을 것
> 3) 인화점은 높고 응고점은 낮을 것   4) 비열이 크고 산화되지 않을 것
>
> [답] ①

8. 변압기 기름이 가져야 할 성능이 아닌 것은?
① 절연내력이 적을 것 ② 인화점이 높고 응고점이 낮을 것
③ 점도가 낮을 것 ④ 변질하지 말아야 한다.

> **해설 8**
> 변압기유 구비조건
> 1) 절연내력이 클 것   2) 점도가 낮을 것
> 3) 인화점은 높고 응고점은 낮을 것   4) 비열이 크고 산화되지 않을 것
>
> [답] ①

9. 변압기의 열화 방지방법 중 틀린 것은?
① 개방형 콘서베이터 ② 수소 봉입방식
③ 밀봉방식 ④ 흡습제방식

> **해설 9**
> 변압기유 열화방지
> 1) 콘서베이터 : 질소를 봉입하여 호흡작용을 도와주면서 열화도 방지 대책
> 2) 변압기 절연물 건조법 : 열풍법, 단락법, 진공법
>
> [답] ②

10. 변압기 기름의 열화 영향에 속하지 않는 것은?
   ① 냉각효과의 감소
   ② 침식 작용
   ③ 공기 중 수분의 흡수
   ④ 절연 내력의 저하

   해설 10

   변압기유 열화방지
   1) 콘서베이터 : 질소를 봉입하여 호흡작용을 도와주면서 열화도 방지 대책
   2) 변압기 절연물 건조법 : 열풍법, 단락법, 진공법

   [답] ③

11. 변압기에 콘서베이터(conservator)를 설치하는 목적은?
   ① 열화 방지
   ② 통풍 장치
   ③ 코로나 방지
   ④ 강제 순환

   해설 11

   변압기유 열화방지
   1) 콘서베이터 : 질소를 봉입하여 호흡작용을 도와주면서 열화도 방지 대책
   2) 변압기 절연물 건조법 : 열풍법, 단락법, 진공법

   [답] ①

12. 단상 100[kVA], 13,200/200[V] 변압기의 저압 측 선전류 중에 포함되는 유효분[A]은? (단, 역률 0.8 지상이다.)

① 300 ② 400 ③ 500 ④ 700

해설 12

변압기 공급 전력

1) 2차 측 전류 : $I_2 = \dfrac{100 \times 10^3}{200} = 500[A]$, 부하역률 = 0.8 (지상)

2) 유효분 = $I_2\cos\theta = 500 \times 0.8 = 400[A]$, 무효분 = $I_2\sin\theta = 500 \times 0.6 = 300[A]$

[답] ②

13. 변압기의 2차 측을 개방하였을 경우 1차 측에 흐르는 전류는 무엇에 의하여 결정되는가?

① 여자 어드미턴스 ② 누설 리액턴스
③ 저항 ④ 임피던스

해설 13

변압기 1차 전류 ($I_1 = I_0 + I_1'[A]$)

1) I_1 : 전전류, I_0 : 여자전류(무부하 전류), I_1' : 부하전류

2) $I_0 = Y_0 V_1[A]$ 이므로 $Y_0 = \dfrac{I_0}{V_1}[\mho]$

3) 여자전류 (무부하 전류, 자화 전류) : 변압기에서 순수하게 자속을 만드는 전류

[답] ①

14. 50[kVA], 3,300/100[V]의 변압기가 있다. 무부하일 때 1차 전류 0.5[A] 입력 600[W]이다. 이때 철손전류[A]는 약 얼마인가?

① 0.14   ② 0.18   ③ 0.25   ④ 0.38

해설 14

변압기 손실

1) 철손 : p_i(철손) $= V_1 I_i = g V_1^2$ [W] 이므로, $I_i = \dfrac{P_i}{V_1} = \dfrac{600}{3,300} = 0.18$[A]

[답] ②

15. 변압기의 부하전류 및 전압이 일정하고 주파수가 낮아지면?

① 철손 증가   ② 철손 감소   ③ 동손 증가   ④ 동손 감소

해설 15

변압기 손실

1) 전압이 일정한 상태에서 주파수를 감소시키면 철손 증가, 여자전류 증가, 리액턴스는 감소한다.

[답] ①

16. 60[Hz]의 변압기에 50[Hz]의 동일 전압을 가했을 때의 자속밀도는 몇 [%]인가?

① $\dfrac{6}{5}$ ② $\dfrac{5}{6}$ ③ $\left(\dfrac{5}{6}\right)^{1.6}$ ④ $\left(\dfrac{6}{5}\right)^{2}$

해설 16

변압기 자속밀도

1) $(f \propto \dfrac{1}{B})$이므로 주파수 감소하면 자속밀도는 $\dfrac{6}{5}$만큼 증가

[답] ①

17. 3,300[V], 60[Hz]용 변압기의 와류손이 360[W]이다. 이 변압기를 2,750[V], 50[Hz]에서 사용할 때 와류손은 몇 [W]인가?

① 100   ② 150   ③ 200   ④ 250

해설 17

변압기 손실

1) 부하 손실 : 동손, 표류부하손
2) 무부하 손실 : 철손(히스테리시스손, 와전류손), 유전체손
3) 와류손 $P_e \propto V^2$ (주파수와 무관)
4) $3,300^2 : 2750^2 = 360 : P_e^{'}$ 에서 $P_e^{'} = 250[W]$

[답] ④

18. 어떤 변압기의 단락시험에서 % 저항 강하 1.5[%]와 % 리액턴스 강하 3[%]를 얻었다. 부하역률 80[%] 앞선 경우의 전압 변동률[%]은?

① -0.6 ② 0.6 ③ -0.3 ④ 3.0

해설 18

변압기 전압 변동률
1) 역률이 진상이므로 $\epsilon = p\cos\theta - q\sin\theta = 1.5 \times 0.8 - 3 \times 0.6 = -0.6[\%]$

[답] ①

19. % 저항 강하 1.8[%], % 리액턴스 강하 2.0[%]인 변압기의 전압 변동률의 최대값과 이때의 역률은 각각 약 몇 [%]인가?

① 7.24[%], 26[%] ② 2.7[%], 1.8[%]
③ 2.7[%], 67[%] ④ 1.8[%], 3.8[%]

해설 19

변압기 전압 변동률
1) $\varepsilon(\text{최대값}) = \sqrt{P^2 + q^2} = \sqrt{1.8^2 + 2^2} = 2.7[\%]$
2) $\cos\theta(\text{최대 시 역률}) = \dfrac{P}{\sqrt{P^2 + q^2}} = \dfrac{1.8}{\sqrt{1.8^2 + 2^2}} = 0.67$

[답] ③

20. 역률 100[%]인 때의 전압 변동률 ϵ은 어떻게 표시되는가?

① % 저항 강하 ② % 리액턴스 강하
③ % 서셉턴스 강하 ④ % 임피던스 전압

해설 20

변압기 전압 변동률
$\epsilon = p\cos\theta + q\sin\theta\,[\%]$에서 $\cos\theta = 1$일 때 $\epsilon = p[\%]$이다.

[답] ①

21. 임피던스 전압을 걸 때의 입력은?

① 정격용량 ② 철손
③ 임피던스 와트 ④ 전부하 시의 전손실

해설 21

%Z, 퍼센트 임피던스(강하) : 임피던스 전압
1) 변압기 2차 측을 단락시킨 다음 1차측에 정격전류가 흐를 때까지 인가하는 전압으로, 정격전류가 흐를 때 변압기내의 전압강하
2) 임피던스 전압을 인가할 때 발생하는 와트는 임피던스 와트로 곧 동손과 같음

[답] ③

22. 변압기의 효율이 회전기기의 효율보다 좋은 이유는?

① 철손이 적다. ② 동손이 적다.
③ 동손과 철손이 적다. ④ 기계손이 없고 여자전류가 적다.

해설 22

변압기 효율
1) 변압기는 정지기이므로 기계손이 없고 여자전류가 작다.

[답] ④

23. 변압기의 철손이 전부하 동손보다 크게 설계되었다면 이 변압기의 최대효율은 어떤 부하에서 생기는가?

① $\frac{1}{2}$ 부하   ② $\frac{3}{4}$ 부하   ③ 전부하   ④ 과부하

해설 23

변압기 최대효율 조건
1) 최대효율 조건 : 철손 $P_i[W]$ = 동손 $P_c[W]$
2) 부하율(m)의 최대효율 조건 : $P_i = m^2 P_c$, 부하율 ($m = \sqrt{\frac{P_i}{P_c}}$)
3) 전부하 시 $P_i = P_c$로 설계된 변압기는 전부하 시 최대효율이 되고, $P_i > P_c$ 설계된 변압기는 과부하 시 최대 효율이 된다.

[답] ④

24. 주상변압기에서 보통 동손과 철손의 비는 (a)이고 최대효율이 되기 위하여는 동손과 철손의 비는 (b)이다. 알맞은 것은?

① a = 1:1, b = 1:1
② a = 2:1, b = 1:1
③ a = 1:1, b = 2:1
④ a = 3:1, b = 1:1

해설 24

변압기 최대효율 조건
1) 일반 변압기의 동손(P_c)과 철손(P_i) 비는 2:1이고, 1:1일 때 최대효율이 된다.

[답] ②

25. 100[kVA] 변압기의 역률이 0.8, 전부하에서 효율이 98[%]이면 역률 0.5, 전부하에서의 효율[%]은?

① 97
② 96
③ 94
④ 90

해설 25

변압기 효율
1) 규약효율 : $\eta = \dfrac{출력}{출력+손실} \times 100[\%]$

2) $98 = \dfrac{100 \times 0.8}{100 \times 0.8 + 손실} \times 100[\%]$, 손실 = 1.63[kW]

3) $\cos\theta = 0.5$일 때 $\eta = \dfrac{100 \times 0.5}{100 \times 0.5 + 1.63} \times 100 = 97[\%]$

[답] ①

26. 변압기의 철손이 P_i[kW] 전부하 동손이 P_c[kW]일 때 정격 출력의 $\frac{1}{m}$인 부하를 걸었을 때 전손실[kW]은 얼마인가?

① $(P_i + P_c)\left(\frac{1}{m}\right)^2$ ② $P_i\left(\frac{1}{m}\right)^2 + P_c$

③ $P_i + P_c\left(\frac{1}{m}\right)^2$ ④ $P_i + P_c\left(\frac{1}{m}\right)$

해설 26

변압기 최대효율 조건
1) 최대효율 조건 : 철손 P_i[W] = 동손 P_c[W]
2) 부하율($\frac{1}{m}$)의 최대효율 조건 : $P_i = \left(\frac{1}{m}\right)^2 P_c$, 부하율 ($\frac{1}{m} = \sqrt{\frac{P_i}{P_c}}$)

[답] ③

27. 정격 150[kVA], 철손 1[kW], 전부하 동손이 4[kW]인 단상변압기의 최대 효율과 최대 효율 시의 부하[kVA]는?

① 96.8[%], 125[kVA] ② 97.4[%], 75[kVA]
③ 97[%], 50[kVA] ④ 97.2[%], 100[kVA]

해설 27

변압기 최대효율 조건
1) 최대효율 조건 : 철손 P_i[W] = 동손 P_c[W]
2) 최대효율 시 부하율 : $\frac{1}{m}$(최대효율 시 부하) $= \sqrt{\frac{p_i}{p_c}} = \sqrt{\frac{1}{4}} = 0.5$
3) η(최대효율) $= \frac{\text{최대효율시 출력}}{\text{최대효율시 출력} + 2p_i} = \frac{150 \times 0.5}{150 \times 0.5 + 2 \times 1} = 97.4[\%]$

[답] ②

28. 150[kVA]의 변압기 철손이 1[kW], 전부하 동손이 2.5[kW]이다. 이 변압기의 최대 효율은 몇 [%] 전부하에서 나타나는가?

① 약 50[%]　　② 약 58[%]　　③ 약 63[%]　　④ 약 72[%]

해설 28

변압기 최대효율 조건
1) 최대효율 조건 : 철손 $P_i[W]$ = 동손 $P_c[W]$
2) 최대효율 시 부하율 : $\dfrac{1}{m} = \sqrt{\dfrac{P_i}{P_c}} = \sqrt{\dfrac{1}{2.5}} = 0.63$

[답] ③

29. 변압기의 철손과 전부하 동손을 같게 설계하면 최대 효율은?

① 전부하 시　　② $\dfrac{3}{2}$ 부하 시　　③ $\dfrac{2}{3}$ 부하 시　　④ $\dfrac{1}{2}$ 부하 시

해설 29

변압기 최대효율 조건
1) 최대효율 조건 : 철손 $P_i[W]$ = 동손 $P_c[W]$
2) 부하율(m)의 최대효율 조건 : $P_i = m^2 P_c$, 부하율 $\left(m = \sqrt{\dfrac{P_i}{P_c}}\right)$

[답] ①

30. 변압기의 효율이 가장 좋을 때의 조건은?

① 철손 = 동손 ② 철손 = $\frac{1}{2}$동손

③ $\frac{1}{2}$철손 = 동손 ④ 철손 = $\frac{2}{3}$동손

해설 30

변압기 최대효율 조건
1) 최대효율 조건 : 철손 P_i[W] = 동손 P_c[W]
2) 부하율(m)의 최대효율 조건 : $P_i = m^2 P_c$, 부하율 ($m = \sqrt{\frac{P_i}{P_c}}$)

[답] ①

31. 어떤 변압기의 전부하동손이 270[W] 철손이 120[W]일 때 이 변압기를 최고 효율로 운전하는 출력은 정격출력의 몇 [%]가 되는가?

① 22.5 ② 33.3 ③ 44.4 ④ 66.7

해설 31

변압기 최대효율 조건
1) 최대효율 조건 : 철손 P_i[W] = 동손 P_c[W]
2) 최대효율 시 부하 : $\frac{1}{m} = \sqrt{\frac{p_i}{p_c}} = \sqrt{\frac{120}{270}} = 0.667$

[답] ④

32. $\frac{3}{4}$ 부하에서 효율이 최대인 변압기는 전부하 시에 있어서의 철손과 동손의 비는?

① 3 : 4   ② 4 : 3   ③ 9 : 16   ④ 16 : 9

해설 32

변압기 최대효율 조건
1) 최대효율 조건 : 철손 P_i[W] = 동손 P_c[W]
2) 최대효율 시 부하 : $\frac{1}{m} = \sqrt{\frac{p_i}{p_c}} = \frac{p_i}{p_c} = \left(\frac{1}{m}\right)^2 = \left(\frac{3}{4}\right)^2 = \frac{9}{16}$

[답] ③

33. 변압기의 1차 측을 Y결선, 2차 측을 △결선으로 한 경우 1차, 2차 간의 전압 위상 변위는?

① 0°   ② 30°   ③ 45°   ④ 60°

해설 33

변압기 결선방식 각 변위
1) △-Y, Y-△ 결선 각 변위 : 30°, -30°(330°), 150°, 210°
2) △-△, Y-Y 결선 각 변위 : 0°, 180°

[답] ②

34. 변압비 30 : 1의 단상변압기 3대를 1차 △, 2차 Y로 결선하고 1차에 선간전압 3,300[V]를 가했을 때의 무부하 2차 선간 전압은?

① 250   ② 220   ③ 210   ④ 190

해설 34

변압기 결선방식 △ - Y

1) 변압기 권수비 : $\dfrac{V_1}{V_2} = \dfrac{I_2}{I_1} = \dfrac{E_1}{E_2} = \dfrac{N_1}{N_2} = a$

2) 상전압을 E_2, E_1이라 하면 선간전압을 V_2, V_1이라 하면

$: a = \dfrac{E_1}{E_2} = \dfrac{V_1}{\dfrac{V_2}{\sqrt{3}}}$ 에서 $V_2 = \sqrt{3}\dfrac{V_1}{a} = \sqrt{3}\dfrac{3,300}{30} = 190[\text{V}]$

3) 변압기 상전류를 I_{2p}, I_{1p}이라 하고 선전류를 I_2, I_1이라 하면

$: a = \dfrac{I_{2p}}{I_{1p}} = \dfrac{I_2}{\dfrac{I_1}{\sqrt{3}}} I_2 = \dfrac{a}{\sqrt{3}} I_1$

[답] ④

35. 3상 배전선에서 접속된 V결선의 변압기에 있어 전부하 시의 출력을 P[kVA]라 하면 같은 변압기 1대를 증설하여 △결선하였을 때의 정격 출력[kVA]은?

① $\dfrac{3}{2}P$ ② $\dfrac{2}{\sqrt{3}}P$ ③ $\sqrt{3}P$ ④ $2P$

해설 35

변압기 결선방식 및 출력

1) V 결선의 3상 출력 : $P = \sqrt{3}\,V_p I_p[\text{VA}]$

2) △ 결선의 3상 출력 : $P = 3V_p I_p[\text{A}]$이므로 △ 결선은 V 결선보다 $\sqrt{3}$배 출력

[답] ③

36. △-Y결선을 한 특성이 같은 변압기에 의하여 2,300[V] 3상에서 3상 6,600[V], 400[kW] 역률 0.7(뒤짐)의 부하에 전력을 공급할 때 이 변압기의 용량[kVA]은?

① 약 150　　② 약 160　　③ 약 180　　④ 약 190

해설 36

변압기 용량

단상 변압기 용량 $= \dfrac{3상 부하[kW]}{3 \times \cos\theta} = \dfrac{400[kW]}{3 \times 0.7} = 190[kVA]$

[답] ④

37. 3상 변압기의 병렬운전 조건으로 틀린 것은?

① 상회전의 방향과 각 변위가 같을 것
② % 저항 강하 및 % 리액턴스 강하가 같을 것
③ 각군의 임피던스가 용량에 비례할 것
④ 정격전압, 권수비가 같을 것

해설 37

변압기 병렬운전 조건
1) 극성, (2차 측) 정격 전압, 권수비, %Z 강하 (저항과 리액턴스 강하), 위상이 같을 것, 상회전 방향과 각 변위가 같을 것(3상 변압기)
2) 부하분담 : 용량에는 비례하고 퍼센트 임피던스에는 반비례할 것
3) 불가능 결선 : △-△와 △-Y, △-Y와 Y-Y
4) 변압기 병렬운전 시에는 용량과 전혀 무관

[답] ③

38. 다음 중에서 변압기의 병렬운전 조건에 필요하지 않은 것은?

① 극성이 같을 것
② 용량이 같을 것
③ 권수비가 같을 것
④ 저항과 리액턴스의 비가 같을 것

해설 38

변압기 병렬운전 조건
1) 극성, (2차 측) 정격 전압, 권수비, %Z 강하 (저항과 리액턴스 강하), 위상이 같을 것, 상회전 방향과 각 변위가 같을 것(3상 변압기)
2) 부하분담 : 용량에는 비례하고 퍼센트 임피던스에는 반비례할 것
3) 불가능 결선 : Δ-Δ와 Δ-Y, Δ-Y와 Y-Y

[답] ②

39. 단상 변압기를 병렬운전하는 경우 부하전류의 분담은 무엇에 관계되는가?

① 누설 리액턴스에 비례한다.
② 누설 리액턴스 제곱에 반비례한다.
③ 누설 임피던스에 비례한다.
④ 누설 임피던스에 반비례한다.

해설 39

변압기 병렬운전 조건
1) 극성, (2차 측) 정격 전압, 권수비, %Z 강하 (저항과 리액턴스 강하), 위상이 같을 것, 상회전 방향과 각 변위가 같을 것(3상 변압기)
2) 부하분담 : 용량에는 비례하고 퍼센트 임피던스에는 반비례할 것
3) 불가능 결선 : Δ-Δ와 Δ-Y, Δ-Y와 Y-Y

[답] ④

40. 정격이 같은 2대의 단상변압기 1,000[kVA]가 임피던스 전압은 각각 8[%]와 7[%]이다. 이것을 병렬로 하면 몇 [kVA]의 부하를 걸 수가 있는가?

① 1,865   ② 1,870   ③ 1,875   ④ 1,880

해설 40

변압기 병렬운전 조건
1) 극성, (2차 측) 정격 전압, 권수비, %Z 강하 (저항과 리액턴스 강하), 위상이 같을 것, 상회전 방향과 각 변위가 같을 것(3상 변압기)
2) 부하분담 : 용량에는 비례하고 퍼센트 임피던스에는 반비례할 것
3) 부하분담은 $\dfrac{I_A}{I_B} = \dfrac{P_A[\text{kVA}]}{P_B[\text{kVA}]} \times \dfrac{\%Z_B}{\%Z_A} = \dfrac{1,000}{1,000} \times \dfrac{7}{8} = \dfrac{7}{8}$, $\dfrac{I_A}{I_B} = \dfrac{7}{8}$
4) $I_A = \dfrac{7}{8} \times I_B = \dfrac{7}{8} \times 1,000 = 875[\text{kVA}]$
5) $I_B = \dfrac{8}{7} \times I_A = \dfrac{8}{7} \times 1,000 = 1,142[\text{kVA}]$이나 1,000[kVA]까지만 가능하다.
6) 합성용량 = 875 + 1,000[kVA] = 1,875[kVA] 이하

[답] ③

41. 1차 및 2차 정격 전압이 같은 2대의 변압기가 있다. 그 용량 및 임피던스 강하가 A는 5[kVA], 3[%], B는 20[kVA], 2[%]일 때 이것을 병렬운전하는 경우 부하를 분담하는 비는?

① 1 : 4   ② 2 : 3   ③ 3 : 2   ④ 1 : 6

해설 41

변압기 병렬운전 조건
1) 부하분담 : $\dfrac{I_A}{I_B} = \dfrac{P_A[\text{kVA}]}{P_B[\text{kVA}]} \times \dfrac{\%Z_B}{\%Z_A} = \dfrac{5}{20} \times \dfrac{2}{3} = \dfrac{1}{6}$, $\dfrac{I_A}{I_B} = \dfrac{1}{6}$

[답] ④

42. 2차로 환산한 임피던스가 각각 $0.03+j0.02[\Omega]$, $0.02+j0.03[\Omega]$인 단상변압기 2대를 병렬로 운전시킬 때 분담 전류는?

① 크기는 같으나 위상이 다르다.
② 크기와 위상이 같다.
③ 크기는 다르나 위상이 같다.
④ 크기와 위상이 다르다.

해설 42

변압기 병렬운전 조건
1) 극성, (2차 측) 정격 전압, 권수비, %Z 강하 (저항과 리액턴스 강하), 위상이 같을 것, 상회전 방향과 각 변위가 같을 것(3상 변압기)
2) 부하분담 : 용량에는 비례하고 퍼센트 임피던스에는 반비례할 것
3) 불가능 결선 : Δ-Δ와 Δ-Y, Δ-Y와 Y-Y
4) 환산 임피던스의 크기는 같으나 위상이 다르므로, 분담 전류 크기와 위상도 동일함

[답] ①

43. 3상 전원에서 6상 전압을 얻을 수 없는 결선 방법은?

① 스코트 결선　　　　② 2중 3각 결선
③ 2중 성형 결선　　　④ 포크 결선

해설 43

변압기 결선방식
1) 3상을 6상으로 변환 결선방식 : 환상 결선, 대각 결선, 포크 결선, 2중 Δ 결선, 2중 Y 결선
2) 3상을 2상으로 변환 결선방식 : 스코트 결선 (단상부하 사용)
3) 정류기는 상수가 클수록 맥동이 작기 때문에 6상을 많이 사용

[답] ①

44. 변압기 병렬운전에서 필요조건은? (단, A : 극성을 고려하여 접속할 것, B : 권수비가 상등하며 1차, 2차 정격전압이 상등할 것, C : 용량이 꼭 상등할 것, D : 퍼센트 임피던스 강하가 같을 것, E : 권선의 저항과 누설리액턴스의 비가 상등할 것)

① A, B, C, D
② B, C, D, E
③ A, C, D, E
④ A, B, D, E

해설 44

변압기 병렬운전 조건
1) 극성, (2차 측) 정격 전압, 권수비, %Z 강하 (저항과 리액턴스 강하), 위상이 같을 것, 상회전 방향과 각 변위가 같을 것(3상 변압기)
2) 부하분담 : 용량에는 비례하고 퍼센트 임피던스에는 반비례할 것
3) 불가능 결선 : Δ-Δ와 Δ-Y, Δ-Y와 Y-Y
4) 변압기 병렬운전 시에는 용량과 전혀 무관

[답] ④

45. 변압기를 병렬 운전하는 경우에 불가능한 조합은?

① Δ-Δ 와 Y-Y
② Δ-Y 와 Y-Δ
③ Δ-Y 와 Δ-Y
④ Δ-Y 와 Δ-Δ

해설 45

변압기 병렬운전 조건
1) 극성, (2차 측) 정격 전압, 권수비, %Z 강하 (저항과 리액턴스 강하), 위상이 같을 것, 상회전 방향과 각 변위가 같을 것(3상 변압기)
2) 부하분담 : 용량에는 비례하고 퍼센트 임피던스에는 반비례할 것
3) 불가능 결선 : Δ-Δ와 Δ-Y, Δ-Y와 Y-Y

[답] ④

46. 3상 전원에서 2상 전압을 얻고자 할 때 결선 중 틀린 것은?
① Meyer 결선
② Scott 결선
③ 우드브리지 결선
④ Fork 결선

해설 46

변압기 결선방식
1) 3상을 6상으로 변환 결선방식 : 환상 결선, 대각 결선, 포크 결선, 2중 Δ 결선, 2중 Y 결선
2) 3상을 2상으로 변환 결선방식 : 스코트 결선 (단상부하 사용)

[답] ②

47. 3상 전원에서 2상 전원을 얻기 위한 변압기의 결선 방법은?
① Δ
② T
③ Y
④ V

해설 47

변압기 결선방식
1) 3상을 6상으로 변환 결선방식 : 환상 결선, 대각 결선, 포크 결선, 2중 Δ 결선, 2중 Y 결선
2) 3상을 2상으로 변환 결선방식 : 스코트 결선 (단상부하 사용)

[답] ②

48. 단권 변압기 설명이다. 틀린 것은?

① 사용재료가 적게 들고 손실도 적다.
② 효율이 높다.
③ % 임피던스가 적다.
④ 3상에서는 사용할 수가 없다.

해설 48

단권변압기 특징
1) 1차, 2차를 별도로 절연할 수 없음 (권선 일부 공용)
2) 단락 시 단락 전류가 큼
3) 철손, 동손이 작고 효율이 좋음
4) 누설 리액턴스가 작고 전압변동이 작음

[답] ④

49. 6,000/200의 5[kVA] 단권 변압기를 승압기로 연결하여 1차 측에 6,000[V]를 가할 때 2차 측에 걸 수 있는 최대부하용량[kVA]은?

① 115　　② 160　　③ 155　　④ 150

해설 49

단권변압기 자기용량과 부하용량
1) 자기용량(단권변압기 용량) $= (V_2 - V_1)I_2$, 부하용량(2차 출력) $= V_2 I_2$
2) $\dfrac{\text{자기용량}}{\text{부하용량}} = \dfrac{V_h - V_l}{V_h} = \dfrac{5}{\text{부하용량}} = \dfrac{6,200 - 6,000}{6,200}$, 부하용량 $= 155[\text{kVA}]$

[답] ③

50. 동일 용량의 변압기 2대를 사용하여 3,300[V]의 3상식 간선에서 220[V]의 2상 전력을 얻으려면 T좌 변압기의 권수비는 얼마로 되겠는가?

① 17.31　　② 16.52　　③ 15.34　　④ 12.99

해설 50

변압기 결선법

1) T좌 변압기 권수비 : $a = \dfrac{V_1 \dfrac{\sqrt{3}}{2}}{V_2} = \dfrac{3,300 \times \dfrac{\sqrt{3}}{2}}{220} = 12.99$

[답] ④

51. 변류기 개방 시 2차 측을 단락하는 이유는?

① 2차 측 절연 보호　　② 2차 측 과전류 보호
③ 측정오차 방지　　　④ 1차 측 과전류 방지

해설 51

계기용 변류기 과소현성

1) CT는 2차 측을 개방하면 1차전류(부하전류)가 전부 여자전류가 되어 자속이 급격하게 증가된다.
2) 그러므로 2차 측에 고압이 유기되어 2차 코일이 소손된다. 그리하여 사용 중에는 전류계를 떼기 전에 미리 2차 측을 단락시키면 2차 측 권선이 보호된다.

[답] ①

52. 어떤 변류기의 2차 부담의 임피던스가 1.5[Ω]이라면 2차 부담은 몇 [VA]의 변류기를 선택하는 것이 가장 적당한가?

① 35　　　② 30　　　③ 40　　　④ 100

해설 52

계기용 변류기 부담
1) CT 2차 부담은 2차 출력 $= I_2^2 \times Z_2 = 5^2 \times 1.5 = 37.5[VA]$
2) CT 표준부담 40[VA]를 사용

[답] ③

53. 3상 변압기의 장점에 해당되지 않는 것은?

① 사용철심량이 15[%] 경감된다.
② 바닥면 면적이 작다.
③ 경제적으로 보아 가격이 싸다.
④ 고장 시 수리하기가 쉽다.

해설 53

3상 변압기 단점
1) 고장 수리가 어렵고, 예비기 용량이 크고, 대용량의 경우 수송이 어려움

[답] ④

54. 누설 변압기에 필요한 특성은 무엇인가?

① 정전압 특성 ② 고저항 특성
③ 고임피던스 특성 ④ 수하 특성

해설 54

누설변압기
1) 2차 전류가 증가하면 누설자속이 증가하여 누설리액턴스가 증가하므로 2차 기전력이 감소한다.
2) 수하특성을 갖는 변압기로 용접기, 네온용변압기, 수은등변압기에 이용된다.

[답] ④

55. 주상변압기의 고압 측에 몇 개의 탭을 놓는 이유는?

① 역률개선 ② 단자전압고정
③ 선로 전압조정 ④ 선로 전류조정

해설 55

주상변압기는 1차 측 탭을 조정하여 2차 측 전압을 조정할 수가 있다.

[답] ③

56. 브흐홀쯔 계전기로 보호되는 기기는?

① 변압기
② 발전기
③ 동기전동기
④ 회전변류기

해설 56

KEC 351.4 특고압용 변압기의 보호장치
1) 뱅크용량이 5,000[kVA] 이상 10,000[kVA] 미만인 특고압용 변압기에 내부고장이 생겼을 경우 자동적으로 이를 전로로부터 자동차단하는 장치 또는 경보장치를 시설할 것
2) 뱅크용량이 10,000[kVA] 이상인 특고압용 변압기에 내부고장이 생겼을 경우 자동적으로 이를 전로로부터 자동차단하는 장치를 시설할 것
3) 기계적인 보호 : 부흐홀쯔 계전기, 온도 계전기
4) 전기적인 보호 : 비율차동 계전기, 과전류 계전기, 과전압 계전기
5) 비율차동 계전기는 전기적인 고장 보호용으로, 단락, 지락, 결상 과부하에 이용된다.

[답] ①

57. 변압기의 보호방식 중 비율 차동 계전기를 사용하는 경우는?

① 변압기의 포화 억제
② 고조파 발생 억제
③ 여자돌입 전류 보호
④ 변압기의 상간 단락 보호

해설 57

KEC 351.4 특고압용 변압기의 보호장치
1) 뱅크용량이 5,000[kVA] 이상 10,000[kVA] 미만인 특고압용 변압기에 내부고장이 생겼을 경우 자동적으로 이를 전로로부터 자동차단하는 장치 또는 경보장치를 시설 할 것
2) 뱅크용량이 10,000[kVA] 이상인 특고압용 변압기에 내부고장이 생겼을 경우 자동적으로 이를 전로로부터 자동차단하는 장치를 시설할 것
3) 기계적인 보호 : 부흐홀쯔 계전기, 온도 계전기
4) 전기적인 보호 : 비율차동 계전기, 과전류 계전기, 과전압 계전기
5) 비율차동 계전기는 전기적인 고장 보호용으로, 단락, 지락, 결상 과부하에 이용된다.

[답] ④

58. 1차 공급전압이 일정할 때 변압기의 1차 코일의 권수를 두 배로 하면 여자전류와 최대자속은 어떻게 변하는가? (단, 자로는 포화상태가 되지 않는다.)

① 여자전류 $\frac{1}{4}$ 감소, 최대자속 $\frac{1}{2}$ 감소

② 여자전류 $\frac{1}{4}$ 감소, 최대자속 $\frac{1}{2}$ 증가

③ 여자전류 $\frac{1}{4}$ 증가, 최대자속 $\frac{1}{2}$ 감소

④ 여자전류 $\frac{1}{4}$ 증가, 최대자속 $\frac{1}{2}$ 증가

해설 58

변압기 여자회로

1) 인덕턴스 : $L = \frac{\mu A N^2}{l}$[H]에서 $L \propto N^2$, $X_l = 2\pi f L$[Ω]이므로 $X_l \propto N^2$

2) 여자전류 : $I_0 = \frac{V_1}{X_L} = \frac{V_1}{2\pi f L}$[A]이므로 $I_0 \propto \frac{1}{N^2}$

3) 최대자속 : $E = 4.44 f N \phi_m$[V]에서 $\phi_m \propto \frac{1}{N}$

[답] ①

MEMO

Chapter 04

유도전동기

01. 유도전동기
02. 유도전동기 특성
- 적중실전문제

Chapter 04 유도전동기

01 유도전동기 | 학습내용 : 유도전동기 원리, 구조, 슬립 및 종류

● 체크 포인트 | 대표문제

주파수 60[Hz], 슬립 0.2인 경우 회전자 속도가 720[rpm]일 때 유도전동기의 극수는?
① 4   ② 6   ③ 8   ④ 12

[답] ③

핵심노트

- KeyWord
    1. 유도전동기 유도 기전력
    2. 유도전동기 슬립
    3. 유도전동기 종류

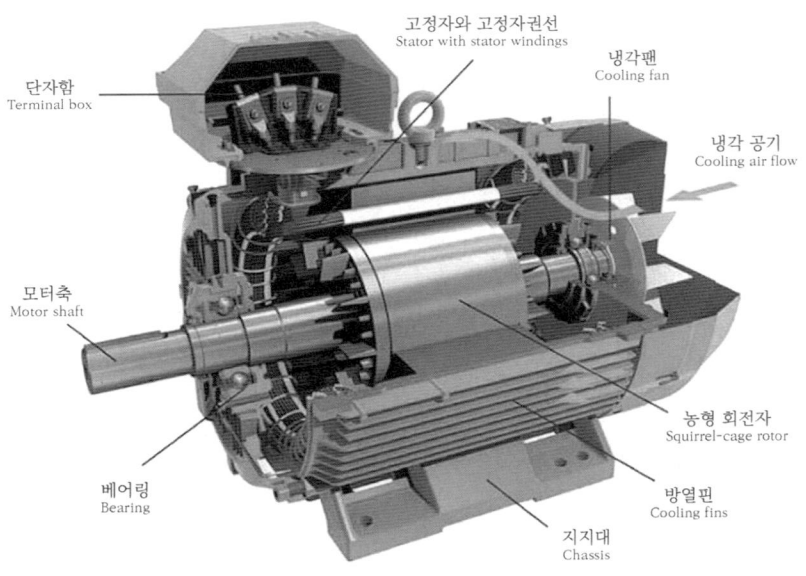

〈농형 유도전동기 구조〉 [참조] ABB 모터

1) 3상 유도전동기 원리 및 구조

(1) 유도 기전력(Induced electromotive force)

① 전자유도 법칙과 플레밍 오른손 & 왼손 법칙을 직접 응용한 전동기이다.

② **플레밍의 오른손 법칙** (Fleming's right hand rule)

ⓐ 자계($B[\text{wb/m}^2]$) 속에서 도체가 이동($F[\text{N}]$)할 때 유도 기전력($e[\text{V}]$)이 발생

ⓑ 유도 기전력($e[\text{V}]$)에 의해 유도 전류($i[\text{A}]$)가 흐른다.

$$e = Blv\sin\theta \, [\text{V}]$$

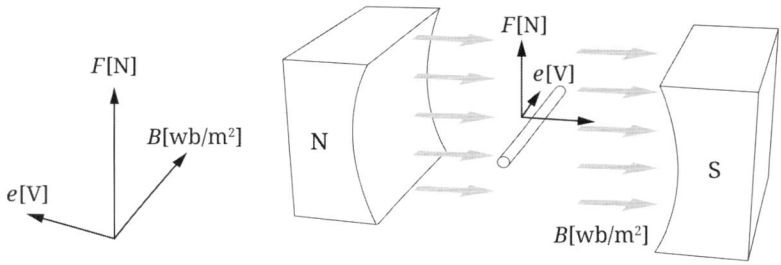

〈 플레밍의 오른손 법칙 〉

③ **플레밍의 왼손 법칙** (Fleming's left hand rule)

ⓐ 자계($B[\text{wb/m}^2]$) 속에서 흐르는 전류($i[\text{A}]$) 사이에 전자력($F[\text{N}]$)이 발생

ⓑ 유도 전류($i[\text{A}]$)가 흐르고 있는 도체가 자계($B[\text{wb/m}^2]$) 안에 놓여 있을 때 기계적인 힘이 작용한다.

$$F = IBlv\sin\theta \, [\text{N}]$$

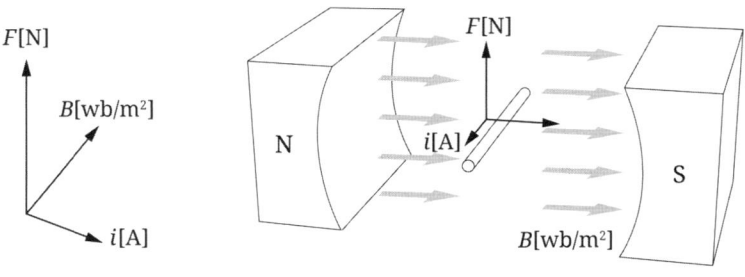

〈 플레밍의 왼손 법칙 〉

(2) 유도전동기의 역학적 에너지 (아라고의 (동제)원판)

① **플레밍 오른손 법칙** (Fleming's right hand rule)
  ⓐ 자계($B[\mathrm{wb/m^2}]$, 자석)을 시계방향 회전
    → (상대적) 원판은 반시계방향 회전
  ⓑ 유도 기전력($e[\mathrm{V}]$) 발생 → 유도 전류($i[\mathrm{A}]$) 발생

$$e = Blv\sin\theta\,[\mathrm{V}]$$

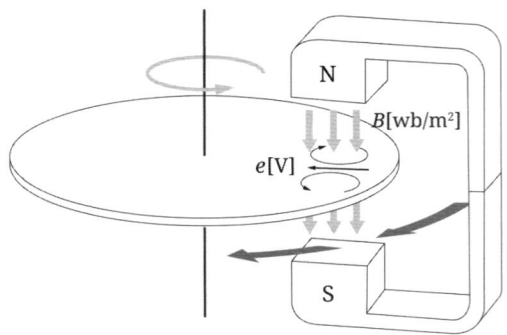

〈아라고 원판 : 유도전류 발생〉

② **플레밍 왼손 법칙** (Fleming's left hand rule)
  ⓐ 유도 전류($i[\mathrm{A}]$)가 자계($B[\mathrm{wb/m^2}]$, 자석) 쇄교
    → 전자력($F[\mathrm{N}]$)이 발생
  ⓑ 전자력($F[\mathrm{N}]$)은 자계($B[\mathrm{wb/m^2}]$, 자석)를 따라 회전

$$F = IBlv\sin\theta\,[\mathrm{N}]$$

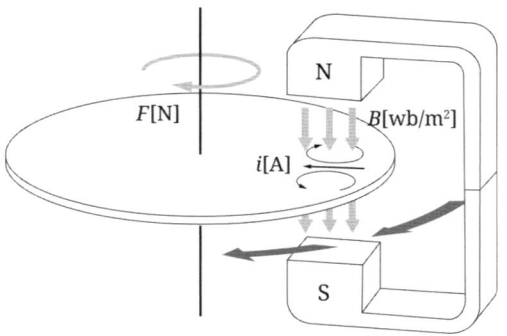

〈아라고 원판 : 회전력 발생〉

(3) 3상 교류 전류의 회전자계 (계자권선 - 고정자)

① 3상 유도전동기 계자 각 상 단자 a, b, c에 3상 전류 i_a, i_b, i_c를 입력

② t_1 시점에 각 권선의 전류와 자속방향

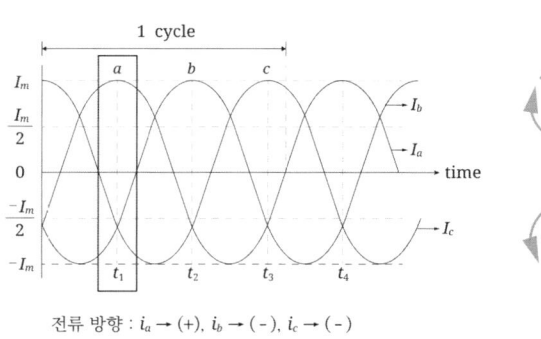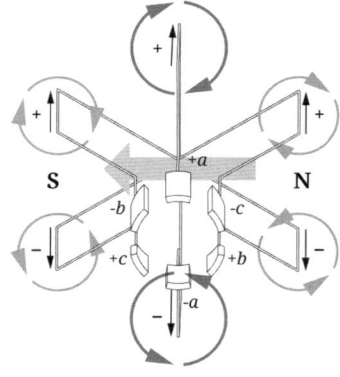

전류 방향 : $i_a \rightarrow (+)$, $i_b \rightarrow (-)$, $i_c \rightarrow (-)$

③ t_2 시점에 각 권선의 전류와 자속방향

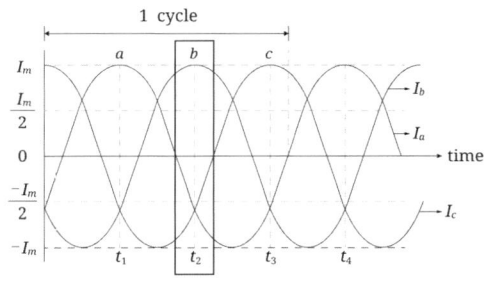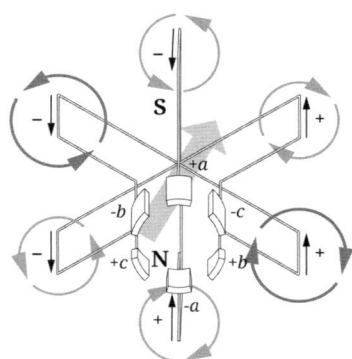

전류 방향 : $i_a \rightarrow (-)$, $i_b \rightarrow (+)$, $i_c \rightarrow (-)$

④ t_3 시점에 각 권선의 전류와 자속방향

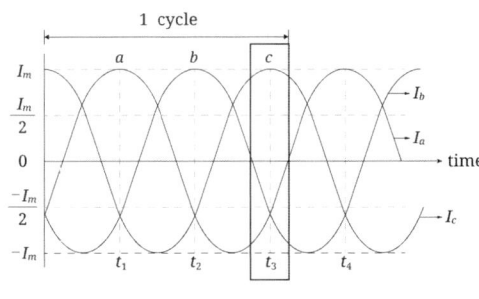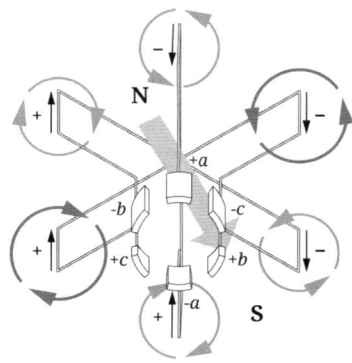

전류 방향 : $i_a \rightarrow (-)$, $i_b \rightarrow (-)$, $i_c \rightarrow (+)$

⑤ 회전자계

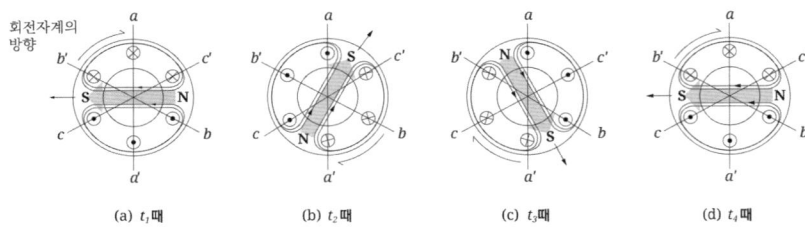

〈2극인 경우의 회전자계〉

(4) 슬립(s, slip)과 회전자 속도(N[rpm])

① 유도전동기 원리에서 아라고 원판이 계자자속을 쇄교(끊어)해야만 유기 기전력이 발생되고, 자계(B[wb/m^2])의 회전속도(N_s[rpm])보다 원판의 회전자 속도(N[rpm])가 조금 늦게 회전

② 상대속도 차 슬립(s, slip)

$$s = \frac{N_s - N}{N_s}, \text{슬립 크기 범위 } 0 < s < 1$$

여기서, N[rpm] : 회전자 속도, 유도전동기 속도
N_s[rpm] : 회전자계 속도, 동기속도

③ 유도전동기 속도 (N[rpm])

$$N = (1-s)\frac{120f}{p} \text{[rpm]}$$

여기서, f[Hz] : 주파수, p : 극수

$$N_s - N = sN_s \text{[rpm]}, \quad N = (1-s)N_s \text{[rpm]}, \quad N_s = \frac{120f}{p} \text{[rpm]}$$

④ 유도전동기 슬립(s, slip)
ⓐ 유도전동기 : $0 < s < 1$
ⓑ 유도발전기 : $s < 0$ ($n_s < n$, 유도전동기로서는 기동 불가)
ⓒ 유도제동기 : $1 < s < 2$

> **참고** □ 역회전 시 슬립
>
> $$s' = \frac{N_s - (-N)}{N_s}, \quad s' = 2 - s \ (s : \text{정회전 슬립})$$
>
> • 유도제동기 슬립범위 : $1 < s < 2$
> • 유도발전기 슬립범위 : $s < 0$

(5) 3상 유도전동기의 구조 (계자 + 회전자)
① 계자 (1차, 고정자) : 3상 전류 이용 회전자계 발생
② 전기자 (2차, 회전자)
  ⓐ 회전자계 이용 유도 전류($i[A]$) 발생
  ⓑ 전기자(회전자) 철심은 원통형으로 되어 있고 규소 강판을 성층하며, 철심의 외주에 있는 슬롯에 권선을 감아 제작

〈 3상 유도전동기 구조 〉

(6) 3상 유도전동기의 회전자 구조 (권선형, 농형)
① **권선형 회전자**(wound rotor)
  ⓐ 회전자 권선을 고정자와 같은 극수의 다상권선(보통 3상 권선)으로 제작
  ⓑ 기동시킬 때 회전자회로에 저항을 넣거나 운전할 때 회전자권선을 단락시켜 운전
② **농형 회전자**(squirrel cage rotor)
  ⓐ 회전자 철심의 슬롯에 굵은 강봉을 끼우고 이 강봉의 양단을 동제의 단락환으로 단락하여 제작
  ⓑ 농형 회전자 종류

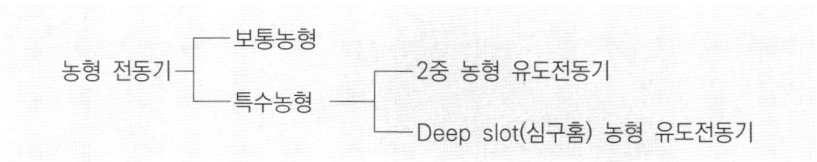

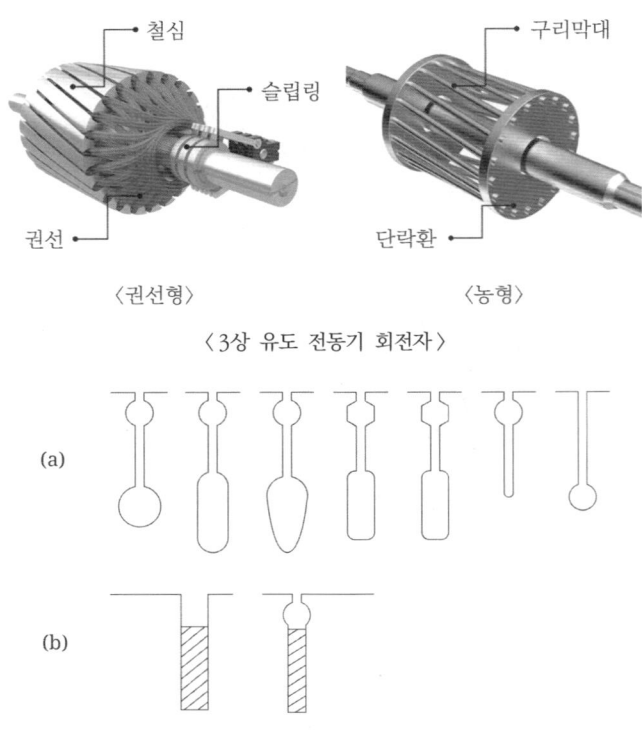

〈3상 유도 전동기 회전자〉

〈2중 농형 및 심구형의 회전자 슬롯〉

예제 1

유도전동기의 슬립 범위는?

① $0 < s < 1$ ② $s > 1$
③ $s < 0$ ④ $0 \leq s \leq 1$

【해설】
유도전동기 : $0 < s < 1$
유도발전기 : $s < 0$
유도제동기 : $1 < s < 2$

[답] ①

예제 2

8극, 60[Hz], 500[kW]의 유도전동기의 전부하 시의 슬립이 2.5[%]라고 한다. 이때의 회전속도는 얼마인가?

① 877[rpm]　　② 882[rpm]　　③ 893[rpm]　　④ 900[rpm]

【해설】
$$N = (1-s)\frac{120f}{p} = (1-0.025)\frac{120 \times 60}{8} = 877[\text{rpm}]$$

[답] ①

➕ 콕콕 Item

■ 유도전동기 원리 (3상 회전자계)

　1) 3상 권선에 3상 전원을 인가 시 회전자계가 동기속도로 회전
　2) 회전자가 이 회전자계에 유도되어 회전

➕ 콕콕 Item

■ 유도전도기 슬립(s) : 회전자계의 회전수와 회전자 회전수의 차이

　1) $s = \dfrac{N_s - N}{N_s}$, $N = (1-s)N_s$ [rpm]

　2) 역회전 시 : $s = \dfrac{N_s - (-N)}{N_s} = 2 - s$, (1 ≤ s ≤ 2)

　3) 유도전동기 : 0 < s < 1
　4) 유도발전기 : s < 0 ($n_s < n$, 유도전동기로서는 기동 불가)
　5) 유도제동기 : 1 < s < 2

02 유도전동기 특성 | 학습내용 : 유도전동기 슬립, 토크, 2차 출력

● 체크 포인트 | 대표문제

4극, 60[Hz] 3상 유도전동기가 있다. 회전자도 3상이고 회전자가 정지할 때 2차 1상 간의 전압이 200[V]이다. 이 전동기를 정상상태에서 1,760[rpm]으로 회전시킬 때 2차 전압은 약 몇 [V]인가?

① 4　　　　② 15　　　　③ 26　　　　④ 34

[답] ①

핵심노트

■ KeyWord
　1. 유도전동기 전기자(2차, 회전자) 특성
　2. 유도전동기 슬립 & 토크
　3. 유도전동기 2차 출력

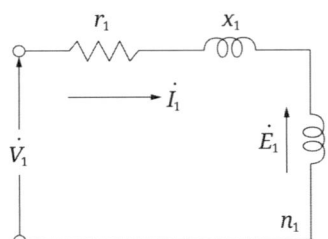 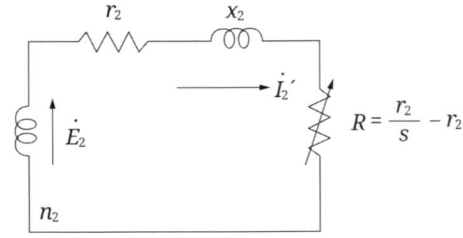

E_1 : 1차 유기기전력
E_2 : 정지 시 2차 유기기전력

r_2 : 2차 한상의 저항
x_2 : 2차 한상의 누설 리액턴스
s : 슬립

〈 유도전동기 등가 부하 저항(R) 〉

1) 3상 유도전동기 회전자(2차) 특성

(1) 슬립주파수 f_2' (회전 시 2차 주파수)

$$f_2' = sf_1 [\text{Hz}]$$

여기서, f_2' : 슬립주파수
  ① 회전자 회전 시 슬립(s)만큼 속도 차가 발생,
    2차에 유기되는 주파수 f_2' 역시 슬립만큼 감소
  ② 회전자 정지 시 : $f_2' = f_1 [\text{Hz}]$

(2) 회전 시 2차 유기전력 (E_2')

  ① 1차 계자권선 : $E_1 = 4.44 f_1 w_1 \phi_m k_{w1} [\text{V}]$
  ② 정지 시 2차 전기자 : $E_2 = 4.44 f_1 w_2 \phi_m k_{w2} [\text{V}]$
  ③ **회전 시 2차 전기자** : $E_2' = 4.44 s f_1 w_2 \phi_m k_{w2} [\text{V}]$

$$E_2' = sE_2 [\text{V}]$$

여기서 $E_2 [\text{V}]$: 정지 시 한상의 유기기전력

(3) 회전 시 2차 전류(I_2')와 등가 부하 저항(R)

① 유도전동기 등가회로

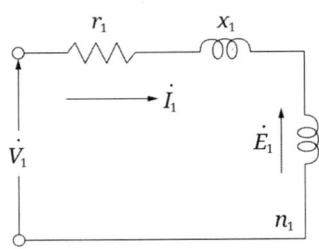
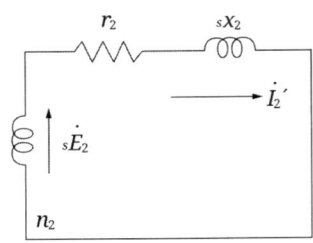

(a) 1차, 계자-고정자　　　　(b) 2차, 전기자-회전자

E_1 : 1차 유기기전력　　　　r_2 : 2차 한상의 저항
E_2 : 정지 시 2차 유기기전력　　x_2 : 2차 한상의 누설 리액턴스
E_2' : 회전 시 2차 유기기전력　　s : 슬립

〈유도전동기 등가회로〉

$$I_2' = \frac{sE_2}{\sqrt{r_2^2 + (sx_2)^2}}[A] = \frac{E_2}{\sqrt{\left(\frac{r_2}{s}\right)^2 + x_2^2}}[A]$$

② 등가 부하 저항 (회전 에너지 → 외부저항으로 표현, 기계적 출력)

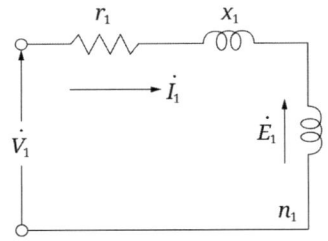
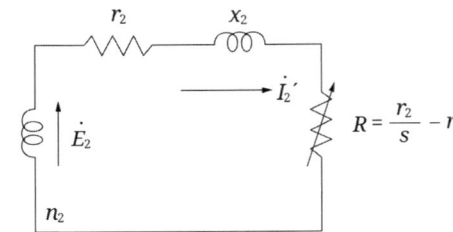

E_1 : 1차 유기기전력　　　　r_2 : 2차 한상의 저항
E_2 : 정지 시 2차 유기기전력　　x_2 : 2차 한상의 누설 리액턴스
E_2' : 회전 시 2차 유기기전력　　s : 슬립

〈등가 부하 저항(R)〉

③ 유도전동기 2차 역률

$$\cos\theta_2 = \frac{\dfrac{r_2}{s}}{\sqrt{\left(\dfrac{r_2}{s}\right)^2 + x_2^2}}$$

> **참고**
>
> □ 회전자 2차 전류($I_2{'}$)
>
> 1) 2차 전기자 :
>
> 정지 시 $I_2 = \dfrac{E_2}{\sqrt{r_2^2 + x_2^2}}$ [A] → 회전 시 $I_2{'} = \dfrac{sE_2}{\sqrt{r_2^2 + (sx_2)^2}}$ [A]
>
> 2) $I_2{'}$ 식의 분모, 분자를 슬립(s)로 나누면
>
> $$I_2{'} = \dfrac{E_2}{\sqrt{\left(\dfrac{r_2}{s}\right)^2 + x_2^2}} [A]$$
>
> 3) 분모의 2차 합성저항 $\dfrac{r_2}{s}$ [Ω]를 외부저항 R [Ω]을 삽입 출력으로 변환시킬 수 있음
>
> 4) R [Ω] : 2차 외부저항(기동저항기) 또는 기계적인 출력의 정수
>
> $$R = \dfrac{r_2}{s} - r_2 = \dfrac{1-s}{s} r_2 \, [\Omega]$$

(4) 2차 입력과 2차 출력, 2차 동손과의 관계

① 한상의 2차 입력

$$2\text{차 입력 } P_2 = E_2 I_2' \cos\theta_2 = (I_2')^2 \frac{r_2}{s} [\text{W}]$$

여기서, $(I_2')^2 r_2$: 2차 저항손 (2차 동손)

> **참고** □ **2차 입력과 동손**
>
> 1) 2차 입력 :
> $$P_2 = E_2 I_2' \cos\theta_2$$
> $$= E_2 \frac{E_2}{\sqrt{\left(\frac{r_2}{s}\right)^2 + x_2^2}} \frac{\frac{r_2}{s}}{\sqrt{\left(\frac{r_2}{s}\right)^2 + x_2^2}} = (I_2')^2 \frac{r_2}{s} [\text{W}]$$
>
> 여기서, $I_2' = \dfrac{E_2}{\sqrt{\left(\frac{r_2}{s}\right)^2 + x_2^2}} [\text{A}]$: 회전자 2차 전류
>
> 2) 2차 저항손 : $P_2 = (I_2')^2 \dfrac{r_2}{s} = \dfrac{1}{s}(I_2')^2 r_2 [\text{W}]$ (r_2 저항손, 동손)

② 2차 동손(P_{c2}, 저항손)

$$P_{c2} = sP_2 [\text{W}]$$

여기서, 2차 입력 : $P_2 = \dfrac{1}{s}(I_2')^2 r_2 [\text{W}]$

③ 2차 출력(P_0 = 2차 입력 − 2차 동손)

$$P_0 = P_2 - sP_2 = (1-s)P_2 [\text{W}]$$

④ 2차 효율 ($\eta_2 = \dfrac{2\text{차출력}}{2\text{차입력}}$)

$$\eta_2 = \frac{P_0}{P_2} = \frac{(1-s)P_2}{P_2} = 1-s = \frac{N}{N_s} = \frac{w}{w_s}$$

여기서, $N[\text{rpm}]$: 회전자 속도, 유도전동기 속도
$N_s[\text{rpm}]$: 회전자계 속도, 동기속도
$w[\text{rad/s}]$: 회전자 각속도, 유도전동기 각속도
$w_s[\text{rad/s}]$: 회전자계 각속도, 동기각속도

예제 3

4극, 50[Hz]의 3상 유도전동기가 1,410[rpm]으로 회전하고 있을 때 회전자 전류의 주파수는 얼마인가?

① 1[Hz]   ② 2[Hz]   ③ 3[Hz]   ④ 4[Hz]

【해설】

동기속도 $N_s = \dfrac{120f}{p} = \dfrac{120 \times 50}{4} = 1,500 [\text{rpm}]$

$s = \dfrac{N_s - N}{N_s} = \dfrac{1,500 - 1,410}{1,500} \times 100 = 0.06, \ f_2' = sf_1 = 0.06 \times 50 = 3 [\text{Hz}]$

[답] ③

예제 4

6극 60[Hz] 유도전동기가 있다. 회전자도 3상이며 회전자 정지 시의 1상의 전압은 200[V]이다. 전부하 시의 속도가 1,152[rpm]이면 2차 1상의 전압은 몇 [V]인가? (단, 1차 주파수는 60[Hz]이다.)

① 8.0   ② 8.3   ③ 11.5   ④ 23.0

【해설】

동기속도 $N_s = \dfrac{120f}{p} = \dfrac{120 \times 60}{6} = 1,200 [\text{rpm}]$

$s = \dfrac{N_s - N}{N_s} = \dfrac{1,200 - 1,152}{1,200} \times 100 = 0.04, \ E_2' = sE_2 = 0.04 \times 200 = 8 [\text{V}]$

[답] ①

예제 5

15[kW], 3상 유도전동기의 기계손이 350[W], 전부하 시의 슬립이 3[%]이다. 전부하 시의 2차 동손[W]은?

① 395   ② 411   ③ 475   ④ 524

【해설】

2차 출력 $P_0 = (1-s)P_2 [\text{W}]$

$P_2 = \dfrac{P_0}{1-s} = \dfrac{15,350}{1-0.03} = 15,825 [\text{W}]$, P_o(2차 출력)[W] = 전부하출력[W] + 기계손[W]

2차 동손 $P_{c2} = sP_2 = 0.03 \times 15,825 = 475 [\text{W}]$

[답] ③

+ 콕콕 Item

■ 유도전동기 회전자(2차) 특성

1) 슬립주파수 : $f_2^{'} = sf_1[\text{Hz}]$, 회전 시 2차 유기기전력 : $E_2^{'} = sE_2[\text{V}]$

(5) 토크와 동기와트

① 토크

$$\tau = 0.975\frac{P_0}{N} = 0.975\frac{(1-s)P_2}{(1-s)N_s} = 0.975\frac{P_2}{N_s}[\text{kg·m}]$$

여기서, $P_0[\text{W}]$: 전부하 출력, $N[\text{rpm}]$: 회전자 속도, 유도전동기 속도
$P_2[\text{W}]$: 2차 입력, $N_s[\text{rpm}]$: 회전자계 속도, 동기속도

② 동기와트 : 동기속도로 운전 중, 2차 입력 P_2을 토크로 나타낸 것

③ 공급전압과 토크 특성

$$\tau = 0.975\frac{P_2}{N_s}[\text{kg·m}] \propto E_2^2, \ \tau \propto V^2$$

> **참고** □ 공급전압과 토크 특성
>
> 1) $\tau \propto P_2 = E_2 I_2 \cos\theta_2[\text{W}]$
>
> $$= E_2 \frac{E_2}{\sqrt{\left(\frac{r_2}{s}\right)^2 + x_2^2}} \frac{\frac{r_2}{s}}{\sqrt{\left(\frac{r_2}{s}\right)^2 + x_2^2}}$$
>
> $$= \frac{E_2^2 \frac{r_2}{s}}{\left(\frac{r_2}{s}\right)^2 + x_2^2}[\text{N·m}]$$
>
> 2) $\tau \propto E_2^2 \propto V^2$

④ 기동 토크(τ_s) : 기동 시 $s=1$

$$\tau_s = k\frac{E_2^2 r_2}{(r_2)^2 + x_2^2}[\text{N·m}] \ (k : \text{비례 상수})$$

⑤ 전부하 토크(τ)

$$\tau_a = k\frac{E_2^2 \dfrac{r_2}{s}}{\left(\dfrac{r_2}{s}\right)^2 + x_2^2}[\text{N·m}] \quad (k : \text{비례 상수})$$

여기서 s : 전부하 슬립

⑥ 최대토크(τ_m)

최대토크 슬립 $s_t = \dfrac{r_2}{\sqrt{r_1^2 + (x_1+x_2)^2}} \fallingdotseq \dfrac{r_2}{x_2}$

→ 최대토크 $\tau_m = \dfrac{E_2^2}{2x_2}[\text{N·m}]$

※ 2차 저항이 변화 → 슬립(s)이 변화

ⓐ $\tau_m = \dfrac{E_2^2 \dfrac{r_2}{s_t}}{\left(\dfrac{r_2}{s_t}\right)^2 + x_2^2}[\text{N·m}]$

여기서, $s_t = \dfrac{r_2}{x_2}$

ⓑ $\tau_m = \dfrac{E_2^2}{2x_2}[\text{N·m}]$

〈 유도전동기 토크 곡선 〉

예제 6

8극, 60[Hz] 3상 권선형 유도전동기의 전부하 시의 2차 주파수가 3[Hz], 2차 동손이 500[W]라면 발생 토크는 약 몇 [kg·m]인가? (단, 기계손은 무시한다.)

① 10.4 ② 10.8 ③ 11.1 ④ 12.5

【해설】

$s = \dfrac{f_2'}{f_1} = \dfrac{3}{60} = 0.05$, 2차 동손 $P_{c2} = sP_2$[W]에서 $P_2 = \dfrac{P_{c2}}{s}$[W]

$\tau = 0.975 \dfrac{P_2}{N_s} = 0.975 \dfrac{\dfrac{500}{0.05}}{900} = 10.8$ [kg·m]

[답] ②

➕ 콕콕 Item

■ **유도전동기 슬립(s) 특성**

1) $P_2 : P_{c2} : P_0 = 1 : s : (1-s)$

2) 출력(P_0) : $P_0 = (1-s)P_2$[W], 2차 동손(P_{c2}) : $P_{c2} = sP_2$[W]

3) 유도전동기 속도 : $N = (1-s)\dfrac{120f}{p}$ [rpm]

4) 토크 : $\tau = 0.975 \dfrac{P_2}{N_s}$ [kg·m] ($\tau \propto V^2$)

5) 2차 효율 : $\eta_2 = 1 - s = \dfrac{w}{w_0} = \dfrac{N}{N_s}$

2) 3상 권선형 유도전동기 비례추이

(1) 외부저항과 슬립
① 권선형 유도전동기는 2차 측 슬립링에 외부저항을 삽입할 수가 있다.

$$\text{비례추이}: \frac{r_2}{s} = \frac{r_2+R}{s'}$$

여기서, s : 전부하 슬립, s' : $R[\Omega]$ 삽입 시 슬립 (속도제어 시 슬립)
$r_2[\Omega]$: 2차 권선저항, $R[\Omega]$: 2차 외부저항 (기동저항기)

② 저항을 삽입해도 전부하 토크가 일정하고, 2차 저항이 증가하는 만큼 슬립이 증가한다.

③ 권선형 유도전동기는 2차 저항을 삽입하면 기동 시 전류를 감소시키고, 기동 시 토크를 크게 할 수 있으며, 운전 시 속도를 제어할 수도 있다.

(2) 외부저항과 전부하 토크
① 전부하 토크의 외부저항

$$\frac{r_2}{s} = \frac{r_2+R}{s'} \text{에서 기동 시 슬립 } s' = 1 \text{ 대입}$$

② 기동 시 전부하 토크와 같은 토크로 기동하기 위한 외부저항 값

$$R = \frac{r_2}{s} - r_2 = \frac{1-s}{s}r_2[\Omega]$$

③ 기동 시 최대 토크와 같은 토크로 기동하기 위한 외부저항 값

ⓐ $R = \dfrac{1-s_t}{s_t}r_2[\Omega]$에 최대토크 $s_t = \dfrac{r_2}{\sqrt{r_1^2 + (x_1+x_2)^2}}$ 적용

ⓑ 외부저항

$$R = \sqrt{r_1^2 + (x_1+x_2)^2} - r_2[\Omega]$$

(3) 유도전동기에서 비례추이

① 비례추이에서 2차 저항이 증가할 때 비례해서 슬립증가

② 2차 저항이 증감하더라도 **최대토크는 항상 일정**

③ 비례추이는 **2차 합성저항($\frac{r_2}{s}$)**에 의해서 비례추이

④ 비례추이로 되지 않는 것은 출력, 효율, 2차 동손

(4) 유도전동기 원선도 (Heyland 원선도)

- 원의 지름은 전압에 비례하고 리액턴스에 반비례

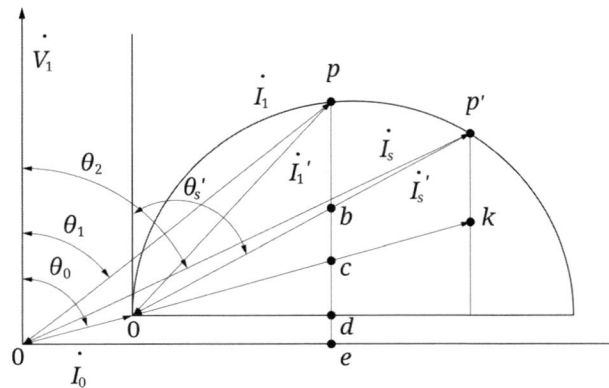

p : 전 부하점
p' : 단락점
de : 철손
cd : 1차 동손
bc : 2차 동손
pb : 2차 출력
pe : 전 입력

〈 유도전동기 원선도 〉

$$s(슬립) = \frac{p_{c2}}{p_2} = \frac{bc}{pc}, \quad 2차효율 = \frac{2차출력}{2차입력} = \frac{pb}{pc}$$

➕ **콕콕 Item**

■ **원선도 작도 시 필요한 시험**

1) 무부하 시험
2) 구속 시험
3) 고정자 저항 측정

예제 7

다음은 권선형 유도전동기에서 "비례추이"에 관한 설명이다. 이 중 옳지 않은 것은?

① 저항 r_2를 삽입하면 최대 토크가 변한다.
② 저항 r_2를 크게 하면 s_m은 커진다.
③ 저항 r_2를 크게 하면 시동 전류는 감소한다.
④ 저항 r_2를 크게 하면 시동 토크가 커진다.

【해설】
2차 저항 $r_2[\Omega]$가 증가하더라도 최대 토크는 항상 일정

[답] ①

예제 8

전부하로 운전하고 있는 4극, 50[Hz] 3상 권선형 유도전동기가 있다. 전부하 속도가 1,440[rpm]에서 1,000[rpm]으로 변화시키자면 2차에 몇 [Ω]의 저항을 넣어야 하는가? (단, 1,440[rpm]일 때의 2차 저항은 0.02[Ω]이다.)

① 0.145   ② 0.18   ③ 0.02   ④ 0.024

【해설】
전부하 슬립 $s = \dfrac{N_s - N}{N_s} \times 100 = \dfrac{1,500 - 1,440}{1,500} \times 100 = 4[\%]$

$s^{'} = \dfrac{N_s - N}{N_s} \times 100 = \dfrac{1,500 - 1,000}{1,500} \times 100 = 33.3[\%]$

$\dfrac{r_2}{s} = \dfrac{r_2 + R}{s^{'}}$, $\dfrac{0.02}{0.04} = \dfrac{0.02 + R}{0.333}$ 에서 $R = 0.145[\Omega]$

[답] ①

예제 9

3상 유도전동기의 특성 중 비례추이 할 수 없는 것은?
① 토크   ② 출력
③ 1차 입력   ④ 2차 전류

【해설】
비례추이 할 수 없는 것 : 출력, 2차 동손, 효율

[답] ②

예제 10

3상 유도전동기의 원선도를 그리는 데 필요하지 않은 실험은?
① 정격 부하 시의 전동기 회전 속도 측정
② 구속 시험
③ 무부하 시험
④ 권선 저항 측정

【해설】
원선도 작도 시 필요한 시험은 무부하시험, 구속시험, 저항측정

[답] ①

➕ **콕콕 Item**

■ **권선형 유도전동기 특성**

1) 비례추이 : $\dfrac{r_2}{s} = \dfrac{r_2 + R}{s'}$, 최대토크 : $\tau_m = k\dfrac{E_2^2}{2x_2}$ [N·m] (k : 비례 상수)

2) 2차 권선저항($\dfrac{r_2}{s}$)을 증가시키면 외부저항은 감소, 속도는 상승

3) 최대토크는 2차 저항과 관계없이 항상 일정

3) 유도전동기 기동방식

(1) 권선형 유도전동기 기동법
① 2차 저항 기동법 ($s=1$ 대 ← R → 소 $s=0$)
    ⓐ 2차 권선에 슬립링을 끼워서 기동 저항을 접속
    ⓑ 토크는 비례추이에 의하여 기동 토크를 크게 함과 동시에 기동전류를 제한

$$\frac{r_2}{s} = \frac{r_2 + R}{s'},\ R = \frac{r_2}{s} - r_2 = \frac{1-s}{s} r_2 [\Omega]$$

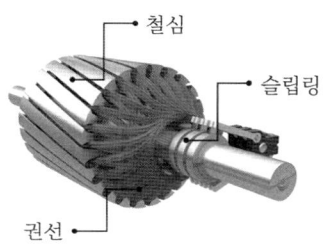

〈 권선형 3상 유도 전동기 회전자 〉

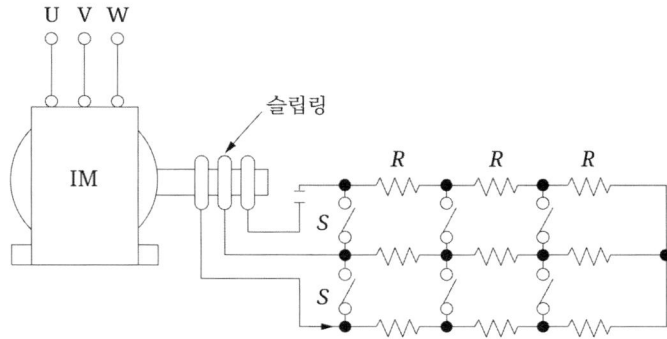

〈 2차 저항 기동법 접속도 〉

② **2차 임피던스 기동법**
  ⓐ 2차 저항 기동법의 기동저항을 고유저항 $R[\Omega]$과 리액터 $x_2[\Omega]$ 또는 과포화 리액터의 병렬 접속으로 삽입하는 방식

> **참고**
> - $\tau = 0.975 \dfrac{P_2}{N_s}[\text{kg·m}] \propto E_2^2,\ \tau \propto V^2$
> - $\tau_a = k \dfrac{E_2^2 \cdot \dfrac{r_2}{s}}{\left(\dfrac{r_2}{s}\right)^2 + x_2^2}[\text{N·m}]$ (k : 비례 상수)
> - $I_2' = \dfrac{sE_2}{\sqrt{r_2^2 + (sx_2)^2}} = \dfrac{E_2}{\sqrt{\left(\dfrac{r_2}{s}\right)^2 + x_2^2}}[\text{A}]$
> - $N = (1-s)\dfrac{120f}{p}[\text{rpm}]$
>   여기서, $f[\text{Hz}]$: 주파수, p : 극수

➕ 콕콕 Item

■ **감전압 기동**
  1) 기동 시 정격전압을 감소시켜서 기동하는 방식
  2) 기동전류 감소되며 기동 시 토크가 작은 것이 단점

(2) 농형 유도전동기의 기동법 (직입, Y-△, 기동 보상기, 리액터 기동) : 감전압 기동
① 전 전압 기동 (직입기동) : 5[kW] 이하
   ⓐ 소용량 농형 전동기에 기동 장치 없이 직접 전 전압을 공급 기동
   ⓑ 기동전류는 전부하 전류의 평균 6배 정도가 흐르지만 용량이 작기 때문에 영향이 크지 않음

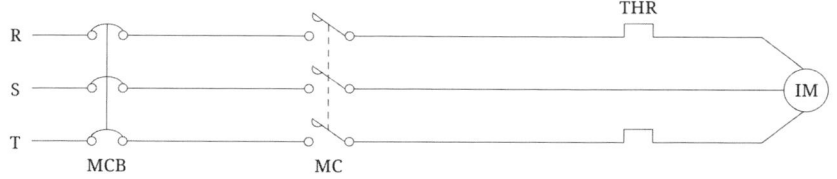

〈 전 전압 기동(직입기동) 결선도 〉

② Y-△ 기동 : 5 ~ 15[kW] 이하
   ⓐ 기동 시에는 Y로 기동하고 운전 시에는 △로 운전하는 방식
   ⓑ Y-△ 기동기 특징
     • 고정자 권선을 Y결선으로 기동, 운전속도에 도달 시 △결선 변환
     • Y결선으로 기동 시 상전압 $\dfrac{1}{\sqrt{3}}$, 기동전류 1/3, 기동토크 1/3 감소
     • 기동 전류는 전부하 전류의 200~250[%] 정도
     • 토크는 전부하 토크의 30~40[%] 정도

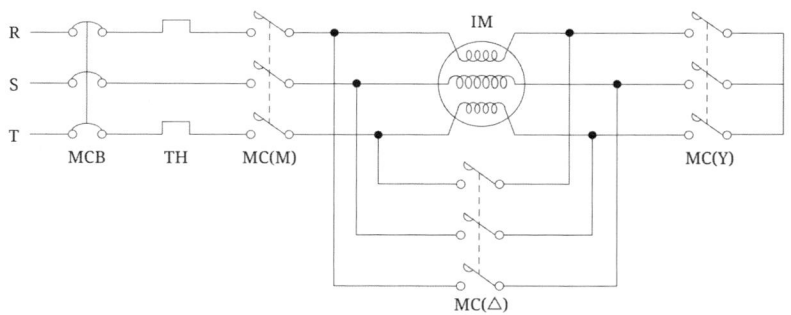

〈 $Y-\triangle$ 기동 결선도 〉

③ 기동 보상기 : 15[kW] 이상
ⓐ 단권변압기 강압용을 이용하여 공급전압을 낮추어 기동
ⓑ 단권 변압기 탭전압을 전동기에 가하여 기동 전류 제한
ⓒ 가속 후 운전 쪽으로 변환 전 전압 공급
ⓓ 기동보상기 Tap 전압 : 50[%], 65[%], 80[%]

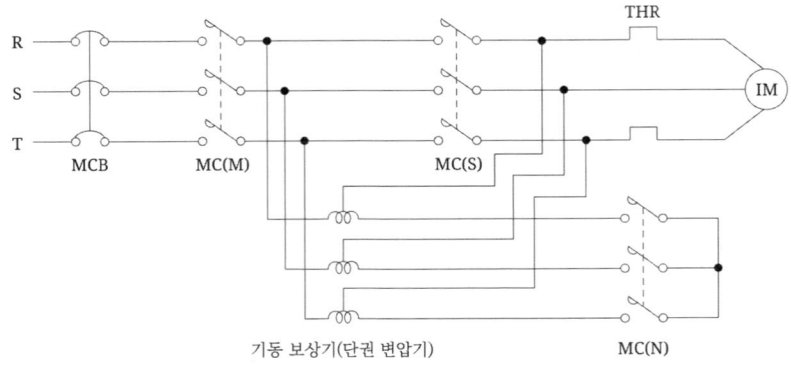

〈 기동 보상기 결선도 〉

④ 리액터 기동
ⓐ 전동기 전원 측에 리액터를 삽입하여 기동, 기동 후 리액터를 단락하는 방법
ⓑ 기동 시 직렬로 접속된 리액터의 전압 강하에 의해 전동기에 가해지는 전압을 감소시켜서 기동 전류는 제한

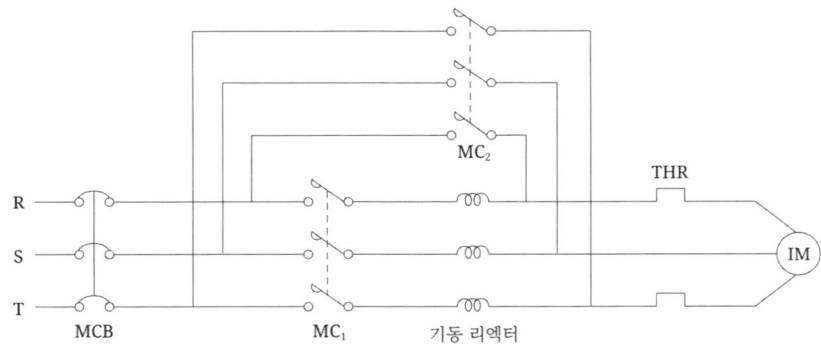

〈 리액터 기동 결선도 〉

➕ 콕콕 Item

- **권선형 유도전동기 기동방식**

    1) 기동 시 2차 외부저항 삽입 $R = \sqrt{r_1^2 + (x_1 + x_2)^2} - r_2 [\Omega]$ (최대토크 기동)
    2) 기동 시 : 외부저항 증가 → 기동전류 감소 → 기동토크 증가

➕ 콕콕 Item

- **유도전동기 직입기동**

    1) 정격전압을 직접 인가하여 기동하는 방식
    2) 5[kW] 이하의 소용량에만 이용
    3) 기동전류가 6배 정도 흐른다.
    4) 단시간 기동에만 이용

➕ 콕콕 Item

- **농형 유도전동기 기동방식**

    1) 기동방식 : 전 전압 기동(직입 기동), $Y-\Delta$ 기동, 리액터 기동, 기동보상기법 기동
    2) $Y-\Delta$ 기동 : Y결선으로 기동(정격전압 $\dfrac{1}{\sqrt{3}}$ 배), Δ결선으로 운전(전 전압)
    3) 기동 보상기법 : 단권변압기를 강압용으로 이용 감전압 방식

4) 유도전동기 속도제어

(1) 속도제어 방법
① 유도전동기 속도 (N [rpm])

$$N = (1-s)\frac{120f}{p} \text{[rpm]}$$

여기서, f[Hz] : 주파수, p : 극수

$$N_s - N = sN_s \text{[rpm]}, \quad N = (1-s)N_s \text{[rpm]}, \quad N_s = \frac{120f}{p} \text{[rpm]}$$

② 속도제어 3요소 : 슬립, 주파수, 극수

(2) 권선형 유도전동기 속도제어
① **2차 저항제어 (슬립제어)**
  ⓐ 비례추이 응용 : 2차 회로에 저항을 넣어 같은 토크에 대한 슬립을 변화시키는 방법
  ⓑ 2차 동손이 증가하고 효율이 나빠지는 결점이 있음

② **2차 여자제어 (슬립제어)**
  ⓐ 회전자 권선에 2차 기전력 sE_2와 같은 주파수의 전압 E_c을 2차 기전력과 반대 방향으로 인가 속도를 제어하는 방법
  ⓑ $I_2' = \dfrac{sE_2 - E_c}{\sqrt{(r_2)^2 + (sx_2)^2}}$ [A]
  여기서, I_2가 일정, $sE_2 - E_c$ 일정
  ⓒ E_c 증가 → 슬립 s → sE_2 증가 → $sE_2 - E_c$ 일정 → 속도 감소
  ⓓ 종류 : 세르비우스 방식, 크레머 방식

③ **종속법 (극수변환)**
  ⓐ 극수가 다른 2대의 유도전동기를 서로 하나의 전동기처럼 종속시켜서 전체 극수를 달리하여 속도를 제어하는 방식
  ⓑ 직렬 종속법 : $N_s = \dfrac{120f_1}{p_1 + p_2}$ [rpm]
  ⓒ 차동 종속법 : $N_s = \dfrac{120f_1}{p_1 - p_2}$ [rpm]
  ⓓ 병렬 종속법 : $N_s = \dfrac{120f_1}{\dfrac{p_1 + p_2}{2}}$ [rpm]

(3) 농형 유도전동기 속도제어

① **주파수 제어**
    ⓐ 전동기의 회전 속도 : $N = (1-s)N_s [\text{rpm}]$, $N_s = \dfrac{120f}{p}[\text{rpm}]$
    ⓑ 전원의 주파수를 변경시키면 연속적으로 원활하게 속도 제어

② **극수 변경**
    ⓐ 권선의 접속을 바꾸어서 극수를 바꾸는 방법
    ⓑ 권선형의 경우에는 고정자 권선의 접속을 바꾸는 동시에 회전자의 극수도 바꾸어야 하므로 매우 복잡

③ **1차 전압제어**
    ⓐ 유도전동기 슬립과 전압 관계 : $s \propto \dfrac{1}{V^2}$
    ⓑ 공급전압을 변환 → 슬립 변화 → 속도 제어
    ⓒ 주파수가 일정한 상태에서는 토크가 일정하지 않기 때문에 일반적으로 거의 사용하지 않음

➕ 콕콕 Item

■ **유도전동기 속도제어 방식**

1) 농형 : 주파수 제어, 극수 제어, 전압 제어 방식
2) 권선형 : 2차 저항, 2차 여자전압, 종속법 방식
3) 3상 농형 유도전동기는 저항을 접속할 수 없으므로 저항제어는 불가능

➕ 콕콕 Item

■ **유도전동기 인버터 제어 (VVVF)**

1) $E_1 = 4.44 f_1 \omega_1 \phi_m k_{\omega_1} [\text{V}]$에서 $\phi_m \propto \dfrac{E_1}{f_1}$ 이므로 전압제어로 주파수를 변화시키는 제어 방식
2) 주파수 증가 시 비례해서 전압을 증가, 자속이 일정하게 되어 토크가 일정
3) 인버터를 이용한 PWM 제어

+ 콕콕 Item

■ 권선형 유도전동기 속도제어 방식

1) 권선형 : 2차 저항, 2차 여자전압, 종속법 방식
2) 2차 여자전압 제어 방식
   ① 회전자에 슬립주파수전압을 인가시켜서 속도를 제어하는 방식
   ② 동기속도 이상으로 속도제어가 가능, 역률도 개선 가능

+ 콕콕 Item

■ 권선형 유도전동기 속도제어 방식 (2차 여자전압)

1) 권선형 회전자 슬립링에 외부에서 슬립주파수전압(E_c)을 인가 속도를 제어하는 방식
   (세르비우스, 크레머 방식)
2) 슬립주파수전압(E_c)를 sE_2 보다 90° 위상을 빠르게 가하면 역률은 개선
3) 슬립주파수전압(E_c)를 sE_2 와 같은 위상으로 $E_c < sE_2$ 의 크기로 가하면 속도는 증가

+ 콕콕 Item

■ 권선형 유도전동기 속도제어 방식 (종속법)

1) 직렬 종속법 : $N_s = \dfrac{120f}{p_1 + p_2}$ [rpm]

2) 차동 종속법 : $N_s = \dfrac{120f}{p_1 - p_2}$ [rpm]

3) 병렬 종속법 : $N_s = \dfrac{120f}{\dfrac{p_1 + p_2}{2}}$ [rpm]

(4) 유도전동기 이상 현상
① 크로우링 현상
ⓐ 정의 : 농형 유도전동기 계자에 고조파가 유기되거나 공극이 일정하지 않을 때는 전동기 회전자가 **정격 속도에 이르지 못하는 현상**
ⓑ 대책 : 회전자 슬롯을 사구(skew slot), 공극 균일

② 게르게스 현상
ⓐ 정의 : 3상 권선형 유도전동기에서 무부하 또는 경부하 운전 중 회전자 한상이 결상이 되어도 전동기가 소손되지 않고 **슬립이 0.5 정도로 계속 운전되는 현상**
ⓑ 대책 : 결상 운전 방지

+ 콕콕 Item

■ 게르게스 현상
1) 권선형 유도전동기에서 회전자 한상이 결상 시 더 이상 속도가 가속되지 않는 현상
2) 게르게스 현상 발생 시 슬립 $s = 0.5$ 정도로 계속 운전

+ 콕콕 Item

■ 크라우링 현상
1) 전동기의 회전 속도가 정격 속도에 도달되지 않고 저속도에서 회전하는 현상
2) 원인 : 계자에 고조파가 유입되거나 공극이 불균형할 때 발생 (농형유도전동기에서 발생)
3) 대책 : 사구, 공극 균일

5) 단상 유도전동기

(1) 단상 유도전동기 특징
① 교번 자계에 의해 회전
② 기동토크가 작기 때문에 별도 기동 장치 필요

(2) 단상 유도전동기 기동 방식
① 기동 방식
: 반발기동, 반발유도, 콘덴서기동, 콘덴서전동기, 분상기동, 세이딩코일
② 반발기동형
: 고정자는 단상의 계자권선이 감겨 있고 회전자는 직류기와 같은 권선형으로 되어있고, 브러시를 이동시켜서 기동과 속도도 제어할 수 있는 방식으로 기동 시 토크가 가장 큼
③ 토크가 큰 순서
: **반발기동형 > 반발유도형 > 콘덴서기동형 > 콘덴서전동기 > 분상기동형 > 세이딩코일형**

예제 11

단상 유도전동기의 기동 방법 중 기동 토크가 큰 것은?
① 분상 기동형　　　　　② 반발 기동형
③ 반발 유도형　　　　　④ 콘덴서 기동형

【해설】
토크가 큰 순서
: 반발기동형 〉 반발유도형 〉 콘덴서기동형 〉 콘덴서전동기 〉 분상기동형 〉 세이딩코일형

[답] ②

＋ 콕콕 Item

■ 단상 유도전동기 기동방식

1) 기동 방식 : 반발기동, 반발유도, 콘덴서기동, 콘덴서전동기, 분상기동, 세이딩코일
2) 반발기동형 : 고정자는 단상의 계자권선이 감겨 있고 회전자는 직류기와 같은 권선형으로 되어있고, 브러시를 이동시켜서 기동과 속도도 제어할 수 있는 방식으로 기동시 토크가 가장 큼
3) 토크가 큰 순서
: 반발기동형 〉 반발유도형 〉 콘덴서기동형 〉 콘덴서전동기 〉 분상기동형 〉 세이딩코일형

6) 유도전압조정기

(1) 단상 유도전압조정기
① 단권 변압기의 원리를 이용하며 회전자 위상각 조정으로 전압조정

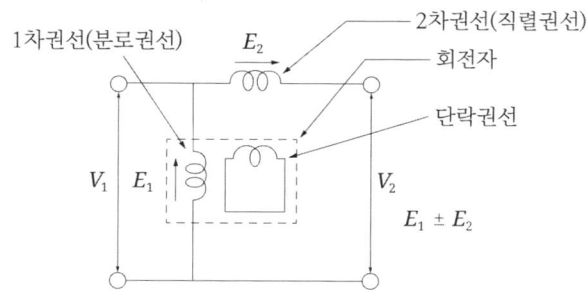

V_1, V_2 : 1차, 2차 단자전압 E_1, E_2 : 1차, 2차 기전력

〈 단상 유도전압조정기 〉

② 전압조정 범위
$$V_2 = V_1 + E_2 \cos\alpha = V_1 \pm E_2 [\text{V}]$$
여기서, $V_2[\text{V}]$: 2차 전압, $V_1[\text{V}]$: 1차 전압,
$E_2[\text{V}]$: 조정 전압, $\alpha[°]$: 회전자 위상각

③ 정격(조정) 용량 : $P = E_2 I_2 [\text{VA}]$

④ 부하 출력 : $P = V_2 I_2 [\text{VA}]$

(2) 3상 유도전압조정기
① 3상 유도 전동기의 회전 자계를 이용

② 전압조정 범위
$$V_2 = \sqrt{3}\,(V_1 \pm E_2)[\text{V}]$$

③ 정격(조정) 용량 : $P = \sqrt{3}\, E_2 I_2 [\text{VA}]$

④ 부하 출력 : $P = \sqrt{3}\, V_2 I_2 [\text{VA}]$

예제 12

단상 유도전압조정기에서 단락 권선의 직접적인 역할은?
① 누설 리액턴스로 인한 전압강하 방지
② 역률 보상
③ 용량 증대
④ 고조파 방지

【해설】
1차에서 발생된 누설자속이 2차에 쇄교할 때 2차 측에서 형성되는 리액턴스에 의한 전압강하 방지용

[답] ①

예제 13

단상 유도전압조정기와 3상 유도전압조정기의 비교 설명으로 옳지 않은 것은?
① 모두 회전자와 고정자가 있으며 한 편에 1차 권선을 다른 편에 2차 권선을 둔다.
② 모두 입력 전압에 의해 대응한 출력 전압 사이에 위상차가 있다.
③ 단상 유도전압조정기에는 단락 코일이 필요하나 3상에는 필요 없다.
④ 모두 회전자의 회전각에 따라 조정된다.

【해설】
단상은 입력 전압과 출력 전압의 위상이 동상이며 3상은 위상차가 있음

[답] ②

➕ 콕콕 Item

■ **유도전압조정기**
  1) 회전자계에 의한 전자유도현상을 이용한 전압조정기이므로 3상 유도전동기 원리를 이용한 전압조정기
  2) 3상 정격용량 : $P = \sqrt{3}\, E_2 I_2 \text{[VA]}$, 단상 정격용량 : $P = E_2 I_2 \text{[VA]}$

Chapter 04. 유도전동기
적중실전문제

1. 3상 유도전동기의 회전 방향은 이 전동기에서 발생되는 회전 자계의 회전 방향과 어떤 관계가 있는가?
① 아무 관계도 없다.
② 회전 자계의 회전방향으로 회전한다.
③ 회전 자계의 반대방향으로 회전한다.
④ 부하 조건에 따라 정해진다.

> **해설 1**

유도전동기 원리 (3상 회전자계)
1) 3상 권선에 3상 전원을 인가 시 회전자계가 동기속도로 회전
2) 회전자가 이 회전자계에 유도되어 회전 자계와 같은 방향으로 회전한다.

[답] ②

2. 3상 유도전동기의 공급 전압이 일정하고 주파수가 정격값보다 수 [%] 감소할 때 다음 현상 중 옳지 않은 것은?
① 동기속도가 감소한다.
② 철손이 약간 증가한다.
③ 누설 리액턴스가 증가한다.
④ 역률이 나빠진다.

> **해설 2**

유도전동기 리액턴스
1) $X_L = 2\pi f L [\Omega]$에서 리액턴스와 주파수는 비례 : 주파수 감소 → 리액턴스 감소

[답] ③

3. 그림에서 고정자가 매초 50회전하고, 회전자가 45회전하고 있을 때 회전자의 도체에 유기되는 기전력의 주파수[Hz]는?

① $f = 45$
② $f = 95$
③ $f = 5$
④ $f = 50$

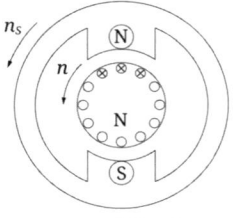

n_s = 50[rps]
n = 45[rps]

해설 3

유도전동기 회전자(2차) 특성
1) 슬립주파수 : $f_2' = sf_1$[Hz] , 회전 시 2차 유기기전력 : $E_2' = sE_2$[V]
2) $n_s = \dfrac{2f}{p} = \dfrac{2 \times f}{2} = 50$[rps] → $f = 50$[Hz], $s = \dfrac{n_s - n}{n_s} = \dfrac{50 - 45}{50} = 0.1$
3) $f_2' = sf_1 = 0.1 \times 50 = 5$[Hz]

[답] ③

4. 6극의 3상 유도전동기가 50[Hz]의 전원에 접속되어 운전하고 있다. 회전자의 주파수가 2.3[Hz]로 운전할 때의 회전자 속도는 몇 [rpm]인가?

① 855 ② 954 ③ 987 ④ 867

해설 4

유도전동기 회전자(2차) 특성
1) 슬립주파수 : $f_2' = sf_1$[Hz], 회전 시 2차 유기기전력 : $E_2' = sE_2$[V]
2) $f_2' = sf_1 = 0.1 \times 50 = 2.3$[Hz] → $s = \dfrac{2.3}{50} = 0.046$
3) $N = (1-s)\dfrac{120f}{p} = (1-0.046) \times \dfrac{120 \times 50}{6} = 954$[rpm]

[답] ②

5. 4극 7.5[kW], 200[V], 60[Hz]의 3상 유도전동기가 있다. 전부하에서의 2차 입력이 7,950[W]이다. 이 경우의 슬립을 구하면? (단, 여기서 기계손은 130[W]이다.)

① 0.04 ② 0.05 ③ 0.06 ④ 0.07

해설 5

유도전동기 슬립(s)

1) $P_{c2} = sP_2$에서 $s = \dfrac{P_{c2}}{P_2} = \dfrac{2차입력 - 2차출력}{2차입력}$,

2) 2차 출력 = 전부하 출력 + 기계손 = $\dfrac{7,950 - (7,500 + 130)}{7,950} = 0.04$

[답] ①

6. 슬립이 6[%]인 유도전동기 2차 효율은 몇 [%]인가?

① 94 ② 84 ③ 90 ④ 88

해설 6

유도전동기 슬립(s) : 회전자계의 회전수와 회전자 회전수의 차이

1) $s = \dfrac{N_s - N}{N_s}$, $N_s - N = sN_s$ → 2차 효율 : $\eta_2 = (1-s) = \dfrac{N}{N_s}$

2) $\eta_2 = 1 - 0.06 = 0.94 = 94[\%]$

[답] ①

7. 권선형 유도전동기의 슬립 s에 있어서의 2차 전류는? (단, E_2, x_2는 전동기 정지 시의 2차 유기전압과 2차 리액턴스로 하고 r_2는 2차 저항이라 한다.)

① $\dfrac{E_2}{\sqrt{\left(\dfrac{r_2}{s}\right)^2 + x_2^2}}$
② $\dfrac{sE_2}{\sqrt{r_2^2 + \dfrac{x_2^2}{s}}}$
③ $\dfrac{E_2}{\sqrt{\left(\dfrac{r_2}{1}-s\right)^2 + x_2}}$
④ $\dfrac{E_2}{\sqrt{(sr_2)^2 + x_2^2}}$

해설 7

유도전동기 회전자(2차) 특성

1) 회전 시 2차 전류 $I_2' = \dfrac{sE_2}{\sqrt{r_2^2 + (sx_2)^2}} = \dfrac{E_2}{\sqrt{\left(\dfrac{r_2}{s}\right)^2 + x_2^2}}$ [A]

[답] ①

8. 60[Hz], 8극의 권선형 유도전동기가 810[rpm]으로 운전하고 있을 때 2차 유기전압은 30[V]였다. 이 상태로 운전 중 급격히 전원 측의 3선 중 2선을 교환하면 2차 유기전압 및 2차 주파수는 얼마인가?

① 30[V], 180[Hz]
② 570[V], 114[Hz]
③ 570[V], 95[Hz]
④ 57[V], 11.4[Hz]

해설 8

유도전동기 회전자(2차) 특성

1) 슬립주파수 : $f_2' = sf_1$[Hz], 회전 시 2차 유기기전력 : $E_2' = sE_2$[V]

2) $N_s = \dfrac{120f}{p} = \dfrac{120 \times 60}{8} = 900$[rpm], $s = \dfrac{N_s - N}{N_s} = \dfrac{900 - 810}{900} = 0.1$

3) $E_2' = sE_2$[V]에서 $E_2 = \dfrac{30}{0.1} = 300$[V], 3선 중 2선을 교환하면 역회전된다.

4) 역회전슬립 $s' = 2 - s = 2 - 0.1 = 1.9$

5) $E_2' = sE_2 = 1.9 \times 300 = 570$[V], $f_2' = sf_1 = 1.9 \times 60 = 114$[Hz]

[답] ②

9. 4극, 60[Hz], 220[V]의 3상 농형 유도전동기가 있다. 운전 시의 입력전류 9[A], 역률 85[%](지상), 효율 80[%], 슬립이 5[%]이다. 회전속도와 출력[kW]는 얼마인가?

① 1,700[rpm], 2.43[kW]
② 1,710[rpm], 2.33[kW]
③ 1,720[rpm], 2.23[kW]
④ 1,730[rpm], 2.13[kW]

해설 9

유도전동기 회전자(2차) 특성

1) $N = (1-s)\dfrac{120f}{p} = (1-0.05) \times \dfrac{120 \times 60}{4} = 1,710[\text{rpm}]$

2) 출력 $P = \sqrt{3}\,VI\cos\theta \times \eta = \sqrt{3} \times 220 \times 9 \times 0.85 \times 0.8 = 2.33[\text{kW}]$

[답] ②

10. 슬립 5[%]인 유도전동기의 등가부하저항은 2차 저항의 몇 배인가?

① 4　　② 5　　③ 19　　④ 20

해설 10

권선형 유도전동기 특징

1) 비례추이 : $\dfrac{r_2}{s} = \dfrac{r_2 + R}{s'}$, 최대토크 : $\tau_{\max} = k\dfrac{E_2^2}{2x_2}[\text{N·m}]$ (k : 비례 상수)

2) $R = \dfrac{1-s}{s}r_2 = \dfrac{1-0.05}{0.05}r_2 = 19\,r_2[\Omega]$

[답] ③

11. 다상 유도전동기의 등가회로에서 기계적 출력을 나타내는 정수는?

① $\dfrac{r_2'}{s}$ ② $(1-s)r_2'$ ③ $\dfrac{s-1}{s}r_2'$ ④ $\left(\dfrac{1}{s}-1\right)r_2'$

해설 11

권선형 유도전동기 특징

1) 비례추이 : $\dfrac{r_2'}{s} = \dfrac{r_2'+R}{s'}$, $R = \dfrac{1-s}{s}r_2' = \left(\dfrac{1}{s}-1\right)r_2'[\Omega]$을 기계적 출력의 정수라 한다.

[답] ④

12. 60[Hz], 4극, 3상 유도전동기의 2차 효율이 0.95일 때, 회전속도[rpm]는?
(단, 기계손은 무시한다.)

① 1,780 ② 1,710 ③ 1,620 ④ 1,500

해설 12

유도전동기 슬립(s) : 회전자계의 회전수와 회전자 회전수의 차이

1) $s = \dfrac{N_s - N}{N_s}$, $N = (1-s)N_s$[rpm] → 2차 효율 : $\eta_2 = (1-s) = \dfrac{N}{N_s}$

2) $\eta_2 = 1-s = 0.95 = 95[\%]$, $N = (1-s)\dfrac{120f}{p} = 0.95 \times \dfrac{120 \times 60}{4} = 1,710$[rpm]

[답] ②

13. 유도전동기의 동기와트를 설명한 것은?

① 동기속도하에서의 2차 입력을 말함
② 동기속도하에서의 1차 입력을 말함
③ 동기속도하에서의 2차 출력을 말함
④ 동기속도하에서의 2차 동손을 말함

해설 13

유도전동기 동기와트

1) 전동기 토크 $\tau = 0.975 \dfrac{P_2}{N_s}$ [kg·m]

2) 동기속도로 운전 중, 2차 입력을 토크로 나타낸 것을 동기와트라 함

[답] ①

14. 유도전동기의 회전력을 τ라 하고, 전동기에 가해지는 단자전압을 V_1[V]라고 할 때 τ와 V_1과의 관계는?

① $\tau \propto V_1$ ② $\tau \propto V_1^2$ ③ $\tau \propto \dfrac{1}{2} V_1$ ④ $\tau \propto 2 V_1$

해설 14

유도전동기 토크 특성

1) 토크는 전압 2승에 비례 : $\tau \propto V^2$ ($\tau = 0.975 \dfrac{P_2}{N_s}$ [kg·m])

2) 토크는 자속과 2차 전류에 비례 : $\tau \propto \phi I_2$

[답] ②

15. 400[V]로 기동 토크가 전부하 토크의 200[%]인 3상 유도전동기의 단자전압을 낮추어 전부하 토크의 150[%] 기동하자면 단자전압을 얼마로 낮추어야 하는가?

① 300[V]　　② 350[V]　　③ 600[V]　　④ 700[V]

해설 15

유도전동기 토크 특성

1) 토크는 전압 2승에 비례 : $\tau \propto V^2$ ($\tau = 0.975 \frac{P_2}{N_s}$[kg·m]])

2) $200 : 150 = 400^2 : V^{2\prime}$, $V^{\prime} = 350$[V]

[답] ②

16. 50[Hz], 4극, 20[kW]의 3상 유도전동기가 있다. 전부하 시의 회전수가 1,450[rpm]이라면 발생토크는 몇 [kg·m]인가?

① 13.45[kg·m]　　② 11.25[kg·m]
③ 10.02[[kg·m]　　④ 8.75[kg·m]

해설 16

유도전동기 토크 특성

1) 토크 $\tau = 0.975 \frac{P_2}{N_s}$[kg·m] ($\tau \propto V^2$), $s = \frac{P_{c2}}{P_2}$, $N_s = \frac{120f}{p}$[rpm]

2) $\tau = 0.975 \frac{P_2}{N_s} = 0.975 \times \frac{20 \times 10^3}{1,450} = 13.448$[kg·m]

[답] ①

17. 극수 p인 3상 유도전동기가 주파수 f[Hz], 슬립 s, 토크 τ[N·m]로 회전하고 있을 때 기계적 출력[W]은?

① $\tau \times \dfrac{4\pi f}{p}(1-s)$ ② $\tau \times \dfrac{4pf}{\pi}(1-s)$

③ $\tau \times \dfrac{4\pi f}{p}s$ ④ $\tau \times \dfrac{\pi f}{2p}(1-s)$

해설 17

유도전동기 토크 특성

1) $P_o(출력) = \omega\tau = 2\pi n\tau = 2\pi(1-s)\dfrac{2f}{p}\tau = \tau \times \dfrac{4\pi f}{p}(1-s)$[W]

[답] ①

18. 유도전동기의 특성에서 토크 τ와 2차 입력 P_2, 동기속도 N_s의 관계는?

① 토크는 2차 입력에 비례하고, 동기속도에 반비례한다.
② 토크는 2차 입력과 동기속도의 곱에 비례한다.
③ 토크는 2차 입력에 반비례하고, 동기속도에 비례한다.
④ 토크는 2차 입력의 자승에 비례하고, 동기속도의 자승에 반비례한다.

해설 18

유도전동기 토크 특성

1) 토크는 전압 2승에 비례 : $\tau \propto V^2$ ($\tau = 0.975\dfrac{P_2}{N_s}$[kg·m])

2) 토크는 자속과 2차 전류에 비례 : $\tau \propto \phi I_2$

[답] ①

19. 권선형 유도전동기의 2차 측 저항을 2배로 증가시켰다. 그때의 최대 회전력은?

① 2배　　② $\frac{1}{2}$배　　③ $\sqrt{2}$배　　④ 불변

해설 19

유도전동기 토크 특성

1) 토크와 2차 입력 P_2는 비례 : $\tau = P_2 = E_2 I_2 \cos\theta_2 [W]$, $\tau = \dfrac{E_2^2 \dfrac{r_2}{s}}{\left(\dfrac{r_2}{s}\right)^2 + x_2^2}[N \cdot m]$

2) 최대 토크 슬립 : $s_t \fallingdotseq \dfrac{r_2^2}{x_1 + x_2'} \fallingdotseq \dfrac{r_2^2}{x_2'}$, 최대 출력 슬립 $s_p \fallingdotseq \dfrac{r_2'}{r_2' + z}$

3) $s_t \fallingdotseq \dfrac{r_2^2}{x_2'}$ 대입, 최대토크 : $\tau_{\max} = \dfrac{E_2^2}{2x_2}[N \cdot m]$

4) 최대토크는 2차 저항과는 관계없이 항상 일정

[답] ④

20. 출력 22[kW], 8극 60[Hz]의 권선형 3상 유도전동기의 전부하 회전수가 855[rpm]이라고 한다. 같은 부하토크로 2차저항 r_2를 4배로 하면 회전속도는 얼마인가?

① 720[rpm]　　② 730[rpm]　　③ 740[rpm]　　④ 750[rpm]

해설 20

권선형 유도전동기 특징

1) $N_s = \dfrac{120f}{p} = \dfrac{100 \times 60}{8} = 900[rpm]$, $s = \dfrac{900 - 855}{900} = 0.05$

2) 비례추이 : $\dfrac{r_2}{s} = \dfrac{r_2 + R}{s'} = \dfrac{n \times r_2}{n \times s}$, r_2을 4배 증가시키면 $s' = 0.05 \times 4 = 0.2$

3) $N' = (1 - 0.2) \times \dfrac{120 \times 60}{8} = 720[rpm]$

[답] ①

21. 3상 권선형 유도전동기의 2차 회로에 저항을 삽입하는 목적이 아닌 것은?

① 속도를 줄이지만 최대토크를 크게 하기 위해
② 속도제어를 하기 위하여
③ 기동토크를 크게 하기 위하여
④ 기동전류를 줄이기 위하여

해설 21

권선형 유도전동기 특징

1) 비례추이 : $\dfrac{r_2}{s} = \dfrac{r_2 + R}{s'}$, 최대토크 : $\tau_{\max} = k\dfrac{E_2^2}{2x_2}[\text{N}\cdot\text{m}]$ (k : 비례 상수)

2) 2차 권선저항($\dfrac{r_2}{s}$)을 증가시키면 외부저항은 감소, 속도는 상승

3) 최대토크는 2차 저항과 관계없이 항상 일정

[답] ①

22. 슬립 s_t는 최대토크를 발생하는 3상 유도전동기에서 2차 1상의 저항을 r_2라 하면 최대토크로 기동하기 위한 2차 1상의 외부로부터 가해주어야 할 저항은?

① $\dfrac{1-s_t}{s_t}r_2$ ② $\dfrac{1+s_t}{s_t}r_2$ ③ $\dfrac{r_2}{1-s_t}$ ④ $\dfrac{r_2}{s_t}$

해설 22

권선형 유도전동기 기동저항

1) 기동 시 2차 외부저항 삽입 $R = \dfrac{1-s_t}{s_t}r_2 = \sqrt{r_1^2 + (x_1+x_2)^2} - r_2[\Omega]$ (최대토크 기동)

2) 기동 시 : 외부저항 증가 → 기동전류 감소 → 기동토크 증가

[답] ①

23. 3상 유도전동기의 최대 토크를 τ_m, 최대 토크를 발생하는 슬립 s_t, 2차 저항 R_2와의 관계는?

① $\tau_m \propto r_2$, $s_t = $ 일정
② $\tau_m \propto r_2$, $s_t \propto r_2$
③ $\tau_m = $ 일정, $s_t \propto r_2$
④ $\tau_m \propto \dfrac{1}{r_2}$, $s_t \propto r_2$

해설 23

권선형 유도전동기 특징

1) 비례추이 : $\dfrac{r_2}{s} = \dfrac{r_2 + R}{s'}$, 최대토크 : $\tau_{\max} = k\dfrac{E_2^2}{2x_2}[\text{N}\cdot\text{m}]$ (k : 비례 상수)

2) 2차 권선저항($\dfrac{r_2}{s}$)을 증가시키면 외부저항은 감소, 속도는 상승

3) 최대토크는 2차 저항과 관계없이 항상 일정

[답] ③

24. 권선형 유도전동기의 기동 시 2차 저항을 넣는 이유는?

① 기동전류 감소
② 회전수 감소
③ 기동토크 감소
④ 기동전류 감소와 토크 증대

해설 24

선형 유도전동기 기동저항

1) 기동 시 2차 외부저항 삽입 $R = \sqrt{r_1^2 + (x_1 + x_2)^2} - r_2[\Omega]$ (최대토크 기동)

2) 기동 시 : 외부저항 증가 → 기동전류 감소 → 기동토크 증가

[답] ④

25. 전부하 슬립 2[%], 1상의 저항이 0.1[Ω]인 3상 유도전동기의 슬립링을 거쳐서 2차의 외부에 저항을 삽입하여 그 기동토크를 전부하 토크와 같게 하고자 한다. 이 저항값[Ω]은?

① 5.0　　　　② 4.9　　　　③ 4.8　　　　④ 4.7

해설 25

권선형 유도전동기 특징

1) 비례추이 : $\dfrac{r_2}{s} = \dfrac{r_2 + R}{s'}$, 최대토크 : $\tau_{max} = k\dfrac{E_2^2}{2x_2}[\text{N}\cdot\text{m}]$ (k : 비례 상수)

2) $\dfrac{r_2}{s} = \dfrac{r_2 + R}{s'} = \dfrac{0.1}{0.02} = \dfrac{0.1 + R}{1}$, 기동 시 $s' = 1 \rightarrow R = 4.9[\Omega]$

[답] ②

26. 유도전동기의 토크 속도 곡선이 비례추이(porportional shifting)한다는 것은 그 곡선이 무엇에 비례해서 이동하는 것을 말하는가?

① 슬립　　　② 회전수　　　③ 공급전압　　　④ 2차 합성저항

해설 26

권선형 유도전동기 특징

1) 비례추이 : $\dfrac{r_2}{s} = \dfrac{r_2 + R}{s'}$, 최대토크 : $\tau_{max} = k\dfrac{E_2^2}{2x_2}[\text{N}\cdot\text{m}]$ (k : 비례 상수)

2) 권선형 유도전동기에서 비례추이는 2차 합성저항($\dfrac{r_2}{s}$)에 의해서 비례추이된다.

[답] ④

27. 3상 유도 전동기의 2차저항을 2배로 했을 때 2배로 증가하는 것은?

① 토크 ② 전류 ③ 역률 ④ 슬립

해설 27

권선형 유도전동기 특징

1) 비례추이 : $\dfrac{r_2}{s} = \dfrac{r_2+R}{s'}$, 최대토크 : $\tau_{\max} = k\dfrac{E_2^2}{2x_2}$[N·m] ($k$: 비례 상수)

2) 2차저항이 증가하는 만큼 비례해서 슬립이 증가

[답] ④

28. 60[Hz], 6극 권선형 3상 유도전동기가 있다. 전부하 시의 회전수는 1,152[rpm]이다. 지금 회전수 900[rpm]에서 전부하 토크를 발생시키려면 회전자에 투입해야 할 외부 저항은 얼마인가? (단, 회전자는 Y결선이고 각상저항 $R_2 = 0.03$[Ω]이다.)

① 0.1275 ② 0.1375 ③ 0.1475 ④ 0.1575

해설 28

권선형 유도전동기 특징

1) 비례추이 : $\dfrac{r_2}{s} = \dfrac{r_2+R}{s'}$, 최대토크 : $\tau_{\max} = k\dfrac{E_2^2}{2x_2}$[N·m] ($k$: 비례 상수)

2) $s = \dfrac{1,200-1,152}{1,200} = 0.04$, $s' = \dfrac{1,200-900}{1,200} = 0.25$

3) $\dfrac{0.03}{0.04} = \dfrac{0.03+R}{0.25}$ 에서 $R = 0.1575$[Ω]

[답] ④

29. 4극, 60[Hz] 3상 유도전동기가 있다. 2차 1상의 저항이 0.01[Ω], $s = 1$일 때 2차 1상의 리액턴스가 0.04[Ω]이라면 전동기는 몇 [rpm]에서 최대 토크를 발생하는가?

① 1,300　　② 1,350　　③ 1,400　　④ 1,450

해설 29

권선형 유도전동기 특징

1) 최대 토크슬립 : $s_t \fallingdotseq \dfrac{r_2}{x_2} = \dfrac{0.01}{0.04} = 0.25$

2) $N_t = (1-s_t)\dfrac{120f}{p} = (1-0.25) \times \dfrac{100 \times 60}{4} = 1,350[\mathrm{rpm}]$

[답] ②

30. 유도전동기의 1차 상수는 무시하고 상수 $\dot{Z_2} = 0.2 + j0.4[\Omega]$이라면 이 전동기가 최대 토크를 발생할 때의 슬립은?

① 0.05　　② 0.15　　③ 0.35　　④ 0.5

해설 30

권선형 유도전동기 특징

1) 최대 토크슬립 : $s_t \fallingdotseq \dfrac{r_2}{x_2} = \dfrac{0.2}{0.4} = 0.5$

[답] ④

31. 1차(고정자 측) 1상당 저항이 $r_1[\Omega]$, 리액턴스 $x_1[\Omega]$이고, 1차에 환산한 2차 측 (회전자 측) 1상당 저항은 $r_2'[\Omega]$, 리액턴스 $x_2'[\Omega]$이 되는 권선형 유도전동기를 기동 시 최대토크의 크기로 기동시키려고 하면 2차에 1상당 얼마의 외부 저항 (1차로 환산한 값)$[\Omega]$을 연결하면 되는가?

① $\dfrac{r_2'}{\sqrt{r_1^2+(x_1+x_2')^2}}$ ② $\sqrt{r_1^2+(x_1+x_2')^2}-r_2'$

③ $\sqrt{(r_1+r_2')^2+(x_1+x_2')^2}$ ④ $\sqrt{r_1^2+(x_1+x_2')^2}+r_2'$

해설 31

권선형 유도전동기 기동저항
1) 기동 시 2차 외부저항 삽입 $R=\sqrt{r_1^2+(x_1+x_2)^2}-r_2[\Omega]$ (최대토크 기동)
2) 기동 시 : 외부저항 증가 → 기동전류 감소 → 기동토크 증가

[답] ②

32. 농형 유도전동기의 기동법이 아닌 것은?

① 전전압기동법 ② 기동보상기법
③ 콘트르파법 ④ 기동저항기법

해설 32

유도전동기 속도제어 방식
1) 농형 : 주파수 제어, 극수 제어, 전압 제어 방식
2) 권선형 : 2차 저항, 2차 여자전압, 종속법 방식
3) 3상 농형 유도전동기는 저항을 접속할 수 없으므로 저항제어는 불가능

[답] ④

33. 10[kW] 정도의 농형 유도전동기 기동에 가장 적당한 방법은?

① 기동 보상기에 의한 기동　　② Y-△기동
③ 저항기동　　　　　　　　　④ 직접기동

해설 33

농형 유도전동기 기동법
1) 전전압 기동 : 3.75[kW] 이하　　2) $Y-\Delta$ 기동 : 5~15[kW]
3) 리액터 기동 : 15[kW] 이상　　　4) 기동보상기법 기동 : 15[kW] 이상

[답] ②

34. 3상 유도전동기의 단자전압을 일정하게 하고 1차코일의 접속을 △로부터 Y로 바꾸었을 때 최대토크의 크기는 다음 중 어떻게 변하는가?

① $\frac{1}{3}$배　　② $\frac{1}{\sqrt{3}}$배　　③ $\sqrt{3}$배　　④ 3배

해설 34

유도전동기 기동방법
1) 전기자 결선 $\Delta \to \tau \propto V^2$
2) 전기자 절선 $Y \to \tau \propto \left(\frac{V}{\sqrt{3}}\right)^2 \propto \frac{1}{3}V^2$ 이 되어 토크가 △결선에 비하여 $\frac{1}{3}$로 감소

[답] ①

35. 유도전동기의 1차접속을 △에서 Y로 바꾸면 기동 시의 1차전류는?

① $\dfrac{1}{3}$로 감소 ② $\dfrac{1}{\sqrt{3}}$로 감소

③ $\sqrt{3}$로 증가 ④ 3배로 증가

해설 35

유도전동기 결선방법
1) 선간전압을 V_l라고 하고 상전류를 V_p라고 하면
2) $\Delta \to I_p(상전류) = \dfrac{V_p}{Z} = \dfrac{V_l}{Z}[A]$, $I_e(선전류) = \sqrt{3}\,I_p = \sqrt{3} \times \dfrac{V_l}{Z}[A]$
3) $Y \to I_p(상전류) = \dfrac{V_p}{Z} = \dfrac{\frac{V_l}{\sqrt{3}}}{Z}[A]$, $I_e(선전류) = I_p = \dfrac{V_l}{\sqrt{3}\,Z}$, $\dfrac{I_Y}{I_\Delta} = \dfrac{\frac{V_l}{\sqrt{3}\,Z}}{\frac{\sqrt{3}\,V_l}{Z}} = \dfrac{1}{3}$

[답] ①

36. 유도전동기의 제동방법 중 슬립의 범위를 1~2 사이로 하여, 3선 중 2선의 접속을 바꾸어 제동하는 방법은?

① 역상제동 ② 직류 제동 ③ 단상 제동 ④ 희생 제동

해설 36

유도전동기 제동 방식
1) 제동방식 : 회생제동, 발전제동, 역상제동, 직류제동, 단상제동
2) 역상제동 : 3상중 2상을 바꿔 역상으로 전환, 제동하는 방식

[답] ①

37. 유도전동기 기동보상기 탭전압으로 보통 사용되지 않는 전압은 정격 전압의 몇 [%] 정도인가?

① 35[%]   ② 50[%]   ③ 65[%]   ④ 80[%]

해설 37

농형 유도전동기 기동방식
1) 기동 보상기법 : 단권변압기를 강압용으로 이용 감전압 방식
2) 기동에서 단권변압기 50[%], 65[%], 80[%] Tap이 있다.

[답] ①

38. 유도전동기의 기동방식 중 권선형에만 사용할 수 있는 방식은?

① 리액터기동   ② Y-△기동
③ 2차회로의 저항삽입   ④ 기동보상기

해설 38

권선형 유도전동기 속도제어 방식
1) 권선형 : 2차 저항, 2차 여자전압, 종속법 방식
2) 2차 여자전압 제어 방식
 • 회전자에 슬립주파수전압을 인가시켜서 속도를 제어하는 방식
 • 동기속도 이상으로 속도 제어가 가능, 역률도 개선 가능

[답] ③

39. 12극과 8극의 3상 유도전동기를 병렬종속 접속법으로 속도제어를 할 때 전원 주파수가 60[Hz]인 경우 무부하속도는 몇 [rpm]인가?

① 900 ② 720 ③ 600 ④ 360

해설 39

권선형 유도전동기 속도제어 방식 (종속법)

1) 병렬 종속법 : $N_s = \dfrac{120f}{\dfrac{p_1+p_2}{2}}[\text{rpm}] = \dfrac{120 \times 60}{\dfrac{12+8}{2}} = 720[\text{rpm}]$

[답] ②

40. 3상 유도전동기의 속도를 제어시키고자 한다. 적합하지 않은 방법은?

① 주파수 변환법 ② 종속법
③ 2차여자법   ④ 전전압법

해설 40

유도전동기 속도제어 방식
1) 농형 : 주파수 제어, 극수 제어, 전압 제어 방식
2) 권선형 : 2차 저항, 2차 여자전압, 종속법 방식
3) 3상 농형 유도전동기는 저항을 접속할 수 없으므로 저항제어는 불가능

[답] ④

41. 유도전동기의 속도 제어법 중 저항제어와 무관한 것은?

① 농형 유도전동기 ② 비례추이
③ 속도제어가 간단하고 원활함 ④ 속도조정 범위가 적다.

해설 41

유도전동기 속도제어 방식
1) 농형 : 주파수 제어, 극수 제어, 전압 제어 방식
2) 권선형 : 2차 저항, 2차 여자전압, 종속법 방식
3) 3상 농형 유도전동기는 저항을 접속할 수 없으므로 저항제어는 불가능

[답] ①

42. 권선형 유도전동기의 저항 제어법의 장점은 다음 중 어느 것인가?

① 부하에 대한 속도 변동이 크다.
② 구조가 간단하며 제어 조작이 용이하다.
③ 역률이 좋고, 운전효율이 양호하다.
④ 전부하로 장시간 운전하여도 온도 상승이 적다.

해설 42

권선형 유도전동기 속도제어 방식
1) 권선형 : 2차 저항, 2차 여자전압, 종속법 방식
2) 권선형 유도전동기 속도제어법인 2차 저항제어는 구조가 간단하고 제어가 용이한 반면 효율이 나쁘다.

[답] ②

43. 포트 모터의 속도제어에 쓰이는 방법은 어느 것인가?

① 극수 변환에 의한 제어　② 1차 회전에 의한 제어
③ 저항에 의한 제어　　　　④ 주파수 변환에 의한 제어

해설 43

유도전동기 속도제어 방식
1) 3상 유도전동기 속도제어 시 주파수제어는 포트 모터, 선박용 추진 모터에 이용되고 있다.

[답] ④

44. 유도전동기의 회전자에 슬립주파수의 전압을 공급하여 속도제어를 하는 방법은?

① 2차 저항법　　　② 직류 여자법
③ 주파수 변환법　　④ 2차 여자법

해설 44

권선형 유도전동기 속도제어 방식
1) 권선형 : 2차 저항, 2차 여자전압, 종속법 방식
2) 2차 여자전압 제어 방식
- 회전자에 슬립주파수전압을 인가시켜서 속도를 제어하는 방식
- 동기속도 이상으로 속도 제어가 가능, 역률도 개선 가능

[답] ④

45. 선박의 전기추진용 전동기의 속도제어에 가장 알맞은 것은?

① 주파수 변환에 의한 제어
② 극수 변환에 의한 제어
③ 1차 회전에 의한 제어
④ 2차 저항에 의한 제어

해설 45

유도전동기 속도제어 방식
1) 일반적으로 선박의 전기추진용 전동기에 속도제어방식은 주파수 변환제어 방식을 적용

[답] ①

46. 유도전동기의 1차 전압변화에 의한 속도제어에서 SCR을 사용하는 경우 변화시키는 것은?

① 위상각
② 주파수
③ 역상분 토크
④ 전압의 최대치

해설 46

반도체 정류기
1) SCR을 이용하여 위상각을 변화시키면 전압을 제어하여 속도를 제어할 수 있다.

[답] ①

47. 그림과 같은 sE_2는 권선형 3상 유도전동기의 2차 유기전압이고 E_c는 2차 여자법에 의한 속도제어를 하기 위하여 외부에서 회전자 슬립에 가한 슬립주파수의 전압이다. 여기서, E_c의 작용 중 옳은 것은?

① 역률을 향상시킨다.
② 속도를 강하하게 한다.
③ 속도를 상승하게 한다.
④ 역률과 속도를 떨어뜨린다.

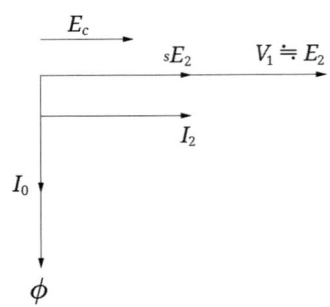

해설 47

권선형 유도전동기 속도제어 방식 (2차 여자전압)
1) 권선형 회전자 슬립링에 외부에서 슬립주파수전압(E_c)을 인가 속도를 제어하는 방식 (세르비우스, 크레머 방식)
2) 슬립주파수전압(E_c)를 sE_2보다 90° 위상을 빠르게 가하면 역률은 개선
3) 슬립주파수전압(E_c)를 sE_2와 같은 위상으로 $E_c < sE_2$의 크기로 가하면 속도는 증가

[답] ③

48. 3상 권선형 유도전동기의 속도제어를 위하여 2차 여자법을 사용하고자 할 때 그 방법은?

① 1차 권선에 가해주는 전압과 동일한 전압을 회전자에 가한다.
② 직류 전압을 3상 일괄해서 회전자에 가한다.
③ 회전자 기전력과 같은 주파수의 전압을 회전자에 가한다.
④ 회전자에 저항을 넣어 그 값을 변화시킨다.

해설 48

권선형 유도전동기 속도제어 방식 (2차 여자전압)
1) 권선형 회전자 슬립링에 외부에서 슬립주파수전압(E_c)을 인가 속도를 제어하는 방식 (세르비우스, 크레머 방식)
2) 2차 여자법에서 회전자에 인가하는 슬립주파수 전압이란 회전자에 유기되고 있는 주파수와 같은 주파수 전압을 의미한다.

[답] ③

49. 일정 토크 부하에 알맞은 유도전동기의 주파수 제어에 의한 속도제어 방법을 사용할 때 공급전압과 주파수는 어떤 관계를 유지하여야 하는가?

① 공급전압이 항상 일정하여야 한다.
② 공급전압의 자승에 주파수는 비례되어야 한다.
③ 공급전압과 주파수는 비례되어야 한다.
④ 공급전압의 자승에 반비례하는 주파수를 공급하여야 한다.

해설 49

유도전동기 인버터 제어 (VVVF, 가변 전압 가변 주파수 제어)
1) $E_1 = 4.44 f_1 \omega_1 \phi_m k_{\omega_1}[V]$에서 $\phi_m \propto \dfrac{E_1}{f_1}$이므로 전압제어로 주파수를 변화시키는 제어 방식
2) 주파수 증가 시 비례해서 전압을 증가, 자속이 일정하게 되어 토크가 일정
3) 인버터를 이용한 PWM 제어

[답] ③

★★★☆☆

50. 제13고조파에 의한 기자력의 회전자계의 회전방향 및 속도와 기본파 회전자계의 관계는?

① 기본파와 반대방향이고, $\frac{1}{13}$배의 속도

② 기본파와 동방향이고, $\frac{1}{13}$배의 속도

③ 기본파와 동방향이고, 13배의 속도

④ 기본파와 반대방향이고, 13배의 속도

해설 50

기본파 회전자계와 고조파 회전자계
1) 회전자계와 동방향 고조파 : 7, 13
2) 회전자계와 역방향 고조파 : 5, 11
3) 3, 9고조파 : 회전자계를 발생하지 않으며, 속도는 $\frac{1}{n}$배 (n : 고조파차수)

[답] ②

★★★★★

51. 3상 유도전동기를 불평형 전압으로 운전하면 토크와 입력의 관계는?

① 토크는 증가하고 입력은 감소
② 토크는 증가하고 입력은 증가
③ 토크는 감소하고 입력은 증가
④ 토크는 감소하고 입력은 감소

해설 51

3상 유도전동기 이상현상
1) 불평형전압이 인가되면 그때 입력전류가 증가하므로 입력은 증가하고 토크는 감소

[답] ③

52. 유도전동기의 슬립(slip)을 측정하려고 한다. 다음 중 슬립의 측정법은 어느 것인가?

① 직류밀리볼트계법 ② 동력계법
③ 보조발전기법 ④ 프로니브레이크법

해설 52

유도전동기 슬립
1) 슬립측정법 : 직류밀리볼트계법, 수화기법, 스트로보스코프법

[답] ①

53. 유도전동기의 보호방식에 따른 종류가 아닌 것은?

① 방진형 ② 방수형 ③ 전개형 ④ 방폭형

해설 53

유도전동기 보호방식 분류
1) 인체 및 고형물 보호 : 무보호형, 반보호형, 보호형, 전폐형, 방진형, 방폭형
2) 물의 침입 보호 : 무보호형, 방적형, 방우형, 방말형, 수중형

[답] ③

54. 그림과 같은 3상 유도전동기의 원선도에서 P점과 같은 부하 상태로 운전할 때 2차 효율은?

① $\dfrac{PQ}{PR}$ ② $\dfrac{PQ}{PT}$

③ $\dfrac{PR}{PT}$ ④ $\dfrac{PR}{PS}$

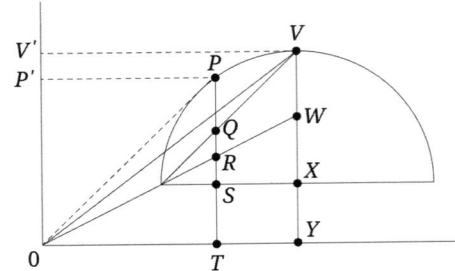

해설 54

유도전동기 원선도

1) η(2차 효율) $= \dfrac{2\text{차출력}}{2\text{차입력}} = \dfrac{PQ}{PR}$

PT : 전입력, PQ : 2차 출력, PR : 2차 입력, QR : 2차 동손, RS : 1차 동손, ST : 철손

[답] ①

55. 3상 유도전동기가 75[%]의 부하를 가지고 운전하고 있던 중 1선이 개방되면 어떻게 되는가?

① 즉시 정지한다.
② 계속 운전하며, 전동기에 큰 지장이 없다.
③ 역방향으로 회전하다.
④ 계속 운전하나 소손될 위험이 따른다.

해설 55

3상 유도전동기 사고

1) 운전 중에 한상이 단선되면 전류가 $\sqrt{3}$로 증가하므로 50[%] 이상 부하운전 시는 전동기가 어느 정도 운전되다 소손

[답] ④

★★★★★

56. 제5고조파에 의한 기자력의 회전방향 및 속도가 기본파 회전자계에 대한 관계는?

① 기본파와 같은 방향이고 5배의 속도

② 기본파와 같은 방향이고 $\frac{1}{5}$배의 속도

③ 기본파와 역방향으로 5배의 속도

④ 기본파와 역방향으로 $\frac{1}{5}$배 속도

해설 56

기본파 회전자계와 고조파 회전자계
1) 회전자계와 동방향 고조파 : 7, 13
2) 회전자계와 역방향 고조파 : 5, 11
3) 3, 9고조파 : 회전자계를 발생하지 않으며, 속도는 $\frac{1}{n}$배 (n : 고조파차수)

[답] ④

★★★★★

57. 직류 서보 모터와 교류 2상 서보 모터를 비교해서 잘못된 것은?

① 교류식은 회전부분이 마찰이 크다.
② 기동토크는 직류식이 월등히 크다.
③ 회로의 독립은 교류식은 용이하다.
④ 대용량의 제작은 직류식이 용이하다.

해설 57

교류 서보모터는 직류 서보모터와 비교 시 브러시가 없으므로 마찰이 적다.

[답] ①

58. 3상 4극 유도전동기가 있다. 고정자의 슬롯수가 24라면 슬롯과 슬롯 사이의 전기각은 얼마인가?

① 20° ② 30° ③ 40° ④ 60°

해설 58

전기각 & 기계각

1) 전기적인 각 = 기하학적인 각 $\times \dfrac{p}{2} = 2\pi \times \dfrac{4}{2} = 4\pi$

2) 슬롯과 슬롯 사이 전기각 : $\alpha = \dfrac{\text{전기적인 각}}{\text{슬롯수}} = \dfrac{4\pi}{24} = 30°$

[답] ②

59. 3상 유도전동기가 경부하로 운전 중 1선의 퓨즈가 끊어지면 어떻게 되는가?

① 속도가 증가하여 다른 퓨즈도 녹아 떨어진다.
② 속도가 낮아지고 다른 퓨즈도 녹아 떨어진다.
③ 전류가 감소한 상태에서 회전이 계속된다.
④ 전류가 증가한 상태에서 회전이 계속된다.

해설 59

3상 유도전동기 사고

1) 운전 중 한상이 단선되면 전류가 $\sqrt{3}$ 배로 증가하고, 경부하 시에는 과전류가 되지 않으므로 전류가 증가하지만 소손되지 않고 계속 운전

[답] ④

60. 횡축에 속도 n을 종축에 토크 T를 취하여 전동기 및 부하의 속도 토크 특성 곡선을 그릴 때 그 교점이 안정 운전점인 경우에 성립하는 관계식은? (단, 전동기의 발생 토크를 T_M, 부하의 반항 토크를 T_L이라 한다.)

① $\dfrac{dT_M}{dT_L} < \dfrac{dT_L}{dn}$ ② $\dfrac{dT_M}{dn} < \dfrac{dT}{dn} = 0$

③ $\dfrac{dT_M}{dT_L} = \dfrac{dT_L}{dn}$ ④ $\dfrac{dT_M}{dn} < \dfrac{dT_L}{dn}$

해설 60

유도전동기 안전운전 조건
1) $\dfrac{dT_m}{dn} < \dfrac{dT_L}{dn}$, ($T_m$: 전동기 토크, T_L : 부하 토크, n : 회전수)
2) 속도에 대한 토크의 변화율이 회전자에서 발생되는 토크보다 부하에서 요구하는 토크가 커야만 안전운전상태가 된다.

[답] ④

61. 2중 농형 유도전동기가 보통 농형 전동기에 비해서 다른 점은?
① 기동전류가 크고, 기동토크도 크다.
② 기동전류가 적고, 기동토크도 작다.
③ 기동전류가 적고, 기동토크는 크다.
④ 기동전류가 크고, 기동토크는 작다.

해설 61

농형 유도전동기 토크 특성
1) 기동 시 토크 큰 순서 : 2중 농형 〉 심구 농형 〉 보통 농형

[답] ③

62. 농형 유도전동기의 결점인 것은?

① 기동 용량[kVA]가 크고, 기동 토크가 크다.
② 기동 용량[kVA]가 작고, 기동 토크가 작다.
③ 기동 용량[kVA]가 작고, 기동 토크가 크다.
④ 기동 용량[kVA]가 크고, 기동 토크가 작다.

해설 62

농형 유도전동기 단점
1) 보통 농형 유도전동기는 기동 시 토크가 작으므로 기동시키려면 전동기 용량이 커야 한다.

[답] ④

63. 단상 유도전동기의 특징이 아닌 것은?

① 기동토크가 없으므로 기동장치가 필요하다.
② 기계손이 없어도 무부하 속도는 동기속도보다 작다.
③ 슬립이 2보다 작고 0이 되기 전에 토크가 0이 된다.
④ 권선형은 비례추이를 하며, 최대 토크는 변화한다.

해설 63

단상 유도전동기 기동방식
1) 단상 유도전동기는 기동 시 토크가 0이므로 기동장치가 필요하고, 슬립이 0이 되기 전에 토크가 미리 0이 되고 비례추이를 할 수 없다.
2) 기동 방식 : 반발기동, 반발유도, 콘덴서기동, 콘덴서전동기, 분상기동, 세이딩코일

[답] ④

64. 단상 유도전동기의 기동방법 중 가장 기동토크가 작은 것은 어느 것인가?

① 반발 기동형　　　　　② 반발 유도형
③ 콘덴서 분상형　　　　④ 분상 기동형

해설 64

단상 유도전동기 기동 방식 (토크가 큰 순서)
반발기동형 > 반발유도형 > 콘덴서기동형 > 콘덴서전동기 > 분상기동형 > 세이딩코일형

[답] ④

65. 단상 유도전압조정기에 대한 설명 중 틀린 것은?

① 교번자계의 전자유도작용을 이용한다.
② 회전자계에 의한 유도작용을 이용한다.
③ 무단으로 스무스(smooth)하게 전압의 조정이 된다.
④ 전압, 위상의 변화가 없다.

해설 65

단상 유도전압조정기
1) 단권변압기 원리와 단상유도전동기 원리를 이용한 전압조정기이다.
2) 단상 유도전동기 → 교번자계에 의한 전자유도현상
3) 3상 유도전동기 → 회전자계

[답] ②

66. 단상 유도전압조정기의 1차 권선과 2차 권선의 축 사이 각도를 α라 하고, 양 권선의 축이 일치할 때 2차 권선의 유기 전압을 E_2, 전원 전압을 V_1, 부하 측 전압을 V_2라고 하면 임의의 각이 α일 때의 V_2를 나타내는 식은?

① $V_2 = V_1 + E_2 \cos\alpha$ ② $V_2 = V_1 - E_2 \cos\alpha$
③ $V_2 = E_2 + V_1 \cos\alpha$ ④ $V_2 = E_2 - V_1 \cos\alpha$

해설 66

단상 유도전압조정기
1) 단권변압기 원리와 단상유도전동기 원리를 이용한 전압조정기이다.
2) 2차 전압 $V_2 = V_1 + E_2 \cos\alpha$[V]만큼 조정, 즉, $V_2 = V_1 \pm E_2$[V]

[답] ①

67. 유도전압조정기의 설명을 옳게 한 것은?

① 단락권선은 단상 및 3상 유도전압조정기 모두 필요하다.
② 3상 유도전압조정기에는 단락권선이 필요 없다.
③ 3상 유도전압조정기의 1차와 2차 전압은 동상이다.
④ 단상 유도전압조정기의 기전력은 회전자계에 의해서 유도된다.

해설 67

유도전압조정기
1) 회전자계에 의한 전자유도현상을 이용한 전압조정기이므로 3상 유도전동기 원리를 이용한 전압조정기
2) 3상 유도전압조정기는 단락권선이 없고 단상유도전압조정기는 단락권선이 있다.

[답] ②

68. 단상 유도전압조정기의 1차 전압 100[V], 2차 100±30[V], 2차 전류는 50[A]이다. 이 조정기 정격은 몇 [kVA]인가?

① 1.5　　　　② 3.5　　　　③ 15　　　　④ 50

해설 68

유도전압조정기
1) 회전자계에 의한 전자유도현상을 이용한 전압조정기이므로 3상 유도전동기 원리를 이용한 전압조정기
2) 단상 정격용량 : $P = E_2 I_2 = 30 \times 50 = 1{,}500 [\text{VA}] = 1.5 [\text{kVA}]$

[답] ①

69. 분로권선 및 직렬권선 1상에 유도되는 기전력을 각각 E_1, E_2[V]라 할 때 회전자를 0°에서 180°까지 돌릴 때 3상 유도 전압조정기의 출력 측 선간전압의 조정범위는?

① $\dfrac{(E_1 \pm E_2)}{\sqrt{3}}$　　　　② $\sqrt{3}(E_1 \pm E_2)$

③ $\sqrt{3}(E_1 - E_2)$　　　　④ $\sqrt{3}(E_1 + E_2)$

해설 69

유도 전압 조정기
1) 회전자계에 의한 전자유도현상을 이용한 전압조정기이므로 3상 유도전동기 원리를 이용한 전압조정기
2) 2차 전압 조정범위 $E_1 + E_2 \cos \alpha$[V]만큼 조정, 즉, $E_1 \pm E_2$
3) 선간전압의 조정범위 $\sqrt{3}(E_1 \pm E_2)$[V]

[답] ②

70. 3상 유도전압 조정기의 동작 원리는?

① 회전자계에 의한 유도 작용을 이용하여 2차 전압의 위상 전압의 조정에 따라 변화한다.
② 교번 자계의 전자 유도 작용을 이용한다.
③ 충전된 두 물체 사이에 작용하는 힘
④ 두 전류 사이에 작용하는 힘

해설 70

유도 전압 조정기
1) 회전자계에 의한 전자유도현상을 이용한 전압조정기이므로 3상 유도전동기 원리를 이용한 전압조정기
2) 3상 유도전압조정기는 단락권선이 없고 단상유도전압조정기는 단락권선이 있다.

[답] ①

71. 정격 2차 전류 I_2[A], 조정전압 E_2[V]일 때 3상 유도전압조정기 정격출력[kVA]은?

① $2E_2I_2 \times 10^{-3}$
② $\sqrt{3}\,E_2I_2 \times 10^{-3}$
③ $3E_2I_2 \times 10^{-3}$
④ $E_2I_2 \times 10^{-3}$

해설 71

유도 전압 조정기
1) 회전자계에 의한 전자유도현상을 이용한 전압조정기이므로 3상 유도전동기 원리를 이용한 전압조정기
2) 3상 정격용량 : $P = \sqrt{3}\,E_2I_2$ [VA], 단상 정격용량 : $P = E_2I_2$ [VA]

[답] ②

72. 단상 유도전압조정기에서 1차 전원 전압을 V_1이라 하고 2차의 유도전압을 E_2라고 할 때 부하 단자전압을 연속적으로 가변할 수 있는 조정범위는?

① 0 ~ V_1까지
② $V_1 + E_2$까지
③ $V_1 - E_2$까지
④ $V_1 + E_2$에서 $V_1 - E_2$까지

해설 72

단상 유도전압 조정기
1) 단권변압기 원리와 단상유도전동기 원리를 이용한 전압 조정기이다.
2) 2차 전압 $V_2 = V_1 + E_2 \cos \alpha$[V]만큼 조정, 즉, $V_2 = V_1 \pm E_2$[V]

[답] ④

MEMO

Chapter 05

정류기 및 특수 회전기

01. 정류기
02. 특수 회전기
- 적중실전문제

Chapter 05 정류기 및 특수 회전기

01 정류기 | 학습내용 : 전력 변환 기기의 종류, 정류기 전압 맥동률, 정류회로 특성

● 체크 포인트 | 대표문제

어떤 정류기의 부하 전압이 2,000[V]이고 맥동률이 3[%]이면 교류분의 진폭[V]은?

① 20　　　② 30　　　③ 50　　　④ 60

[답] ④

▌핵심노트 ▐

- **KeyWord**
    1. 정류기 전압 맥동률
    2. 전력 변환 기기의 종류
    3. 각 정류회로의 특성 비교
    4. SCR 용어 & 특성
    5. 반도체 소자 구분

- **PN 접합 다이오드**
    1) 순수 반도체 물질 (Si, Ge) - 전자가 4개인 원소(4가 원소)
    2) 도핑(doping) : 전기전도성을 높이기 위해 순수한 반도체에 불순물을 첨가하는 과정
    3) P형 반도체 : 4가 원소(Si, Ge) + 3가 원소(Al, B) → 양공 생성 (+)
    4) N형 반도체 : 4가 원소(Si, Ge) + 5가 원소(P, As) → 자유전자 추가 (-)
    5) PN 접합 다이오드

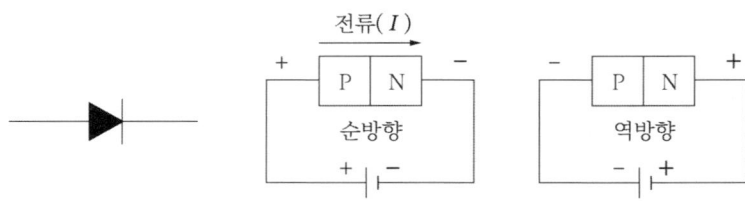

〈 PN 접합 다이오드 심벌 및 접속 〉

1) 다이오드 정류기

(1) 전력변환 기기 종류
① **컨버터** : 교류(AC)를 직류(DC)로 변환하는 장치
② **인버터** : 직류(DC)를 교류(AC)로 변환하는 장치
③ **초퍼** : 직류(DC)를 직류(DC)로 직접 제어하는 장치
④ **사이클로 컨버터** : 교류(AC)를 교류(AC)로 주파수 변환하는 장치

(2) 반도체(다이오드) 정류회로
① 단상 반파 정류회로

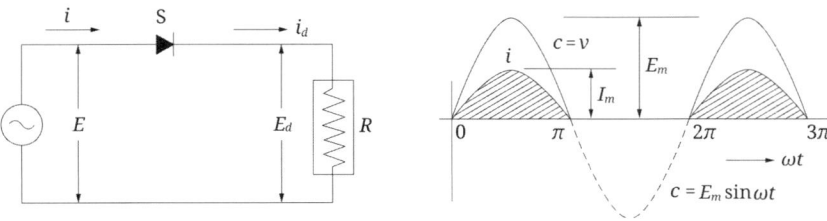

〈 단상 반파 정류 〉

    ⓐ 직류 출력(E_d) : $E_d = \dfrac{E_m}{\pi} = \dfrac{\sqrt{2}}{\pi}E = 0.45E[\text{V}]$

    ⓑ 최대 역전압(PIV) : $PIV = \sqrt{2}\,E[\text{V}]$

② 단상 전파 정류회로 (중간탭 회로)

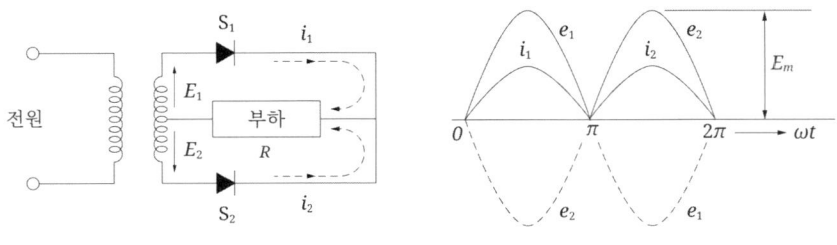

〈 단상 전파 정류 〉

    ⓐ 직류 출력(E_d) : $E_d = \dfrac{2E_m}{\pi} = \dfrac{2\sqrt{2}}{\pi}E = 0.9E[\text{V}]$

    ⓑ 최대 역전압(PIV) : $PIV = 2\sqrt{2}\,E[\text{V}]$

③ 단상 전파 정류회로 (브리지 회로)

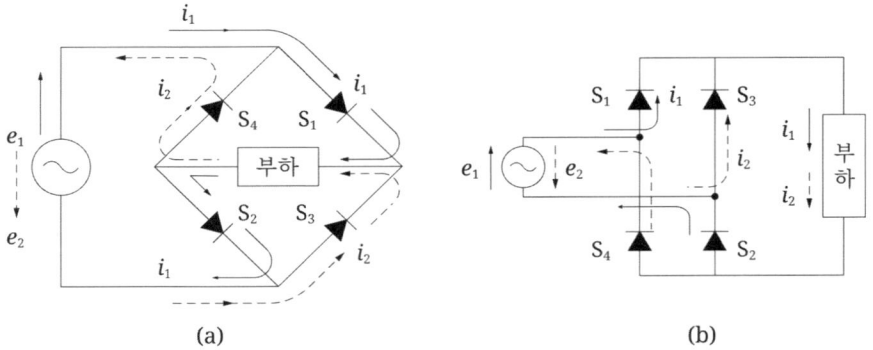

〈 단상 브리지 정류회로 〉

ⓐ 직류 출력(E_d) : $E_d = \dfrac{2E_m}{\pi} = \dfrac{2\sqrt{2}}{\pi}E = 0.9E[\mathrm{V}]$

ⓑ 최대 역전압(PIV) : $PIV = \sqrt{2}\,E[\mathrm{V}]$

④ 각 정류회로 특성 비교 (맥동률 포함)

종류	직류 출력	PIV (최대 역전압)	맥동 주파수	맥동률
단상 반파	$E_d = \dfrac{\sqrt{2}}{\pi}E = 0.45E$	$PIV = \sqrt{2}\,E$	60[Hz]	121[%]
단상 전파	$E_d = \dfrac{2\sqrt{2}}{\pi}E = 0.9E$	$PIV = 2\sqrt{2}\,E$ (중간탭) $PIV = \sqrt{2}\,E$ (브리지)	120[Hz]	48[%]
3상 반파	$E_d = \dfrac{3\sqrt{6}}{2\pi}E = 1.17E$	$PIV = \sqrt{6}\,E$	180[Hz]	17[%]
3상 전파	$E_d = \dfrac{3\sqrt{6}}{\pi}E = 2.34E$	$PIV = \sqrt{6}\,E$	360[Hz]	4[%]

⑤ 다이오드 직병렬접속

ⓐ **직렬접속** : 다이오드 1개에 인가되는 전압이 작아져 전체 입력 증가

ⓑ **병렬접속** : 다이오드 1개에 흐르는 전류가 작아지므로 전체 입력 전류 증가

⑥ 맥동률(γ)

$$\gamma = \dfrac{\text{교류분전압}}{\text{직류분전압}} \times 100\,[\%]$$

종류	단상 반파	단상 전파	3상 반파	3상 전파
맥동률	121[%]	48[%]	17[%]	4[%]
맥동 주파수	60[Hz]	120[Hz]	180[Hz]	360[Hz]

예제 1

그림의 단상 반파 정류 회로에서 R에 흐르는 직류 전류는?
(단, $V = 100[V]$, $R = 10\sqrt{2}\,[\Omega]$이다.)

① 2.28 ② 3.2
③ 4.5   ④ 7.07

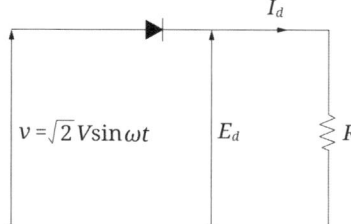

【해설】
$E_d = 0.45E = 0.45 \times 100 = 45[V]$, $I_d = \dfrac{E_d}{R} = \dfrac{45}{10\sqrt{2}} = 3.2[A]$

[답] ②

예제 2

반파 정류 회로에서 직류 전압 100[V]를 얻는 데 필요한 변압기 2차 상전압의 실효값을 구하라. (단, 부하는 순저항이며 변압기 내의 전압 강하는 무시하고 정류기 내의 전압 강하는 10[V]로 한다.)

① 약 282   ② 약 256   ③ 약 244   ④ 약 155

【해설】
$E_d = 0.45E - e\,[V]$, $E = \dfrac{E_d + e}{0.45} = \dfrac{100 + 10}{0.45} = 244[V]$

[답] ③

예제 3

정류기의 단상 전파 정류에 있어서 직류 전압 100[V]를 얻는 데 필요한 2차 상전압 [V]를 구하라. (단, 부하는 순저항이며 변압기 내의 전압 강하는 무시하며 정류기 내의 전압 강하는 15[V]로 한다.)

① 약 94.4   ② 약 128   ③ 약 181   ④ 약 255

【해설】
$E_d = 0.9E - e\,[V]$, $E = \dfrac{E_d + e}{0.9} = \dfrac{100 + 15}{0.9} = 128[V]$

[답] ②

예제 4

반파 정류 회로에서 직류 전압 100[V]를 얻는 데 필요한 변압기의 역전압 첨두값[V]은? (단, 부하는 순저항이며 변압기 내의 전압 강하는 무시하며, 정류기 내의 전압 강하를 15[V]로 한다.)

① 약 181 ② 약 361 ③ 약 512 ④ 약 722

【해설】

첨두 역전압 $PIV = \sqrt{2}\,E[V]$, $E_d = 0.45E - e[V]$에서 $E = \dfrac{E_d + e}{0.45} = \dfrac{100 + 15}{0.45} = 256[V]$

$PIV = \sqrt{2}\,E = \sqrt{2} \times 256 = 361[V]$

[답] ②

예제 5

사이리스터 2개를 사용한 단상 전파 정류 회로에서 직류 전압 100[V]를 얻으려면 1차에 몇 [V]의 교류 전압이 필요하며, 첨두 역전압이 몇 [V]인 다이오드를 사용하면 되는가?

① 111, 222 ② 111, 314 ③ 166, 222 ④ 166, 314

【해설】

단상 전파 직류 평균 전압 $E_d = 0.9E[V]$에서 $E = \dfrac{E_d}{0.9} = \dfrac{100}{0.9} = 111[V]$

첨두 역전압 $PIV = 2\sqrt{2}\,E = 2\sqrt{2} \times 111 = 314[V]$

[답] ②

➕ 콕콕 Item

- **전력 변환 기기의 종류**

    1) 컨버터 : 교류(AC)를 직류(DC)로 변환하는 장치
    2) 인버터 : 직류(DC)를 교류(AC)로 변환하는 장치
    3) 초퍼 : 직류(DC)를 직류(DC)로 직접 제어하는 장치
    4) 사이클로 컨버터 : 교류(AC)를 교류(AC)로 주파수 변환하는 장치

➕ 콕콕 Item

- **정류기 전압 맥동률**

    1) 맥동률 : $\gamma = \dfrac{\text{교류분전압}}{\text{직류분전압}} \times 100 \,[\%]$

콕콕 Item

■ 각 정류회로의 특성 비교

종류	직류 출력	PIV (최대 역전압)	맥동 주파수	맥동률
단상 반파	$E_d = \dfrac{\sqrt{2}}{\pi}E = 0.45E$	$PIV = \sqrt{2}\,E$	60[Hz]	121[%]
단상 전파	$E_d = \dfrac{2\sqrt{2}}{\pi}E = 0.9E$	$PIV = 2\sqrt{2}\,E$ (중간탭) $PIV = \sqrt{2}\,E$ (브릿지)	120[Hz]	48[%]
3상 반파	$E_d = \dfrac{3\sqrt{6}}{2\pi}E = 1.17E$	$PIV = \sqrt{6}\,E$	180[Hz]	17[%]
3상 전파	$E_d = \dfrac{3\sqrt{6}}{\pi}E = 2.34E$	$PIV = \sqrt{6}\,E$	360[Hz]	4[%]

2) 사이리스터 정류기

(1) SCR 구조 및 원리
① 실리콘 PNPN 4층 구조(접합층 3개)로 구성
② 전극 : A(anode), K(cathode), G(gate)
③ SCR 전류 방향 : A → K (단방향)

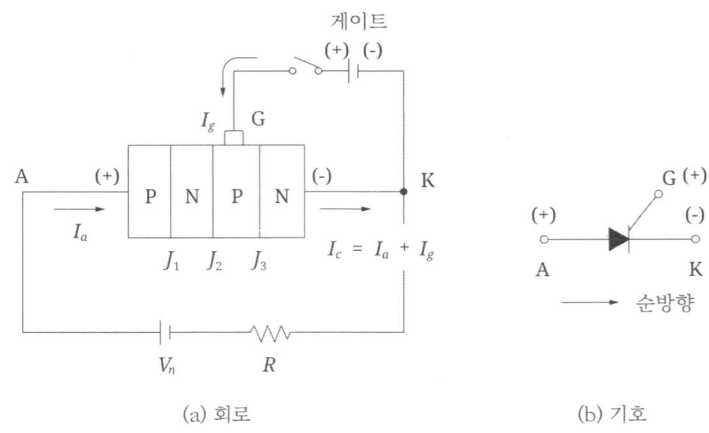

〈 사이리스터 회로 및 심벌 〉

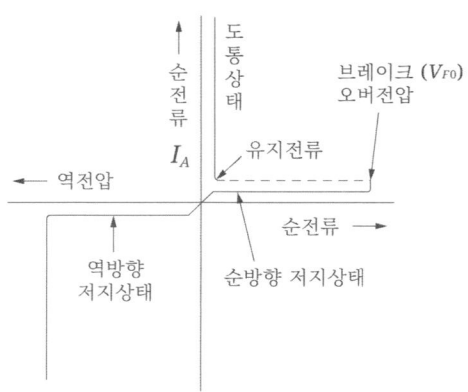

〈 사이리스터의 전압전류 특성 〉

④ SCR 관련 용어
ⓐ **턴온(Turn-on)** : SCR이 Off 상태에서 On 상태의 도통 상태가 되는 것
ⓑ **턴오프(Turn-off)** : SCR이 On 상태에서 Off 상태의 도통 상태가 되는 것
ⓒ **래칭 전류** : SCR이 턴온 되기 위한 최소 전류
ⓓ **유지 전류** : SCR이 턴온 된 후 게이트 전류가 흐르지 않더라도 On 상태를 유지하는 최소 전류

⑤ SCR 턴온(Turn-on) 조건
    ⓐ 순방향(A(+), K(-)) 전압이 인가된 상태에서 게이트(G) 전류가 증가하면 저지전압이 감소
    ⓑ 게이트 전류가 흐르면 순방향의 저지상태에서 온(On) 상태로 전환
⑥ SCR 턴오프(Turn-off) 조건
    ⓐ 역전압(A(-), K(+))을 인가, A(anode) 전압을 (0) 또는 (-)
    ⓑ 유지 전류 이하로 감소

(2) SCR 직류 출력

종 류	직류 출력	방향성 및 단자
단상 반파	$E_d = \dfrac{\sqrt{2}E}{\pi}\left(\dfrac{1+\cos\alpha}{2}\right)[V]$	ⓐ 단일방향성 3단자 : SCR, GTO ⓑ 단일방향성 4단자 : SCS ⓒ 2방향성 2단자 : SSS ⓓ 2방향성 3단자 : TRIAC
단상 전파	$E_d = \dfrac{2\sqrt{2}E}{\pi}\left(\dfrac{1+\cos\alpha}{2}\right) = \dfrac{E_m}{\pi}(1+\cos\alpha)[V]$	
3상 반파	$E_d = 1.17E\cos\alpha[V]$	
3상 전파	$E_d = 1.35E\cos\alpha[V]$	

(3) SCR 특징
① 아크가 생기지 않으므로 열 발생이 적다.
② 대전류용이고 동작 시간이 짧다.
③ 작은 게이트 신호로 대전력을 제어한다.
④ 역방향 내전압이 가장 크다.
⑤ 과전압에 약하다.
⑥ 위상각 제어를 통해 직류·교류전압을 제어한다.

참고 · 각종 사이리스터의 특성

사이리스터 종류	기호	특징 및 용도
SCR 실리콘 제어 정류기	(A-G-K)	① 단방향(역저지) 3단자 사이리스터(P게이트형) ※ PUT : 단방향 3단자 트리거 소자(N게이트형) ② PNPN 접합의 4층구조 ③ 게이트의 트리거 전류에 의해 도통(게이트 전류 0으로 해도 차단되지 않음. 단, 유지전류 이하로 되면 다시 차단) ※ 자기 소호 능력이 없음 ④ 특성 곡선에서 부성저항 특성이 있음 (다이오드 ×) ⑤ 용도가 많고, AC 및 DC 전력 및 위상 제어
TRIAC 트라이악	(T_1-G-T_1)	① 쌍방향 3단자(3극) 사이리스터 ② 2개의 사이리스터(SCR)가 역병렬로 접속된 구조 ③ 게이트 신호의 극성에 관계없이 도통 ④ 부성 저항이 없음, 교류 전력 제어용
SSS(DIAC) (Silicon Symmetrical Switch)	(T_1-T_1)	① 쌍방향 2단자(2극) 사이리스터 ② NPNPN의 5층 구조, 전기적 특성은 다이악과 유사 ③ 주회로 전압에지 펄스 전압을 중첩하여 트리거하고 SSS를 도통함
SCS (Silicon Controlled Switch)	(A-G-G-K)	① 단방향 4단자(역저지 4극) 사이리스터 ② 게이트 전극 2개(양쪽 게이트의 어느 하나에 신호를 인가하여 도통시킬 수 있음)
GTO (Gate Turn Off)	(A-G-K)	게이트에 (+)의 펄스 신호를 가하면 도통하고, (-)의 펄스 신호를 가하면 차단되는 자기 소호 능력이 있는 소자로 매우 편리한 소자 ※ SCR : 자기 소호능력이 없음

콕콕 Item

- SCR 직류 출력

종류	직류 출력	방향성 및 단자
단상 반파	$E_d = \dfrac{\sqrt{2}E}{\pi}\left(\dfrac{1+\cos\alpha}{2}\right)[V]$	ⓐ 단일방향성 3단자 : SCR, GTO ⓑ 단일방향성 4단자 : SCS ⓒ 2방향성 2단자 : SSS ⓓ 2방향성 3단자 : TRIAC
단상 전파	$E_d = \dfrac{2\sqrt{2}E}{\pi}\left(\dfrac{1+\cos\alpha}{2}\right) = \dfrac{E_m}{\pi}(1+\cos\alpha)[V]$	
3상 반파	$E_d = 1.17E\cos\alpha [V]$	
3상 전파	$E_d = 1.35E\cos\alpha [V]$	

콕콕 Item

- SCR 특징

1) 아크가 생기지 않으므로 열 발생이 적다.
2) 대전류용이고 동작 시간이 짧다.
3) 작은 게이트 신호로 대전력을 제어한다.
4) 역방향 내전압이 가장 크다.
5) 과전압에 약하다.
6) 위상각 제어를 통해 직류·교류전압을 제어한다.

콕콕 Item

- SCR 관련 용어

1) SCR 턴오프 : 역전압을 인가하거나 에노드의 전류를 유지전류 이하로 한다.
2) SCR 턴온 : 순방향 전압이 인가된 상태에서 게이트 전류가 증가하면 저지전압이 감소
3) SCR 온 : 게이트 전류가 흐르면 순방향의 저지상태에서 온(On) 상태로 전환

3) 수은 정류기

(1) 수은 정류기의 구조 및 원리
① 진공관 안에 수은 기체를 넣고 순방향에서는 수은 기체가 방전하고 역방향에서는 방전하지 않는 특성을 이용
② 수은 정류기 구조

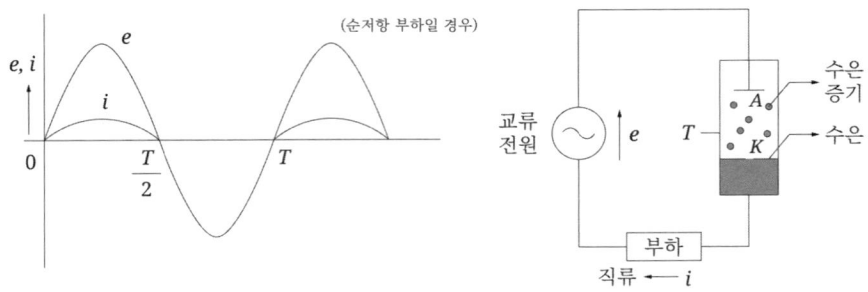

〈 수은 정류기 〉

(2) 전압 및 전류비
① 전압비
 ⓐ 3상 전압비 : $E_d = 1.17 E_a [\text{V}]$
 ⓑ 6상 전압비 : $E_d = 1.35 E_a [\text{V}]$
② 전류비
$$\frac{I_a}{I_d} = \frac{1}{\sqrt{m}}$$ 여기서, m : 상수

(3) 수은 정류기의 이상현상
① 역호
 ⓐ **정의** : 수은 정류기가 역방향으로 방전되어 밸브 작용이 상실되는 현상
 ⓑ **원인** : 과전압, 과전류, 증기 밀도 과대, 내부 잔존 가스 압력 상승, 양극 재료 불량 및 불순물 부착
 ⓒ **대책** : 과열 및 과냉 회피, 과부하 운전 방지, 진공도를 적당히 높일 것, 수은 증기가 양극에 부착되지 않도록 할 것
② **통호** : 필요 이상으로 수은 정류기가 지나치게 방전되는 현상
③ **실호** : **수은 정류기 양극의 점호가 실패하는 현상**
④ **이상 전압** : 수은 정류기가 정류되지만 직류 측 전압이 너무 높아 과열하는 현상

02 특수 회전기 | 학습내용 : 서보 모터 특성, 스테핑 모터 특성

● 체크 포인트 | 대표문제

스텝 모터에 대한 설명 중 틀린 것은?

① 가속과 감속이 용이하다.
② 정역전 및 변속이 용이하다.
③ 위치제어 시 각도 오차가 작다.
④ 브러시 등 부품 수가 많아 유지보수 필요성이 크다.

[답] ④

| 핵심노트 |

- **KeyWord**

    1. 서보 모터 특성
    2. 스테핑 모터(스텝 모터) 특성

1) 서보 모터

(1) 정의
① 자동 제어 구조 혹은 자동 평형 계기에 있어서 전압 입력을 회전각으로 바꾸기 위해 사용되는 전동기를 말한다.
② 2상(相) 교류 서보 모터 또는 직류 서보 모터가 사용되며, 특히 소형으로 만들어진 것은 마이크로 모터라고 불리고 있다.
③ **기능 3요소 : 토크제어, 속도제어, 위치제어**

(2) 특징
① 기동 토크가 크다.
② 급가속, 감속, 정역전 운전이 가능하다.
③ 관성 모멘트가 작다.
④ 토크 - 속도 곡선이 수하 특성을 가진다.
⑤ 직류 서보 모터의 기동 토크가 교류 서보 모터의 기동 토크보다 크다.

2) 스테핑(스텝) 모터

(1) 정의
① 펄스 신호에 의하여 회전하는 모터로, 1펄스마다 수도에서 수십 도의 각도만 회전한다.
② 펄스 모터 또는 스텝 모터라고도 한다.
③ 회전자는 영구 자석으로 원둘레상의 4상 코일에 1상 또는 2상씩 순차적으로 전압을 인가함에 따라 일정 각도씩 회전한다.
④ **스테핑 모터의 축 속도**

$$\text{속도} = \frac{\text{스텝각}}{360°} \times \text{펄스 주파수[rps]}$$

(2) 특징

① 디지털 신호에 비례해서 일정한 각도만큼 회전하는 모터
② 총회전각은 입력펄스 수로, 회전속도는 펄스의 주파수로 제어되며, 분해능이 클수록 스텝각은 작다.
③ 기동, 정지 및 가감속이 용이하고 응답이 좋다.
④ 오픈루프 제어 방식으로 오차가 누적되지 않는다.
⑤ 브러시가 없고 부품 수가 적어서 유지보수에 유리하다.
⑥ 스텝각이 작을수록 1회전당 스텝수가 많아지고 축 위치의 정밀도가 높아진다.

Chapter 05. 정류기 및 특수 회전기
적중실전문제

1. 6상 회전변류기에서 직류 600[V]를 얻으려면 슬립링 사이의 교류 전압을 몇 [V]로 하여야 하는가?

① 약 212   ② 약 300   ③ 약 424   ④ 약 848

해설 1

6상 회전변류기 직류전압

1) 교류전압 $E_a = \dfrac{1}{\sqrt{2}} sin \dfrac{\pi}{m} \times E_d = \dfrac{1}{\sqrt{2}} sin \dfrac{\pi}{6} \times 600 = 212[V]$

[답] ①

2. 단중 중권 6상 회전변류기의 직류 측 전압 E_d와 교류 측 슬립링 간의 기전력 E_a에 대해 옳은 식은?

① $E_a = \dfrac{1}{2\sqrt{2}} E_d$ ② $E_a = 2\sqrt{2}\, E_d$

③ $E_a = \dfrac{3}{2\sqrt{2}} E_d$ ④ $E_a = \dfrac{1}{\sqrt{2}} E_d$

해설 2

6상 회전변류기 직류전압

1) 교류전압 $E_a = \dfrac{1}{\sqrt{2}} sin \dfrac{\pi}{m} \times E_d = \dfrac{1}{\sqrt{2}} sin \dfrac{\pi}{6} \times E_d = \dfrac{1}{2\sqrt{2}} E_d [V]$

[답] ①

3. 회전변류기의 전압 제어에 쓰이지 않는 것은?

① 유도전압 조정기 ② 직렬리액턴스
③ 변압기 탭 변환 ④ 계자저항기

해설 3

회전변류기 전압제어
1) 회전변류기 직류 측 전압조정은 1차 측 교류전압을 조정
2) 제어방법 : 유도전압조정기, 직렬리액턴스, 동기승압기, 변압기 탭변환장치

[답] ④

4. 3상 수은정류기의 직류 측 전압 E_d와 교류 측 전압 E의 비 $\dfrac{E_d}{E}$는?

① 0.855 ② 1.02 ③ 1.17 ④ 1.86

해설 4

수은정류기 정류비

1) $\dfrac{E_d}{E} = \dfrac{\sqrt{2}\sin\dfrac{\pi}{m}}{\dfrac{\pi}{m}} = \dfrac{\sqrt{2}\sin\dfrac{\pi}{3}}{\dfrac{\pi}{3}} = 1.17$

[답] ③

5. 6상식 수은정류기의 무부하 시에 있어서의 직류 측 전압[V]은 얼마인가?
(단, 교류 측 전압은 E[V], 격자 제어 위상각 및 아크 전압 강하를 무시한다.)

① $\dfrac{3\sqrt{2}\,E}{\pi}$ ② $\dfrac{6(\sqrt{3}-1)E}{\pi}$ ③ $\dfrac{\sqrt{2}\,\pi E}{3}$ ④ $\dfrac{3\sqrt{6}\,E}{\pi}$

해설 5

수은정류기 정류비

1) $\dfrac{E_d}{E} = \dfrac{\sqrt{2}\sin\dfrac{\pi}{m}}{\dfrac{\pi}{m}} = \dfrac{\sqrt{2}\sin\dfrac{\pi}{6}}{\dfrac{\pi}{6}}$, $E_d = \dfrac{3\sqrt{2}}{\pi}E$[V]

[답] ①

6. 일반적으로 전철이나 화학용과 같이 비교적 용량이 큰 수은정류기용 변압기의 2차 측 결선 방식으로 쓰이는 것은?

① 6상 2중 성형 ② 3상 반파
③ 3상 전파 ④ 3상 크로스파

해설 6

수은정류기 결선방식
1) 용량이 큰 수은정류기용 변압기의 2차 측 결선은 6상 2중 성형 결선을 일반적으로 사용

[답] ①

7. 수은정류기 이상 현상 또는 전기적 고장이 아닌 것은?

① 역호　　　　② 이상전압　　　　③ 점호　　　　④ 통호

> **해설 7**
>
> 수은정류기 이상 현상
> 1) 역호 : 수은 정류기가 역방향으로 방전되어 밸브 작용이 상실되는 현상
> 2) 통호 : 필요 이상으로 수은 정류기가 지나치게 방전되는 현상
> 3) 실호 : 수은 정류기 양극의 점호가 실패하는 현상
> 4) 이상 전압 : 수은 정류기가 정류되지만 직류 측 전압이 너무 높아 과열하는 현상
>
> [답] ③

8. 수은정류기에 있어서 정류기의 밸브 작용이 상실되는 현상을 무엇이라고 하는가?

① 점호(ignition)　　　　② 역호(back firing)
③ 실호(misfiring)　　　　④ 통호(arc-through)

> **해설 8**
>
> 수은정류기 이상 현상
> 1) 역호 : 수은 정류기가 역방향으로 방전되어 밸브 작용이 상실되는 현상
> 2) 통호 : 필요 이상으로 수은 정류기가 지나치게 방전되는 현상
> 3) 실호 : 수은 정류기 양극의 점호가 실패하는 현상
> 4) 이상 전압 : 수은 정류기가 정류되지만 직류 측 전압이 너무 높아 과열하는 현상
>
> [답] ②

★★☆☆☆

9. 다음과 같은 반도체 정류기 중에서 역방향 내전압이 가장 큰 것은?

① 실리콘 정류기   ② 게르마늄 정류기
③ 셀렌 정류기   ④ 아산화동 정류기

해설 9

SCR 특징
1) 아크가 생기지 않으므로 열 발생이 적다.
2) 대전류용이고 동작 시간이 짧다.
3) 작은 게이트 신호로 대전력을 제어한다.
4) 역방향 내전압이 가장 크다.
5) 과전압에 약하다.
6) 위상각 제어를 통해 직류·교류전압을 제어한다.

[답] ①

★★★☆☆

10. 단상반파 정류회로에서 변압기 2차 전압의 실효값을 E[V]라 할 때 직류전류 평균값[A]은 얼마인가? (단, 정류기의 전압 강하는 e[V]이다.)

① $\dfrac{\left(\dfrac{\sqrt{2}}{\pi}E - e\right)}{R}$ ② $\dfrac{1}{2} \cdot \dfrac{E-e}{R}$

③ $\dfrac{2\sqrt{2}}{\pi} \cdot \dfrac{E}{R}$ ④ $\dfrac{2\sqrt{2}}{\pi} \cdot \dfrac{E-e}{R}$

해설 10

단상 반파 정류회로

1) 반파 직류전류 : $I_d = \dfrac{E_d}{R} = \dfrac{\dfrac{\sqrt{2}E}{\pi} - e}{R}$ [A]

[답] ①

11. 권수비가 1 : 2인 변압기(이상 변압기로 한다)를 사용하여 교류 100[V]의 입력을 가했을 때 전파정류하면 출력 전압의 평균값[V]은?

① $\dfrac{400\sqrt{2}}{\pi}$ ② $\dfrac{300\sqrt{2}}{\pi}$ ③ $\dfrac{600\sqrt{2}}{\pi}$ ④ $\dfrac{200\sqrt{2}}{\pi}$

해설 11

단상 전파정류 평균전압
1) 권수비가 1:2이므로 2차 측 교류전압은 200[V]
2) 단상 전파 : $E_d = \dfrac{2\sqrt{2}}{\pi}E = \dfrac{2\sqrt{2}}{\pi} \times 200$ [V]

[답] ①

12. 그림과 같은 정류회로에 정현파 교류 전원을 가할 때 가동 코일형 전류계의 지시(평균값)[A]는? (단, 전원전류의 최댓값은 I_m이다.)

① $\dfrac{I_m}{\sqrt{2}}$ ② $\dfrac{2}{\pi}I_m$

③ $\dfrac{I_m}{\pi}$ ④ $\dfrac{I_m}{2\sqrt{2}}$

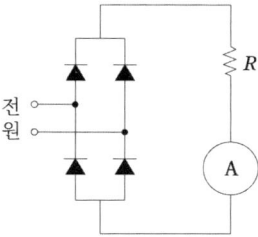

해설 12

단상 전파정류 평균전압 및 전류
1) 평균전압 : $E_d = \dfrac{2\sqrt{2}}{\pi}E$[V], 평균전류 : $I_d = \dfrac{2\sqrt{2}}{\pi}I = \dfrac{2}{\pi}I_m$[A]

[답] ②

13. 그림과 같은 6상 반파 정류회로에서 450[V]의 직류 전압을 얻는 데 필요한 변압기의 권선 전압은 몇 [V]인가?

① 333 ② 348
③ 356 ④ 375

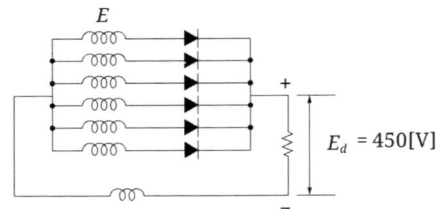

해설 13

6상 반파 정류회로

1) 평균전압 : $E_d = 1.35E$[V]에서 출력전압 $E_d = 450$[V]이므로 $E = \dfrac{450}{1.35} = 333$[V]

[답] ①

14. 그림과 같은 단상 전파 정류회로에서 부하 측에 인덕턴스 L을 삽입하면 다음과 같은 효과가 있다. 여기서, 틀린 것은?

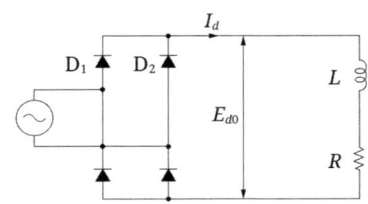

① L이 클수록 e_R, i_d는 평활한 직류에 가까워진다.
② $L = \infty$에서는 완전한 직류로 된다.
③ E_{do}, I_d에는 변화가 없다.
④ E_{do}에는 변화가 있다.

해설 14

단상 전파 정류회로
1) 직류회로에서 L과 C는 E_{do}나 I_d를 변화시키지 못한다.

[답] ④

15. 그림과 같은 단상 전파 정류회로에서 첨두 역전압[V]은 얼마인가? (단, 변압기 2차 측 a, b간 전압은 200[V]이고 정류기의 전압 강하는 20[V]이다.)

① 20 ② 200
③ 262 ④ 282

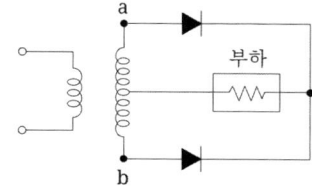

해설 15

단상 전파 정류회로

1) 전파 평균전압 : $E_d = \dfrac{2\sqrt{2}}{\pi}E = 0.9E[V]$

2) 최대 역전압(중간탭) : $PIV = 2\sqrt{2}\,E - e = 2\sqrt{2} \times 100 - 20 = 262[V]$

[답] ③

16. 그림에서 밀리암페어계의 지시[mA]를 구하면?
(단, 밀리암페어계는 가동 코일형이라 하고, 정류기의 저항은 무시한다.)

① 2.5 ② 1.8
③ 1.2 ④ 0.8

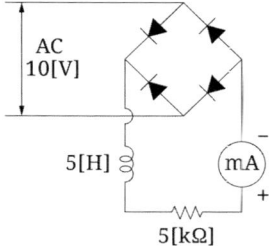

해설 16

단상 전파 정류회로

1) 전파 평균전압 : $E_d = \dfrac{2\sqrt{2}}{\pi}E = 0.9E[V]$

2) 외부회로 직류 전류 : $I_d = \dfrac{E_d}{R} = \dfrac{0.9 \times 10}{5,000} = 1.8[mA]$

[답] ②

17. 단상 반파정류로 직류 전압 150[V]를 얻으려고 한다. 최대 역전압 몇 [V] 이상의 다이오드를 사용하여야 하는가?

① 약 150　　② 약 166　　③ 약 333　　④ 약 470

해설 17

단상 반파 정류회로

1) 반파 평균전압 : $E_d = \dfrac{\sqrt{2}}{\pi}E = 0.45E[V]$

2) $E_d = 0.45E$에서 출력전압 $E_d = 150[V]$이므로 $E = \dfrac{150}{0.45} = 333[V]$

3) 최대 역전압(브릿지) : $PIV = \sqrt{2}\,E = \sqrt{2} \times 333 = 470[V]$

[답] ④

18. 다이오드를 사용한 정류회로에서 과대한 부하 전류에 의해 다이오드가 파손될 우려가 있을 때의 조치로서 적당한 것은?

① 다이오드 양단에 적당한 값의 콘덴서를 추가한다.
② 다이오드 양단에 적당한 값의 저항을 추가한다.
③ 다이오드를 직렬로 추가한다.
④ 다이오드를 병렬로 추가한다.

해설 18

다이오드 직병렬접속
1) 직렬접속 : 다이오드 1개에 인가되는 전압이 작아져 전체 입력 증가
2) 병렬접속 : 다이오드 1개에 흐르는 전류가 작아지므로 전체 입력 전류 증가

[답] ④

19. 정류방식 중 맥동율이 가장 적은 방식은?

① 단상 반파정류 ② 단상 전파정류
③ 3상 반파정류 ④ 3상 전파정류

해설 19

정류기 전압 맥동률

1) 맥동률 : $\gamma = \dfrac{\text{교류분전압}}{\text{직류분전압}} \times 100\,[\%]$

2) 상수가 클수록 맥동률이 작다. (맥동 주파수는 증가)

종류	단상 반파	단상 전파	3상 반파	3상 전파
맥동률	121[%]	48[%]	17[%]	4[%]

[답] ④

20. SCR과 관계되는 것은?

① 유지전류 이상이 되면 순방향 저지상태가 된다.
② 래칭전류는 유지전류보다 항상 적다.
③ 브레이크 오버전압이 되면 에노드 전류가 갑자기 커진다.
④ 브레이크 다운전압 이상이 되면 역방향으로 turn on 하게 된다.

해설 20

SCR 특성
1) 게이트에 전류가 흐르지 않더라도 브레이크 오버전압 이상 인가하면 에노드 전류가 커져서 턴온

[답] ③

21. SCR의 설명으로 적당하지 않은 것은?

① 게이트 전류(I_G)로 통전 전압을 가변시킨다.
② 주전류를 차단하려면 게이트 전압을 (0) 또는 (-)로 해야 한다.
③ 게이트 전류의 위상각으로 통전 전류의 평균값을 제어시킬 수 있다.
④ 대전류 제어 정류용으로 이용된다.

해설 21

SCR 특성
1) SCR 턴오프 : 역전압을 인가하거나 에노드의 전류를 유지전류 이하로 한다.
2) SCR 턴온 : 순방향 전압이 인가된 상태에서 게이트 전류가 증가하면 저지전압이 감소
3) SCR 온 : 게이트 전류가 흐르면 순방향의 저지상태에서 온(On)상태로 전환

[답] ②

22. 도통(on) 상태에 있는 SCR을 차단(off) 상태로 만들기 위해서는?

① 전원 전압이 부(-)가 되도록 한다.
② 게이트 전압이 부(-)가 되도록 한다.
③ 게이트 전류를 증가시킨다.
④ 게이트 펄스 전압을 가한다.

해설 22

SCR 특성
1) SCR 턴오프 : 역전압을 인가하거나 에노드의 전류를 유지전류 이하로 한다.
2) SCR 턴온 : 순방향 전압이 인가된 상태에서 게이트 전류가 증가하면 저지전압이 감소
3) SCR 온 : 게이트 전류가 흐르면 순방향의 저지상태에서 온(On)상태로 전환

[답] ①

23. 사이리스터(thyristor)에서의 래칭 전류(latching current)에 관한 설명으로 옳은 것은?

① 게이트를 개방한 상태에서 사이리스터 도통 상태를 유지하기 위한 최소의 순전류
② 게이트를 전압을 인가한 후에 급히 제거한 상태에서 도통 상태가 유지되는 최소의 순전류
③ 사이리스터의 게이트를 개방한 상태에서 전압을 상승하면 급히 증가하게 되는 순전류
④ 사이리스터가 턴 온하기 시작하는 순전류

해설 23

SCR 특징
1) 래칭전류 : SCR을 turn on 시키는 데 필요한 최소 전류

[답] ④

24. 그림과 같은 단상 전파제어회로에서 부하의 역률각 ϕ가 60°의 유도부하일 때 제어각 α를 0°에서 180°까지 제어하는 경우에 전압제어가 불가능한 범위는?

① $\alpha \leq 30°$
② $\alpha \leq 60°$
③ $\alpha \leq 90°$
④ $\alpha \leq 120°$

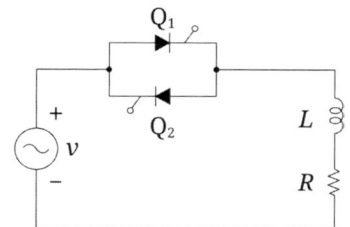

해설 24

SCR 특징
1) SCR에 의해서 위상을 제어할 때 제어각은 부하역률 각보다 큰 범위에서만 위상제어가 가능하다.

[답] ②

25. 오른쪽 그림과 같이 4개의 소자를 전부 사이리스터를 사용한 대칭 브리지 회로에서 사이리스터의 점호각을 α라 하고, 부하의 인덕턴스 $L=0$일 때의 전압 평균값[V]을 나타낸 식은?

① $E_{do}\cos\alpha$
② $E_{do}\sin\alpha$
③ $E_{do}\dfrac{1+\cos\alpha}{2}$
④ $E_{do}\dfrac{1-\cos\alpha}{2}$

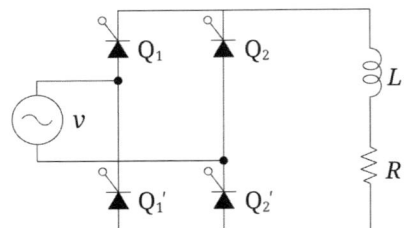

해설 25

SCR 단상 직류 평균전압

1) 전파 : $E_d = \dfrac{2\sqrt{2}E}{\pi}\left(\dfrac{1+\cos\alpha}{2}\right) = \dfrac{E_m}{\pi}(1+\cos\alpha)[V]$, $E_d = E_{do}\times\left(\dfrac{1+\cos\alpha}{2}\right)[V]$

[답] ③

26. 다음 사이리스터 중 3단자 사이리스터가 아닌 것은?

① SCR ② GTO ③ SCS ④ TRIAC

해설 26

반도체 소자
1) 단일방향성 3단자 : SCR, GTO
2) 단일방향성 4단자 : SCS
3) 2방향성 2단자 : SSS
4) 2방향성 3단자 : TRIAC

[답] ③

27. 다음 중 2방향성 3단자 사이리스터의 대표적인 것은?

① SCR   ② SSS   ③ SCS   ④ TRIAC

해설 27

반도체 소자
1) 단일방향성 3단자 : SCR, GTO
2) 단일방향성 4단자 : SCS
3) 2방향성 2단자 : SSS
4) 2방향성 3단자 : TRIAC

[답] ④

28. 사이리스터의 명칭에 관한 설명 중 틀린 것은?

① SCR은 역저지 3극 사이리스터이다.
② SSS는 2극 쌍방향 사이리스터이다.
③ TRIAC는 2극 쌍방향 사이리스터이다.
④ SCS는 역저지 4극 사이리스터이다.

해설 28

반도체 소자
1) 단일방향성 3단자 : SCR, GTO
2) 단일방향성 4단자 : SCS
3) 2방향성 2단자 : SSS
4) 2방향성 3단자 : TRIAC

[답] ③

29. 어떤 정류기의 부하 전압이 2,000[V]이고, 맥동률이 3[%]이면 교류분은 몇 [V] 포함되어 있는가?

① 20   ② 30   ③ 50   ④ 60

해설 29

정류기 전압 맥동률

1) 맥동률 : $\gamma = \dfrac{교류분전압}{직류분전압} \times 100\,[\%]$

2) $3 = \dfrac{교류분전압}{2,000} \times 100\,[\%]$, 교류분전압 $= 60[V]$

[답] ④

30. 사이클로 컨버터(cyclo converter)란?

① 실리콘 양방향성 소자이다.
② 제어 정류기를 사용한 주파수 변환기이다.
③ 직류 제어소자이다.
④ 전류 제어소자이다.

해설 30

전력 변환 기기의 종류
1) 컨버터 : 교류(AC)를 직류(DC)로 변환하는 장치
2) 인버터 : 직류(DC)를 교류(AC)로 변환하는 장치
3) 초퍼 : 직류(DC)를 직류(DC)로 직접 제어하는 장치
4) 사이클로 컨버터 : 교류(AC)를 교류(AC)로 주파수 변환하는 장치

[답] ②

31. 인버터(inverter)의 전력 변환은?

① 교류 → 직류로 변환　　② 직류 → 직류로 변환
③ 교류 → 교류로 변환　　④ 직류 → 교류로 변환

해설 31

전력 변환 기기의 종류
1) 컨버터 : 교류(AC)를 직류(DC)로 변환하는 장치
2) 인버터 : 직류(DC)를 교류(AC)로 변환하는 장치
3) 초퍼 : 직류(DC)를 직류(DC)로 직접 제어하는 장치
4) 사이클로 컨버터 : 교류(AC)를 교류(AC)로 주파수 변환하는 장치

[답] ④

32. 교류 전력을 교류로 변환하는 것은?

① 정류기　　② 초퍼
③ 인버터　　④ 사이클로 컨버터

해설 32

전력 변환 기기의 종류
1) 컨버터 : 교류(AC)를 직류(DC)로 변환하는 장치
2) 인버터 : 직류(DC)를 교류(AC)로 변환하는 장치
3) 초퍼 : 직류(DC)를 직류(DC)로 직접 제어하는 장치
4) 사이클로 컨버터 : 교류(AC)를 교류(AC)로 주파수 변환하는 장치

[답] ④

33. 정류 회로의 상수를 크게 했을 경우 옳은 것은?

① 맥동 주파수와 맥동률이 증가한다.
② 맥동률과 맥동 주파수가 감소한다.
③ 맥동 주파수는 증가하고 맥동률은 감소한다.
④ 맥동률과 주파수는 감소하나 출력이 증가한다.

해설 33

정류기 전압 맥동률

1) 맥동률 : $\gamma = \dfrac{\text{교류분전압}}{\text{직류분전압}} \times 100 \, [\%]$

2) 상수가 클수록 맥동률이 작다. (맥동 주파수는 증가)

종류	단상 반파	단상 전파	3상 반파	3상 전파
맥동률	121[%]	48[%]	17[%]	4[%]

[답] ④

34. 사이리스터(thyristor) 단상 전파정류파형에서의 저항 부하 시 맥동률[%]은?

① 17 ② 48 ③ 52 ④ 83

해설 34

정류기 전압 맥동률

1) 맥동률 : $\gamma = \dfrac{\text{교류분전압}}{\text{직류분전압}} \times 100 \, [\%]$

2) 상수가 클수록 맥동률이 작다. (맥동 주파수는 증가)

종류	단상 반파	단상 전파	3상 반파	3상 전파
맥동률	121[%]	48[%]	17[%]	4[%]

[답] ②

MEMO

MEMO

편저자	황민욱
	한양대학교 대학원 박사과정 전기공학과
	現 배울학 전기 교수
	現 배울학 건축전기설비기술사 교수
	現 배울학 신재생에너지발전설비기사 교수
	現 일오삼엔지니어링 팀장
	現 동양미래대학교 겸임교수
	現 숭실대학교 외래교수
	現 한국신재생에너지협회 강사
	現 대한전기학원 대표강사
	現 한국전기공사협회 강사
	現 유한대학교 외래교수
	前 한국폴리텍대학교 외래교수
	前 모아전기학원 대표강사
	前 한국산업인력공단 & 한국취업지원센터 해외플랜트 현장 관리자 교육

건축전기설비기술사 / 직업능력개발훈련교사(전기 2급) /
전기기사 / 전기공사기사 / 소방설비기사(전기분야)

- 배울학 ⑦ 전기설비기술기준
- 배울학 전기기사 필기 10개년 기출문제집
- 배울학 전기산업기사 필기 10개년 기출문제집
- 배울학 전기공사기사 필기 10개년 기출문제집
- 배울학 전기공사산업기사 필기 10개년 기출문제집
- 배울학 건축전기설비기술사 Level 0
- 배울학 건축전기설비기술사 Level A
- 배울학 건축전기설비기술사 Level B
- 배울학 건축전기설비기술사 Level C
- 마스터건축전기설비기술사(엔트미디어)

배울학 전기기기

초판 발행	2021. 04. 01 1쇄 발행
	2022. 11. 01 2쇄 발행
발행처	배울학
주소	서울특별시 동대문구 왕산로26길 35, 301호
이메일	help@baeulhak.com
ISBN	979-11-89762-31-5
정가	15,000원

- 교재에 관한 문의나 의견, 시험 관련 정보는 배울학 홈페이지 http://electric.baeulhak.com을 이용해주시기 바랍니다.
- 이 책의 모든 부분은 배울학 발행인의 승인문서 없이 복사, 재생 등 무단복제를 금합니다.

※ 이 도서의 파본은 교환해드립니다.